# MySQL
# 云数据库应用与实践

李 宁 赵晓南 张 晓◎编著

清華大学出版社
北京

## 内 容 简 介

本书系统全面地介绍了基于 MySQL 的云数据库应用技术，以华为 GaussDB(for MySQL)为实践平台展开详细讲解。本书包括 4 篇：第一篇基础理论，介绍了数据库技术和数据库应用系统设计的基础知识；第二篇云数据库基础实战，包括云数据库的环境构建、数据库表的基本操作、数据库服务端和应用程序开发与测试；第三篇系统与运维实战，包括数据库恢复、事务及云数据库运维相关内容；第四篇综合案例，以一个在线考练 SQL 平台展示了数据库应用开发的实例。

本书适合作为高等学校本科教育、职业教育及各类培训机构的数据库技术/实验教材，也可以作为应用软件领域数据库管理和开发人员的参考书。



**图书在版编目（CIP）数据**

MySQL 云数据库应用与实践 / 李宁，赵晓南，张晓编著. -- 北京 ：清华大学出版社，2024. 12. -- ISBN 978-7-302-67756-7

Ⅰ. TP311.138

中国国家版本馆 CIP 数据核字第 2024EW5055 号

**责任编辑**：贾　斌
**封面设计**：刘　键
**责任校对**：徐俊伟
**责任印制**：丛怀宇

**出版发行**：清华大学出版社
**网　　址**：https://www.tup.com.cn，https://www.wqxuetang.com
**地　　址**：北京清华大学学研大厦 A 座　　**邮　　编**：100084
**社 总 机**：010-83470000　　**邮　　购**：010-62786544
**投稿与读者服务**：010-62776969，c-service@tup.tsinghua.edu.cn
**质量反馈**：010-62772015，zhiliang@tup.tsinghua.edu.cn
**课件下载**：https://www.tup.com.cn，010-83470236
**印 装 者**：三河市君旺印务有限公司
**经　　销**：全国新华书店
**开　　本**：185mm×260mm　　**印　　张**：17.5　　**字　　数**：428 千字
**版　　次**：2024 年 12 月第 1 版　　**印　　次**：2024 年 12 月第1 次印刷
**印　　数**：1～1500
**定　　价**：59.00 元

产品编号：094323-01

随着云计算相关的软硬件技术不断发展，在数据库领域，国内外的云数据库服务也在快速发展，特别是近年来国内云数据库厂商，包括华为、阿里、腾讯等发展迅猛。为了便于读者了解云数据库技术，作者结合多年来在数据库课程中的教学经验，以华为 GaussDB(for MySQL)、RDS(for MySQL)为实践平台，使用丰富多样的实战示例展示了云数据库的应用，方便读者在实践环节中体验云数据库带来的优势。

本书结构安排力求由浅入深、由基础到拓展的原则，涵盖了验证型、设计型、编程型及综合型等丰富的实践内容。全书分为 4 篇 13 章，如表 1 所示。

**表 1　本书结构及内容概要**

| 篇 | 章 | 类型 | 内容概要 |
|---|---|---|---|
| 第一篇 基础理论 | 第 1 章 数据库系统 | 基础理论 | 数据库系统概述、数据模型、基于云的 MySQL 基本介绍 |
| | 第 2 章 数据库设计基础知识 | | 数据库设计的完整步骤，包括需求分析、概念模型设计、逻辑模型设计、物理模型设计等 |
| 第二篇 云数据库基础实战 | 第 3 章 基于 MySQL 的云数据库环境构建 | 验证型实战 | 云数据库购买与部署、客户端工具、华为云账户管理等 |
| | 第 4 章 数据库的管理 | | 数据库的创建、修改、查看、删除、备份与还原 |
| | 第 5 章 基本表与视图的管理 | | 基本表约束（安全性与完整性）、索引与视图管理（索引性能验证） |
| | 第 6 章 数据的基本操作 | | 基本表与视图中数据的增删改查性能分析等 |
| | 第 7 章 数据库服务端编程 | 开发型实战（含设计、编程与测试） | 变量、函数、SQL 控制流程、存储过程、触发器、游标、银行场景化综合实战 |
| | 第 8 章 数据库应用程序开发 | | JDBC、ODBC、数据库连接池、ADO. NET、ORM 技术（Django）、libmysql、嵌入式 SQL |
| | 第 9 章 数据库应用软件测试 | | 数据库设计验证、功能测试、基于 JMeter 的性能测试等 |
| 第三篇 系统与运维实战 | 第 10 章 数据库中的事务与锁 | 验证型实战 | 并发不一致问题、隔离级别、锁（含死锁）、MVCC 等 |
| | 第 11 章 数据库的恢复技术 | | MySQL 日志文件、redo 和 undo、基于 binlog 的数据恢复 |
| | 第 12 章 面向云数据库的运维 | | 丰富的云数据库运维功能 |
| 第四篇 综合案例 | 第 13 章 数据库应用开发综合实战案例 | 综合型实战 | 以一个 SQL 考练应用系统为例展示数据库应用开发过程 |

本书特色主要体现在以下方面：

(1) 以国产自主可控的华为云数据库 GaussDB(for MySQL)平台为基础，展开数据库原理课程的实践教学。除了传统的 MySQL 实践内容外，对于云数据库与传统数据库的主要区别之处，本书针对性地设计了相关的实战内容，例如云数据库的环境搭建、云数据库的运维等。

(2) 关于数据库的测试与运维这个非常重要的实践环节，以往大部分教材中较少涉及相关内容，本书通过独立的两章分别加以介绍，以便读者对此部分有较全面的了解。

(3) 为了方便读者理解数据库管理系统的并发控制与恢复等内部原理，本书专门设计了事务的隔离性与锁、基于日志进行数据恢复等验证型实验，帮助读者针对该部分的理论知识建立起直观的认识。

(4) 以一个在线 SQL 考练数据库应用系统为例，完整展示了本类软件的各开发阶段，包括需求分析、数据库模式设计、应用系统的设计与实现等内容，为读者提供了一个可以借鉴的模板。

本书的编写得到了多位老师和研究生的支持与帮助，张利军副教授、田宇立博士参与了部分素材的收集与整理工作，王亚坤、谈文越、陈贻琪、申世东等研究生参与了校稿工作，在此向他们表示衷心的感谢！另外，在本书的编写过程中借鉴了华为 openGauss 数据库培训课程资料、国内外多本著名数据库教材，如《数据库系统概论》(王珊等编著)、《数据库系统概念》(Abraham Silberschatz 等编著)以及数据库领域的优秀学术成果，在此向他们表示诚挚的感谢！

尽管我们尽力减少欠妥之处，但书中难免存在疏漏，恳请读者提出宝贵的意见和建议。

李　宁

2024 年 10 月于西安

# 第一篇　基础理论

# 第二篇 云数据库基础实战

# 第三篇　系统与运维实战

# 第一篇

# 基础理论

# 第1章 数据库系统

## 1.1 数据库系统概述

数据库系统(Data Base System,DBS)是随着数据管理任务的需要而产生并不断发展的软硬件系统。在人类的生产生活中,人们需要对数据进行各种处理,包括收集、存储、加工和传播等一系列活动,其中的数据存储、检索和维护是数据管理的基础中心问题。20世纪60年代后期以来,在计算机软硬件快速发展以及联机实时处理需求日益增多的背景下,数据库管理系统(DataBase Management System,DBMS)登上了历史舞台。进入21世纪以来,数据库系统已经成为各国信息化社会必不可少的重要基础软件。

广义的数据库系统由硬件、软件和人员共同构成,如图1-1所示。最底层的硬件是支撑数据库系统软件的基石,处理器、存储、网络等硬件技术的发展极大地影响着数据库管理软件技术。软件是整个数据库系统的核心,包括操作系统、程序语言与编译系统、数据库管理系统、应用开发工具、数据库应用系统等。其中DBMS随着操作系统、程序语言、编译系统等技术还在不断演进。此外,开发、管理和使用数据库系统的人员主要包括数据库管理员、系统分析员、应用程序员和最终用户。

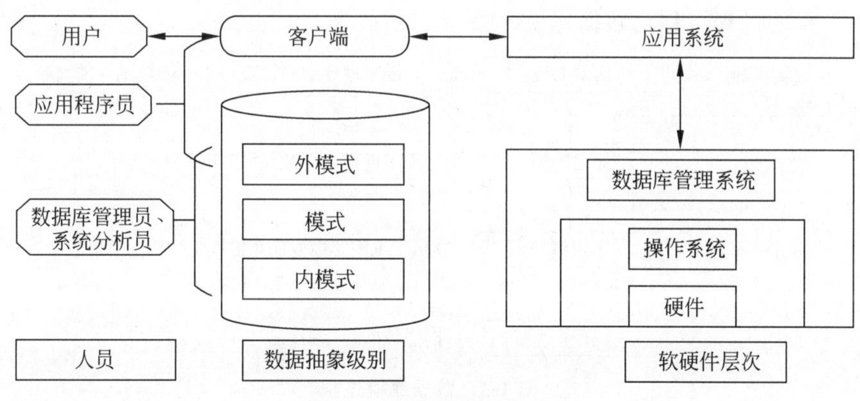


**图1-1 广义数据库系统**

狭义的数据库系统重点指软件部分,主要包括数据库应用系统和数据库管理系统两大类。数据库应用系统是面向最终用户,也是数据库最终呈现给最终用户的形式。通常应用程序员根据用户特定需求,基于数据库管理系统开发数据库应用软件,例如银行交易系统、火车票购票系统、电商购物系统、图书管理系统等，正是这些数据库应用系统共同构筑了当前信息化的现代社会。而作为底层支撑的数据库管理系统是位于用户与操作系统之间的一种复杂基础软件，用于科学地组织和存储数据、高效地存取和维护数据。自从数据库管理系统出现以来，先后出现了层次数据库、网状数据库、关系数据库、对象关系数据库、NoSQL 数据库、NewSQL 数据库、多模数据库等。近年来，虽然 NoSQL 等非关系型数据库在部分领域发展迅速，但整体而言关系数据库仍占主要地位，图 1-2 展示了目前常见的数据库管理系统。

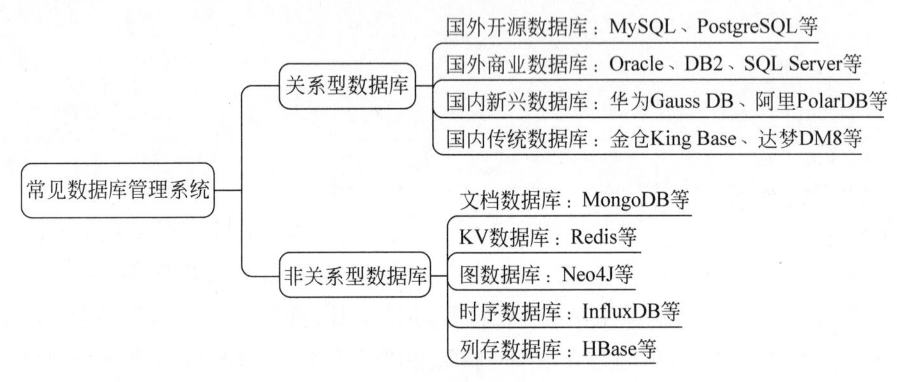


**图 1-2　常见数据库管理系统**

# 1.2　数据模型

## 1.2.1　数据建模

数据模型是描述数据、数据联系、数据语义以及一致性约束的概念工具的结合。它是对现实世界数据特征的抽象。如同在建筑设计和施工的不同阶段需要不同类型的图纸一样，在数据库应用系统开发中也需要使用不同的数据模型：概念模型、逻辑模型和物理模型。数据模型的描述通常包括：数据结构、数据操作以及数据约束 3 个方面。图 1-3 所示设计数据模型的过程也称为数据建模。

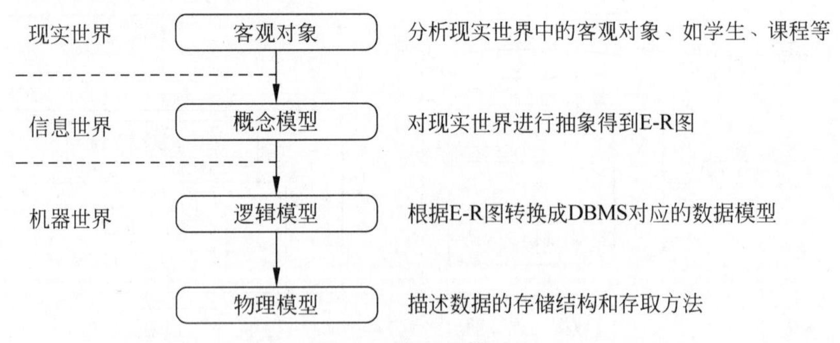


**图 1-3　数据建模过程**

在图 1-3 的数据建模过程中，首先要对客观世界中的对象进行抽象和组织形成概念模型，用实体联系图(Entity-Relationship 图，简称 E-R 图)描述信息世界中的数据，其次是将概念模型转换成逻辑模型，逻辑模型用于描述数据的逻辑结构，最后使用物理模型描述数据如何进行存储。图 1-4 展示了一个数据建模的例子，图 1-4(a)表达了现实世界的问题：

读者借阅图书的问题，图 1-4(b)对其进行概念级抽象，也称为数据建模，形成了概念模型，图 1-4(c)对概念模型进行了实现级抽象，转成了关系数据库 MySQL 中的逻辑模型。

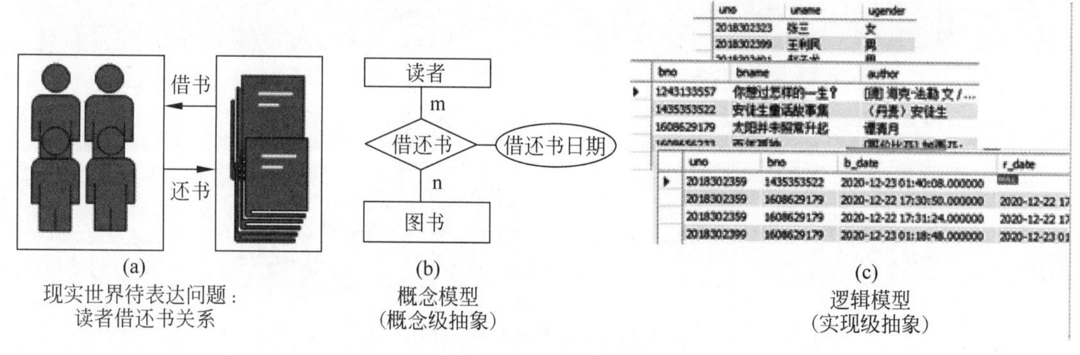


(a) 现实世界待表达问题：读者借还书关系　(b) 概念模型(概念级抽象)　(c) 逻辑模型(实现级抽象)

**图 1-4　数据建模示例**

## 1.2.2　概念模型与 E-R 图

概念模型用于信息世界的建模，是现实世界到信息世界的第一层抽象，是数据库设计人员进行数据库设计的有力工具。

### 1. 概念模型中的基本概念

(1) 实体(Entity)。客观存在并可相互区别的事物，如学生、班级等。能够唯一确定一个实体的属性或者属性组合称之为实体的码。

(2) 属性(Attribute)。实体所具有的某一特性，一个实体可以由若干个属性描述，如酒店房间实体可以由房间号、房间类型和价格等属性名组成。

(3) 实体型(Entity Type)。实体型即实体的类型，通过实体名(如学生)以及属性集合(如学号、姓名等)抽象和刻画同类实体。

(4) 实体集(Entity Set)。同一类型实体的集合称为实体集。例如全体教师就是一个实体集。

(5) 联系(Relationship)。在现实世界中，事物内部以及事物之间都是有联系的，这些联系在信息世界反映为实体型内部或者实体型之间的联系。实体内部的联系通常指组成实体的各个属性之间的联系，实体之间的联系通常是指不同实体型之间的联系。实体之间的联系有一对一(1:1)、一对多(1:n)、多对多(m:n)。注意，多对一(n:1)联系可以看作是一对多联系的等价描述，本书不将其单独列出。

### 2. 基本 E-R 图

概念模型的表示方法很多，其中较为常用的是 P. P. S. Chen 在 1976 年提出的实体联系图(E-R 图)方法。E-R 图定义了以下三种主要符号：

(1) 实体：用矩形框表示。矩形框内写明实体名，如图 1-5 的学院。

(2) 属性：用椭圆框表示。椭圆框内写明属性名，如图 1-5 学生的学号、姓名。如属性有下画线时，表示该属性是实体的码。

(3) 联系：用菱形框表示。菱形框内写明联系名，并用无向边分别与相关联的实体型连接起来，同时在无向边标注上联系的类型(1:1，1:n 或 m:n)。如图 1-5 的学生选课的联系等。

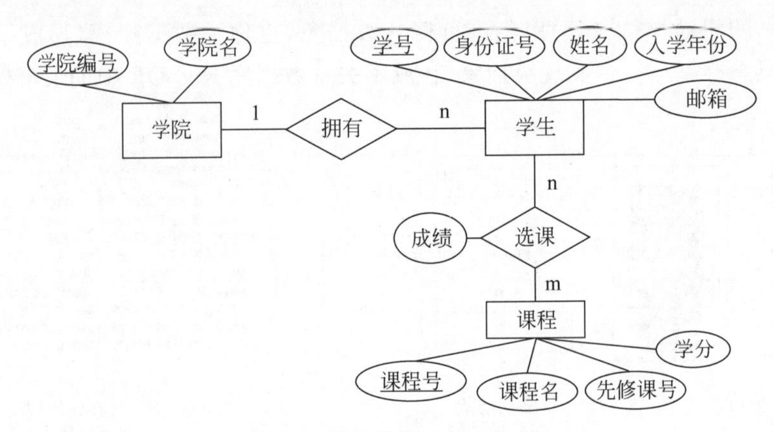


图 1-5 学生选课系统 E-R 图

### 3. 扩展 E-R 图

除以上基本的 E-R 图符号之外，人们在此基础上进行了扩展，形成了扩展的 E-R 图，增强了其表达能力。以下是常见的几种扩展符号。

1) ISA 联系

现实世界中经常会出现某些实体型之间存在父子关系，例如，人是父类型，教师和学生都是人的子类型。这种父类－子类联系称为 ISA 联系，表示“is a”的语义，用图 1-6 符号表示。

2) 复合属性

当一个实体的属性由多个要素组成时，称之为复合属性，如图 1-7 所示。

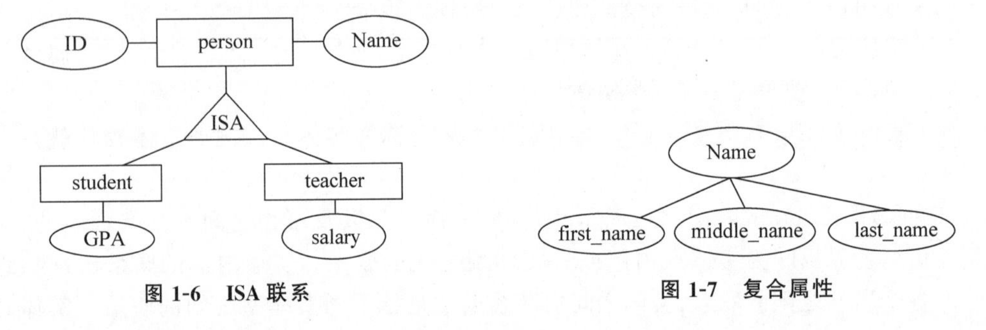


图 1-6 ISA 联系

图 1-7 复合属性

3) 基数约束与非强制参与

实体型的联系可以通过增加基数约束表达更加准确的含义。图 1-8 表示了学校里导师指导学生的联系，联系上方的数字即表示基数约束，其中 min:max 分别表示每个实体参与该联系中的最低或者最高次数，* 表示无限制。当最小值 min 允许为 0 的情况下，称某实体是非强制参与该联系。与之相对，若 min>=1，则该实体是强制参与。

图 1-8 中导师右侧 0…* 表示每个导师参与指导人数可以为 0 或者无数。“0”表示一个导师可以不指导学生，即一个导师在该联系中可以一次都不出现；“ * ”表示一个导师可以指导多名学生，即同一个导师在该联系中可出现 1 次或多次。学生左侧 1…1 表示每个学生参与该联系的次数最小为 1，即每个学生都得接受指导，最大为 1 表明每个学生只能被 1 位导师指导。

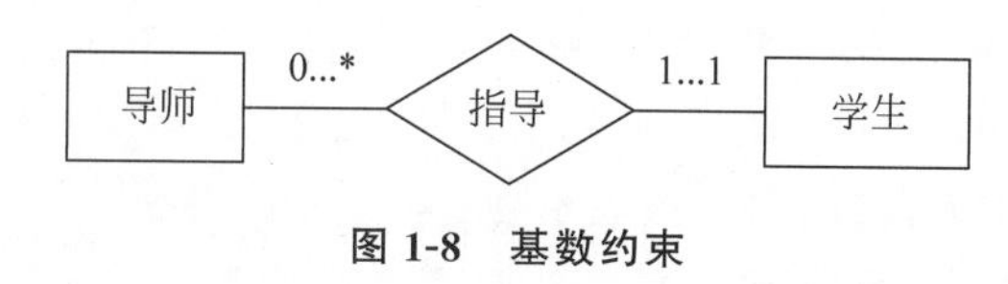


图 1-8 基数约束

4）弱实体型与弱联系

如果一个实体型的存在依赖于其他实体型的存在，则这个实体型叫作弱实体型，否则叫作强实体型。弱实体型不能单独存在，需依附其他强实体型。如图 1-9 中的房间实体，某小区每栋楼都有楼编号，假设每栋楼的房间号是重复编号，此情况下房间实体无法单独存在，称其为弱实体，“属于”这个联系是弱联系，分别用双矩形框和双菱形框表示。

图 1-9 弱实体型与弱联系

## 1.2.3 逻辑模型与关系模型

逻辑模型是用户在数据库中所看到的模型，是某种具体 DBMS 所支持的数据模型。逻辑模型的发展经历了层次模型、网状模型、关系模型、对象关系模型等多个阶段，其中关系模型是逻辑模型中最重要的一种。关系模型是由美国 IBM 公司的研究员 E. F. Codd 于 1970 年提出的一种数据模型，该模型奠定了关系数据库（采用关系模型作为其数据组织方式的一种 DBMS）的理论基础。由于 E. F. Codd 在关系模型方面的杰出工作，他于 1981 年获得了图灵奖。

与以往模型不同，关系模型是建立在严格的数学概念基础上，是以集合论中的关系概念为基础发展起来的。笛卡儿乘积是一种域上的集合运算，关系则是一个笛卡儿乘积的有限子集。关系模型的数据结构是关系，也常被称为表，如图 1-10 所示的一张二维表。一个关系数据库通常由若干个表组成。关系模型中常用的关系操作包括查询（选择、投影、连接、除、并、交、差、笛卡儿积等）和修改（增加、修改、删除）两大类。逻辑模型转换成关系模型后，其中的实体和联系都用关系表达。

员工信息表

| 员工编号 | 姓名 | 性别 | 部门ID | 入职时间 |
|---|---|---|---|---|
| 2015001 | 王小鹏 | 男 | 1 | 20150712 |
| 2019002 | 张晨雨 | 女 | 2 | 20190415 |
| … | … | … | … | … |

部门信息表

| 部门ID | 部门名称 |
|---|---|
| 1 | 开发一部 |
| 2 | 开发二部 |
| 3 | 财务部 |

图 1-10 员工信息管理数据库

关系模型中的基本术语如下所示。

（1）关系（relation）：一个关系对应一个二维表，如图 1-10 的员工信息表。关系模型要求关系必须满足一定的规范条件，其中最基本的要求是关系的每一个分量必须是一个不可分的数据项。

（2）元组（tuple）：二维表中的一行称为一个元组。

（3）属性（attribute）：二维表中的列称为属性，列的值称为属性值。如图 1-10 的员工信息表有 5 列，对应 5 个属性。

(4) 域(domain):属性值的取值范围称为域。如性别的域是(男,女)。

(5) 分量:元组中的一个属性值。

(6) 关系模式:对关系的描述,一般表示为:

关系名(属性 1,属性 2,…,属性 n)

例如,图 1-10 的关系可描述为:

员工(员工编号,姓名,性别,部门 ID,入职时间)

部门(部门 ID,部门名称)

(7) 码(key):表中的某个属性或者某组属性,可以唯一确定一个元组。如图 1-10 员工信息表中的员工编号可以唯一确定一名员工,就称为本关系的候选码。一张表中可能存在多个候选码,选取其中一个作为主码(Primary Key,PK)。此外,员工信息表中的部门 ID 参照了部门信息表的主码"部门 ID",此时对员工信息表而言,部门 ID 是该表的外键(Foreign Key,FK)。

为了保证数据库中数据的正确性与相容性,需要对关系模型进行完整性约束,具体包括实体完整性、参照完整性和用户自定义完整性。

(1) 实体完整性:要求关系中的主键唯一且不能取空值。

(2) 参照完整性:要求关系中的外键可以取空值或者是被参照关系中一个存在的主键值。如图 1-10 员工信息表中的部门 ID 必须是部门信息表中一个存在的部门 ID 值,或者为空值,空值表示该员工暂时还未分配部门。

(3) 用户自定义完整性:用户针对具体需求定义的约束条件。如员工性别的取值只能是"男"或者"女"。

### 1.2.4 物理模型

物理模型是面向计算机物理表示的模型,描述了数据在储存介质上的存储结构和存取方法,它不但与具体的 DBMS 有关,而且还与操作系统和硬件有关。数据库的物理存储结构包括文件存放位置、存储结构等,存取方法包括索引机制、数据存取方法等。DBMS 为了保证其独立性与可移植性,大部分物理数据模型的实现工作是由系统自动完成,而数据库设计者往往只需要利用 DBMS 提供给用户的物理接口设计数据存放位置、索引、数据分区规则等。这些物理接口可能是配置文件、SQL 语句、环境变量等多种不同形式。

## 1.3 MySQL 关系数据库

MySQL 关系数据库是目前最流行的关系数据库之一,本书以 DBMS 为例展开介绍。DB-Engines 网站[①]按照数据库流行程度对数据库产品进行滚动排名,图 1-11 展示了其在 2023 年 9 月发布的数据库排名。由图可知目前最流行的前十个 DBMS 中,关系数据库占了 7 个,其中 MySQL、PostgreSQL、SQLite 是最流行的三个开源关系数据库管理系统。

MySQL 的第一个正式版本是在 1996 年发布的,2003 年 12 月 MySQL 5.0 版本发布,提供了视图、存储过程等功能。2008 年 1 月,MySQL AB 公司被 Sun 公司以 10 亿美元收

---

① https://db-engines.com/en/ranking,具体排名分数计算的依据可查阅该网站说明,主要包括 Google、Bing、Stack Overflow 等网站的流行程度。

☐ include secondary database models　　169 systems in ranking, August 2023

| Rank | | | DBMS | Database Model | Score | | |
|---|---|---|---|---|---|---|---|
| Aug 2023 | Jul 2023 | Aug 2022 | | | Aug 2023 | Jul 2023 | Aug 2022 |
| 1. | 1. | 1. | Oracle | Relational, Multi-model | 1242.10 | -13.91 | -18.70 |
| 2. | 2. | 2. | MySQL | Relational, Multi-model | 1130.45 | -19.89 | -72.40 |
| 3. | 3. | 3. | Microsoft SQL Server | Relational, Multi-model | 920.81 | -0.78 | -24.14 |
| 4. | 4. | 4. | PostgreSQL | Relational, Multi-model | 620.38 | +2.55 | +2.38 |
| 5. | 5. | 5. | IBM Db2 | Relational, Multi-model | 139.24 | -0.58 | -17.99 |
| 6. | 6. | 6. | Microsoft Access | Relational | 130.34 | -0.38 | -16.16 |
| 7. | 7. | 7. | SQLite | Relational | 129.92 | -0.27 | -8.95 |
| 8. | 8. | ↑9. | Snowflake | Relational | 120.62 | +2.94 | +17.50 |
| 9. | 9. | ↓8. | MariaDB | Relational, Multi-model | 98.65 | +2.55 | -15.24 |
| 10. | 10. | 10. | Microsoft Azure SQL Database | Relational, Multi-model | 79.51 | +0.55 | -6.67 |

**图 1-11　DB-Engines 网站发布的最流行的 10 种数据库(2023 年 9 月)**

购,随后 2009 年 4 月,Sun 公司又被 Oracle 公司以 74 亿美元收购,自此 MySQL 数据库进入了 Oracle 时代。而 MySQL 的第三方存储引擎 InnoDB 早在 2005 年就被 Oracle 公司收购。Oracle 公司承诺,MySQL 的未来版本仍是采用 GPL 授权的开源产品。

MySQL 在整体架构上分为服务层和存储引擎层,如图 1-12 所示。其中服务层,包括连接器、查询缓存、分析器、优化器、执行器等。存储引擎层负责数据的存储和存取,如 InnoDB、MyISAM、Memory 等。在客户端连接到服务层后,服务层会调用数据引擎提供的接口,进行数据读写操作。从 MySQL 8.0 开始,默认存储引擎是 InnoDB。与 MyISAM 引擎相比,InnoDB 数据引擎功能更加强大,支持事务、外键。此外,InnoDB 支持表、行(默认)级锁,而 MyISAM 仅支持表级锁。

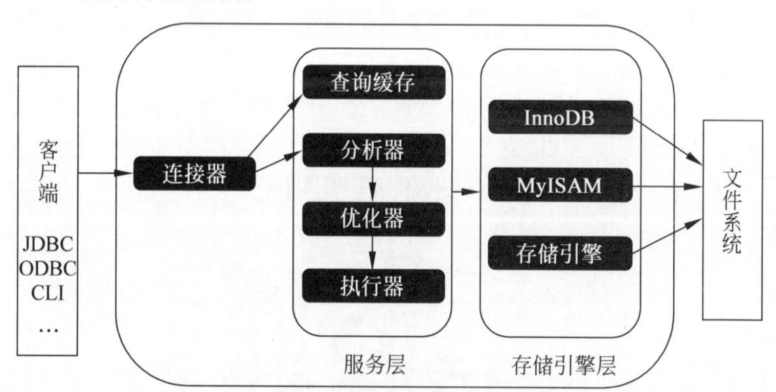


**图 1-12　MySQL 数据库管理系统内核架构**

最基本的 MySQL 数据库内核主要功能包括数据定义(如数据库、表、索引、视图等定义)、数据操作(如数据查询、插入、修改、删除)、数据控制(如权限赋予与回收)和数据库编程(如存储过程、触发器、用户自定义函数)等。除了基本的数据管理功能之外,MySQL 还提供了供高级语言访问数据库的驱动以及备份还原工具、GUI 客户端工具等。

## 1.4　云数据库

近年来,随着云计算技术的快速发展和云厂商的产业化推进,数据库产品的部署模式也由传统的线下部署逐渐转变为云服务部署。以云服务模式部署的数据库称为云数据库。新型按需付费的云数据库与传统的数据库相比,具有以下特征:

(1) 无须自建机房,进行设备采购和软件安装,开箱即用,方便快捷。

(2) 可根据需求灵活变化,易弹性伸缩,提供与业务匹配的存储能力和计算能力。

(3) 不受地域限制，只需具有联网设备，即可访问操控数据库。同时，该模式也更便于进行资源共享。

(4) 专业的运维支持，包括安全检查、性能调优、容灾、备份、恢复、监控、迁移等，同时提供基于 Web 的自助管理模式。

虽然由于安全性等原因，部分企业担心云数据库通过网络进行交互时会被攻击导致数据泄露、丢失等问题，不愿意将数据存储在云数据库中，但随着计算机安全技术、数据安全立法等相关因素完善，这些问题将逐渐被解决。总体而言，由于云数据库具有更经济、更专业、更高效等特点，可以使得用户能更专注于自己的核心业务，逐渐受到市场的青睐。

作为云计算时代的先行者，亚马逊在 2014 年发布了云托管的关系型数据库 Aurora，并在 2017 年发表了论文"Amazon aurora: Design considerations for high throughput cloud native relational databases"，解释了云原生的关系型数据库应该如何设计。云原生数据库的核心技术包括存算分离、弹性扩展等。目前，我国云数据库正处于快速发展阶段，华为、阿里、腾讯等拥有丰富数据资源或计算实力的信息技术企业正走在云数据库发展大潮的前列，推动着云数据库技术的发展。各大厂商也都推出了多种云数据库产品，既包括了传统的关系数据库如 MySQL、PostgreSQL、SQL Server 等，也包含了非关系数据库如 MongoDB、InfluxDB 等。此外，各大厂商也在积极推广基于自研数据库产品的云数据库服务，如华为的 GuassDB，阿里的 PolarDB、OceanBase，腾讯的 TDSQL 等。图 1-13 展示了 IDC 中国于 2023 年发布的关系数据库部署模式的调研和预测数据。从图 1-13 中可以发现近年来云数据库显示出快速增长的趋势。

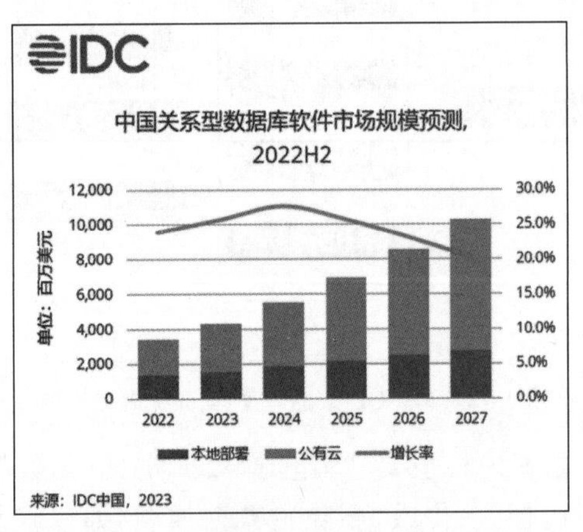


图 1-13 关系数据库的部署模式

## 1.5 基于 MySQL 的云数据库

由于 MySQL、PostgreSQL 是流行度较高的开源关系数据库，运营云数据库的云厂商基本都会提供此类云数据库服务。表 1-1 列出了我国目前主要的几款基于 MySQL 的云数据库服务，其中 RDS 为 Relational Database Service 的缩写。表中信息来源于 2023 年 10 月各厂商官网公开信息。为了方便读者实战，本书将以价格适中、满足基本实战需求的华为数据库 MySQL 为例展示云数据库技术，其他云数据库产品的使用方法基本类似，可以参考各产品的官网。

表 1-1 基于 MySQL 的云数据库

| 云厂商 | 产品名 | 说明 | 价格(元/小时)(按需、支持的较低配) | |
|---|---|---|---|---|
| 华为 | 云数据库 MySQL0 | 支持 MySQL 5.6/5.7/8.0 | 2 核 4GB、主备 MySQL 8.0 | 1.17 |
| | 云数据库 GaussDB | 华为 GaussDB 企业版 3.222 | 8 核 64GB、主备 | 63.69 |
| 阿里 | 云数据库 RDS MySQL | 支持 MySQL 5.5/5.6/5.7/8.0 | 2 核 8GB、主备 MySQL 8.0 | 1.60 |
| 腾讯 | 云数据库 MySQL | 支持 MySQL 5.6/5.7/8.0 | 2 核 4GB、主备 MySQL 8.0 | 1.43 |
| 百度 | RDS for MySQL | 支持 MySQL 5.5/5.6/5.7 | 2 核 8GB、主备 MySQL 5.7 | 2.64 |

华为云数据库 GaussDB 是华为自研的最新一代企业级高扩展海量存储分布式数据库，采用计算存储分离架构，无须分库分表。

云数据库 GaussDB(for MySQL)整体架构如图 1-14 所示自下向上分为三层。

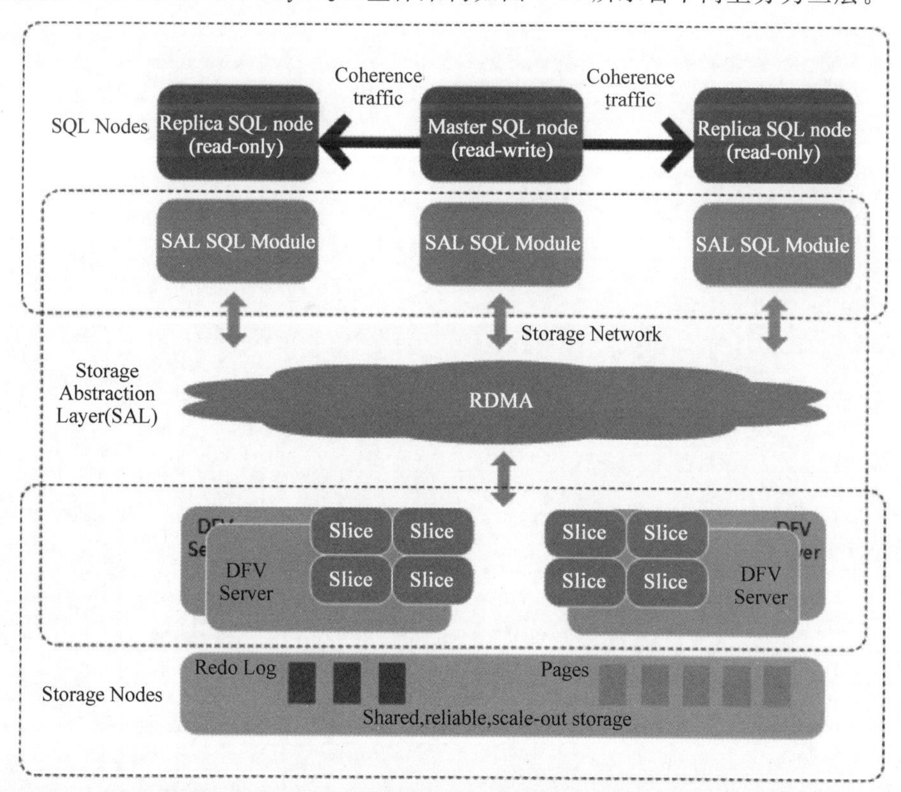


图 1-14 GaussDB(for MySQL)整体架构图(引自华为云官方网站)

### 1. 存储层

基于华为 DFV 存储，提供分布式、强一致和高性能的存储能力，此层来保障数据的可靠性以及横向扩展能力。DFV 是华为提供的一套通过存储和计算分离的方式，构建以数据为中心的全栈数据服务架构的解决方案。

**2. 存储抽象层(Storage Abstraction Layer)**

将原始数据库基于表文件的操作抽象为对应分布式存储,向下对接 DFV,向上提供高效调度的数据库存储语义,是确保数据库高性能的关键技术。

**3. SQL 解析层**

复用 MySQL 8.0 代码,以保证与开源代码 100%兼容,用户业务从 MySQL 迁移不用修改任何代码,从其他数据库迁移也能使用 MySQL 生态的语法、工具,降低开发、学习成本。基于原生 MySQL,在 100%兼容的前提下进行大量内核优化。

## 本章小结

本章概述了数据库系统,包括数据库系统的基本概念、概念模型、关系模型、数据库管理系统、云数据库等。重点介绍了关系数据模型、MySQL 数据库的发展历程、主要功能、整体架构,以及基于 MySQL 的云数据库技术。

# 第2章 数据库设计基础知识

在软件领域，通常把底层使用数据库存储数据的各类信息系统都统称为数据库应用系统。例如，电子政务系统、数字金融系统、电子商务系统等。数据库应用系统的设计包括软件设计和数据库设计两大部分，涉及数据库中的模式设计、访问和更新数据的应用程序设计、控制数据访问的安全模式设计等多个任务，本章重点讲述数据库应用系统中的关系数据库设计。

## 2.1 数据库设计概述

数据库模式设计是指对于一个给定的应用环境，设计最优的数据库逻辑模型和物理模型，使之能够高效存储和管理数据，满足各种用户应用中的数据需求和数据处理需求。

通常，从数据库设计到实施包含如图 2-1 所示的需求分析、概念模型设计、逻辑模型设计、

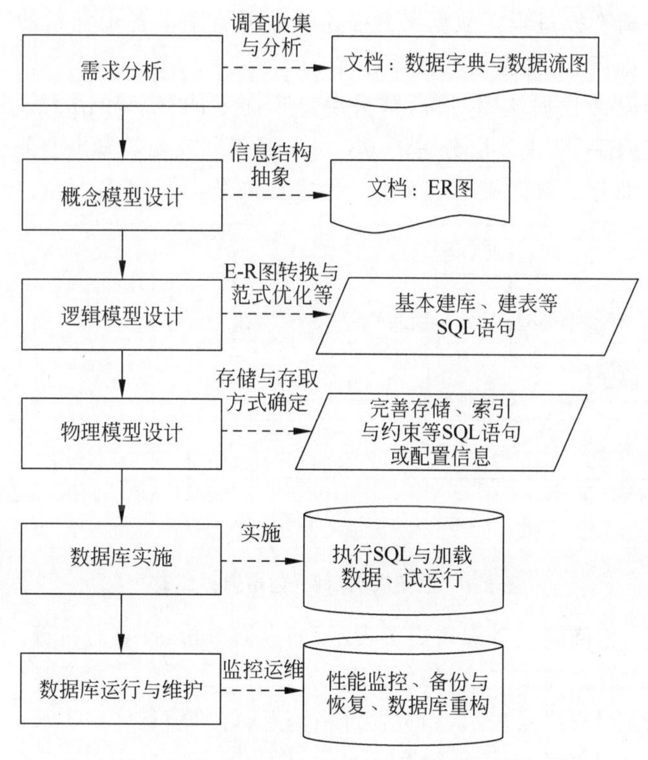


图 2-1 数据库设计步骤与阶段性设计成果

物理模型设计、数据库实施、数据库运行与维护等几个阶段,该图中每个阶段虚线右侧表示该阶段设计产生的成果。本章将逐一介绍每个阶段的设计内容。

## 2.2 需求分析

### 2.2.1 需求分析任务与方法

需求分析是数据库应用软件设计的起点,其中数据库设计的任务是明确用户对数据库应用系统涉及的数据需求和处理需求。为了完成该任务,数据库设计者需要同应用领域的专家和用户进行深入沟通,形成需求规格说明书。通常需求规格说明书是针对整个软件系统的描述,数据库设计者可以重点关注其中的数据管理需求相关的部分。

需求分析中常用的调查方法包括:开调查会、分发调查表、查阅与待开发系统相关的记录与数据、实地参与业务流程体验等多种方式进行。通过需求分析,期望可以获得用户对数据库的如下要求:

(1) 信息要求:指用户需要从数据库中存储的数据。

(2) 处理要求:指用户要完成的数据处理功能,特别注意用户对性能的要求。

(3) 安全性与完整性要求:指约束条件等完整性要求,权限等安全性要求。

### 2.2.2 数据流图与数据字典

在需求分析阶段,对于数据需求的分析最终以数据流图(Data Flow Diagram)和数据字典的形式体现。数据流图是从数据传递与处理的角度,以图形化的方式描述数据在系统内部的逻辑流向和逻辑变换过程。数据字典描述了数据流图中各个元素的详细信息,包括数据项、数据结构、数据流、数据存储和处理过程。

针对某个系统设计数据流图时,通常采用自顶向下的 SA(Structured Analysis)方法,即从最上层的功能入手,采用逐层分解的方式分析系统;或先勾勒出业务流程的主要阶段,再对每一阶段进行细分。数据流图定义了 4 种主要符号,如图 2-2 所示。

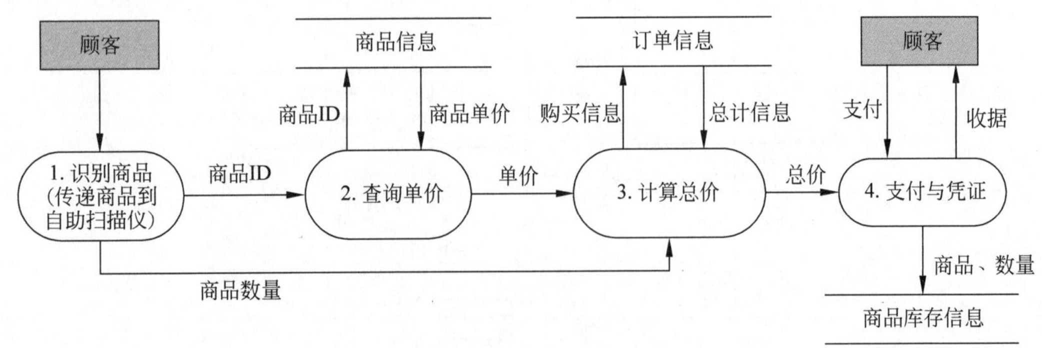


图 2-2 数据流图示例(超市自助结算)

(1) 数据处理:用椭圆或者圆角矩形表示,如查询单价、计算总价等。

(2) 数据流:用有向箭头表示,如货物 ID 等。

(3) 数据存储:用双线段表示,如货物价格信息、订单信息。

(4) 输入输出:用矩形表示,如顾客。

数据字典是对数据流图中每个元素详细的描述信息，这些都将是数据库设计的重要基础。以下逐项说明。

(1) 数据处理：处理过程定义和说明。包括处理名称、输入数据、输出数据、数据存储、处理要求(如响应时间)等。如图 2-2 中的查询单价，该数据处理的描述如表 2-1 所示。

**表 2-1　数据处理的描述**

| 数据处理名 | 查询单价 |
| --- | --- |
| 说明 | 根据指定商品 ID 查询其单价 |
| 输入数据 | 商品 ID |
| 输出数据 | 商品单价 |
| 数据存储 | 商品价格信息 |
| 处理要求 | 期望在 1 秒内返回 |

(2) 数据流：数据在系统内传输的路径。包括数据流名、说明、数据来源、数据去向、需要的数据项或数据结构。如图 2-2 中的计算总价处理中的购买信息数据流，该数据流的描述如表 2-2 所示。

**表 2-2　数据流的描述**

| 数据流名 | 购买信息 |
| --- | --- |
| 说明 | 计算总价时输入的购买信息，包括商品 ID、商品单价、商品数量 |
| 数据来源 | 识别商品、查询单价 |
| 数据去向 | 订单信息 |
| 需要的数据结构 | 商品价格信息、商品数量 |

(3) 数据存储：数据结构存储的地方，也是数据流的来源和去向之一，包括数据存储名、说明、输入数据流、输出数据流、组成成分、数据量、存取频度、存取方式等。存取方式指批处理还是联机处理、查询还是更新、顺序查询还是随机查询等。存取频度是指每小时、每天或者每周存取次数以及数据量等。如图 2-2 中的商品价格信息，该数据存储的描述如表 2-3 所示。

**表 2-3　数据存储的描述**

| 数据存储名 | 商品价格信息 |
| --- | --- |
| 说明 | 进行商品结算时需要在该信息中查询每种指定商品的单价 |
| 输入数据流 | 商品 ID |
| 输出数据流 | 商品单价 |
| 组成成份 | 商品 ID、商品单价、商品描述、供应商 ID |
| 数据量 | 约 100 万条记录 |
| 存取频率 | 1 万次/1 天 |
| 存取方式 | 主要是随机查询操作，联机实时处理 |

(4) 数据项：数据的最小组成单位，最终对应为关系表中的某一个字段。对数据项的描述一般包括数据项名、说明、类型、长度、别名、取值范围及该项与其他项的逻辑关系。如图 2-2 中的商品编号(商品 ID)，其数据项的描述如表 2-4 所示。

表 2-4 数据项的描述

| 数据项名 | 商品 ID |
|---|---|
| 说　明 | 每一种商品的编号 |
| 类　型 | 字符型 |
| 长　度 | 10 位 |
| 别　名 | 商品编号 |
| 取值范围 | A000000001～Z999999999 |

## 2.3 概念模型设计

概念模型设计的主要任务是根据需求分析获得的数据流图与数据字典设计 E-R 图，这是整个数据库设计的关键。E-R 图的基本概念可参考本书第 1.2.2 小节。本节重点介绍如何进行概念模型设计。

概念模型的设计策略可以采用自顶向下、自底向上、逐步扩展或混合策略等。其中最常用的自底向上，即对于每个子需求设计其对应的局部概念模式，然后逐步集成全局概念模式。

### 2.3.1 局部概念结构设计

在局部概念结构设计的过程中，重点是抽象实体与联系，按照以下步骤进行。

#### 1. 初步抽象实体与属性

实体的抽象首先参考需求分析形成的数据流图和数据字典。在数据流图中，数据存储、数据流都是由若干数据项组成的有意义的集合，可以结合现实考虑将数据存储、数据流先列为实体，数据项通常为实体的属性，后续再逐步调整。根据该方法，可先将图 2-2 中的顾客、商品、订单确定为实体，进而为每个实体确定相关属性，例如商品信息中的商品 ID，商品价格等。

对数据进行抽象时，由于实体与属性之间并没有明显的界限，为了简化 E-R 图的设计，遵循的重要原则是能设计为属性的情况尽可能设计为属性。关于属性设计可以参考以下准则：

(1) 属性必须是不可再分的数据项。对于图 1-7 所示的复合属性，可将其分为多个属性。

(2) 属性不能与其他实体发生联系。若必须与其他实体发生联系，则需要将该属性设计成一个实体。例如，在一个仓储系统中，每个零件都保存在不同的仓库，但若该系统还需要记录仓库的其他信息，如仓库面积、地理位置等，则不能将仓库设计成零件的属性之一，必须将其设计为一个实体。但反之，若该系统不需要存储仓库的其他信息，则可以将仓库名称直接设计成零件的一个属性。

#### 2. 确定每个实体的码属性

为了顺利进行后续的分析，实体确定之后，需要根据语义确定每个实体型的码。注意，实体型的码可能由一个或者多个属性组成。

#### 3. 分析实体之间的联系

由于联系广泛存在于实体之间，当实体确定好后，可以逐一分析实体之间的联系。例如图 2-2 中顾客与商品存在购买(“购买信息”的数据流)、查询(“单价查询”的数据处理)等联系。需要注意对于每个联系，不仅要定义联系的名称，还需要明确联系的类型（一对一、一对多、多对一或者多对多）。此外，在该阶段若能明确联系之间的基数约束也更加有利于得到完整的分 E-R 图。

#### 4. 检查是否覆盖了需求

由于 E-R 图是对用户数据需求的一种理解与表达，因此待初版完成之后，需要根据用户需求逐一检查是否该设计可以覆盖所有的数据需求。

### 2.3.2　全局概念结构集成

当各个模块的 E-R 图设计完成后，需要逐步集成形成一个全局概念模型。

#### 1. 合并冲突的解决方案

在集成过程中，各个不同的子系统 E-R 图可能存在一些冲突。主要包括属性冲突、命名冲突和结构冲突。

（1）属性冲突：主要包括属性域冲突（如属性值的类型、取值范围等不同）、属性值单位冲突（如身高单位有的用厘米，有的用米）。属性冲突主要通过协商并最终用统一的方式解决。

（2）命令冲突：主要包括同名异义（名称相同但实际语义不同）或者异名同义（名称虽不相同，但实质代表相同的语义），例如商品编号，有的实体中该属性名为“商品 ID”，有的实体为“商品编号”。该类问题的解决方案同属性冲突相同，主要是协商并统一。

（3）结构冲突：主要包括抽象级别不同（某对象在子 E-R 图 A 中是实体，在子 E-R 图 B 中是属性）、属性个数不同、实体间的联系在不同子 E-R 图中不同。对抽象级别不同的情况下，通常是将结构冲突的属性上升为实体；对属性个数不同的情况，通常取多个属性的并集；对实体间的联系类型不同的情况，需要根据语义对联系的类型进行综合或者调整。

#### 2. 消除冗余的实体与联系，设计基本 E-R 图

在初步形成 E-R 图后，可能存在一些冗余的数据（可以由基本数据导出的数据）和实体之间冗余的联系（可以由其他联系推导出的联系）。在该阶段，根据数据字典中关于数据项之间逻辑关系的说明消除冗余。如图 2-3 中灰色背景虚线部分所示，用量 Q3 和存放量 Q4 都属于冗余属性，可通过其他数据计算出来（$Q3 = Q1 \times Q2$，$Q4 = \sum Q5$），因此都可以删除，并且由于 Q3 的删除，产品与材料间的冗余联系也会被删除。

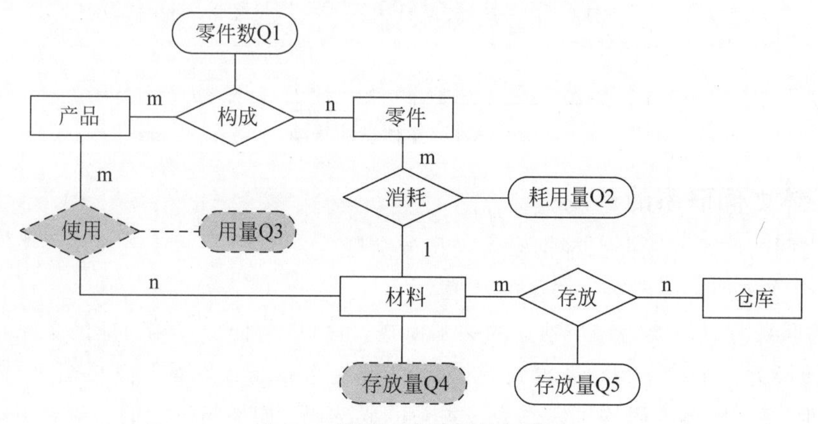


图 2-3　消除冗余的属性与联系

# 2.4 逻辑模型设计

逻辑模型设计的任务是把概念结构设计阶段得到的 E-R 图转换为所选用的 DBMS 所对应的逻辑结构。由于本书实战环境云数据库 MySQL 属于关系数据库，这里重点介绍如何从 E-R 图转换为关系数据模型的转换方法。

## 2.4.1 E-R 图转换为关系模型

将 E-R 图转换为关系模型，主要是解决如何将实体以及实体之间的联系转换成关系模型。

### 1. 实体的转换

E-R 图中的每个实体可以直接转换为一个关系模式，关系的属性就是实体的属性，关系的码就是实体型的码。例如图 1-5 中的学生实体可以转换为：学生(学号，姓名，身份证号，入学年份，邮箱)，其中学号是码。

如果是在复合属性的情况下，复合属性中的每个子属性可以独立转成关系模式中的属性，或者复合属性整体作为关系模式中的一个属性。如图 2-4 所示的住址，可以转换成游客(游客编号，姓名，联系电话，住址_省，住址_市，住址_区县，住址_街道)或者游客(游客编号，姓名，联系电话，住址)。

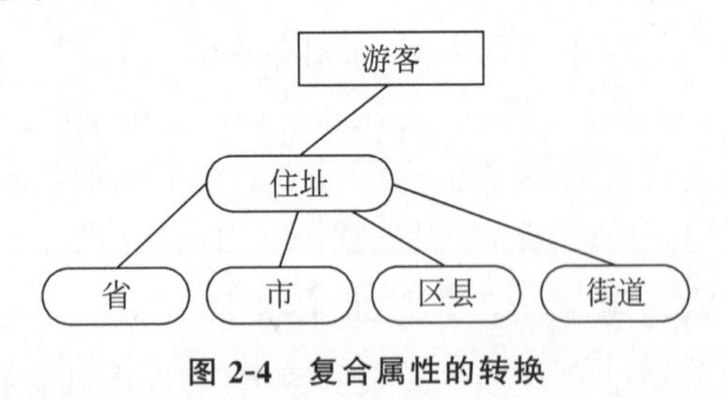


图 2-4 复合属性的转换

如果是弱实体型的情况，转换时需要把弱实体型所依赖的强实体型的码作为该弱实体关系模式的属性。例如图 2-5 中的房间是弱实体，转换时需要加入其依赖的强实体楼宇的码。

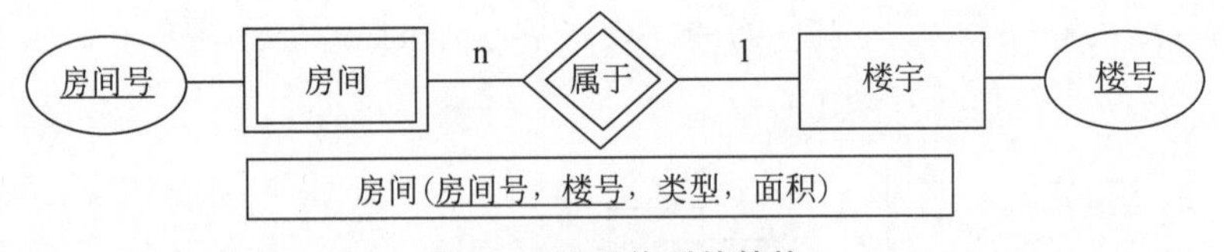


图 2-5 弱实体型的转换

### 2. 实体之间联系的转换

实体之间的联系转换需要根据联系类型分别进行。

1) 两个实体型之间一对一联系的转换

1:1 的联系可以转换为一个独立的关系模式，也可以与任意一端对应的关系模式合并。

如果转换为一个独立的关系模式，新关系的属性包括与该联系相连的各实体的码以及联系的属性，每个实体的码均可以作为该关系的候选码；如果与任意的一端合并，合并后关系的属性中应加入另一关系的码和联系本身的属性,合并后关系的码不变,如图 2-6 所示。

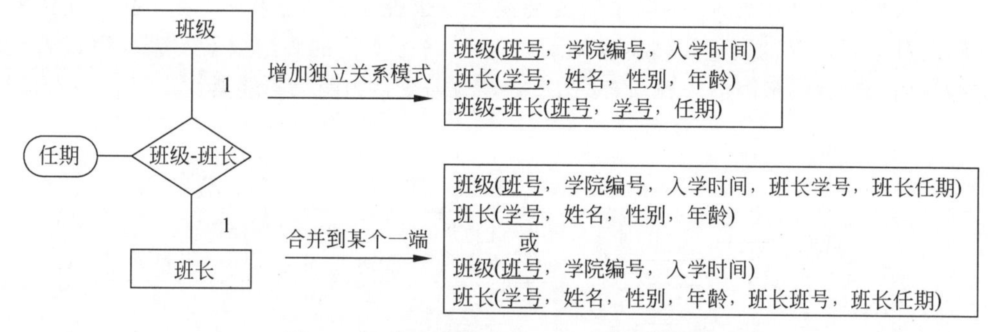


**图 2-6 两个实体型之间一对一联系的转换**

当使用第二种方法合并到任意一端时,如果考虑联系的基数约束时,只能往强制参与的一端合并。如图 2-7(a)中,只能往部门表中合并。若两个 1 端都是部分参与时,只能单独增加独立的关系模式,如图 2-7(b)中的配偶关系。

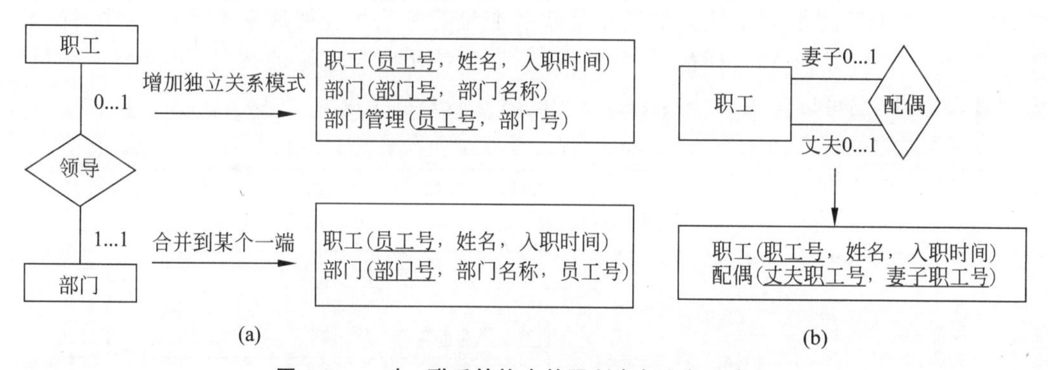


**图 2-7 一对一联系转换中的强制参与和部分参与**

2)两个实体型之间一对多联系的转换

1:n 的联系可以转换为一个独立的关系模式,也可以与 n 端对应的关系模式合并。如果转换为一个独立的关系模式,新关系的属性包括与该联系相连的各实体的码以及联系本身的属性,n 端实体的码作为该关系的候选码;如果与 n 端合并,则把 1 端实体与该联系的属性加入 n 端,码保持不变。具体示例如图 2-8 所示。实际使用中,在考虑基数约束后,可以采用合并到 n 端方式转换的情况,尽量采用该方式,因为新增关系模式带来的多次连接运算可能会降低数据库的性能。

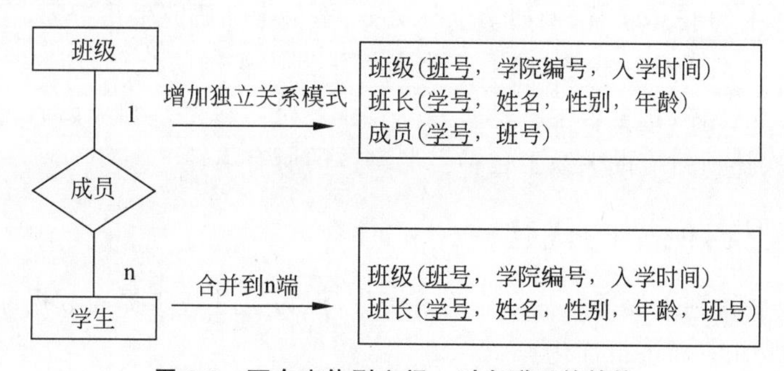


**图 2-8 两个实体型之间一对多联系的转换**

3）两个实体型之间多对多联系的转换

在关系模型转换中，m:n 的联系需要转换为一个独立的关系模式，与该联系连接的实体的码以及联系本身的属性均转换成关系的属性，各个实体的码组成新关系的码或者码的一部分。如图 2-9 所示图书馆管理系统中，读者与书籍之间的借阅联系。

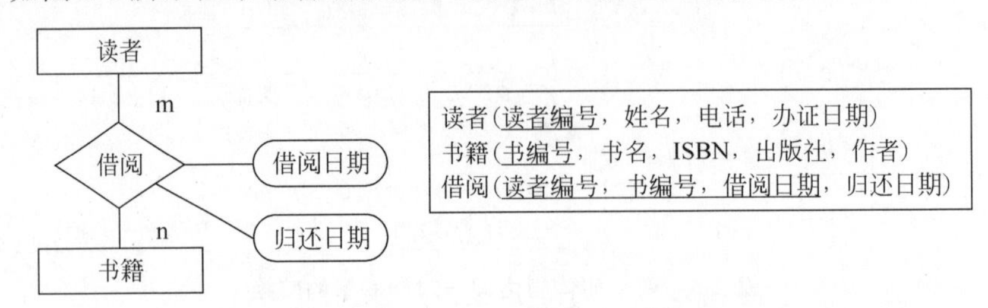


**图 2-9　两个实体型之间多对多联系的转换**

4）多个实体型之间联系的转换

在关系模型转换中，如图 2-10 所示多个实体型之间的多元联系需要转换为一个独立的关系模式。与该联系连接的实体的码以及联系本身的属性均转换成新关系的属性，各个实体的码组成新关系的码或者码的一部分。若不期望使用联合主键的情况，可以增加一列作为编号，该方案也可以解决部分实体不参与该多元联系的情况。

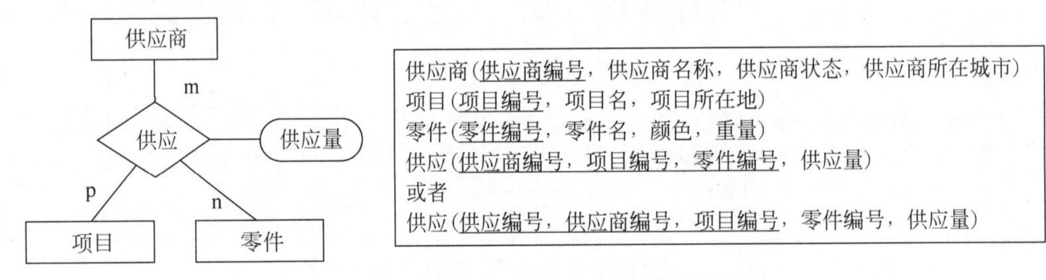


**图 2-10　多个实体型之间的多元联系的转换**

对于联系中的基数，例如实体是强制参与还是部分参与，或者还有具体的数量基数限制，设计时需要仔细考虑，可能会影响设计细节。如图 2-10 中，供应关系如果设计成第一种方式(供应商编号，项目编号，零件编号，供应量)，根据实体完整性要求码中的每一个属性都不能为空值，但是如果按照第二种方式(供应编号，供应商编号，项目编号，零件编号，供应量)设计，则不存在这个约束条件。

5）E-R 图中扩展元素转换

扩展 E-R 图中的 ISA 联系，例如学生是父类，本科生和研究生是子类，在 E-R 图中可以用 ISA 联系表示。对于这种联系，如果泛化实例是具体实例的全部，即一个高层实体实例至少属于一个低层实体(每个学生不是研究生就一定是本科生)，则可以不为高层实体建立关系模式，低层实体所对应的关系上包括上层实体的所有属性。

## 2.4.2 逻辑模型的优化

E-R 图转换后得到了数据库基本的关系模式，但为了进一步提高数据库应用系统的性能，还需要从以下几方面进行优化。

(1) 根据数据库规范化理论，对关系模式进行规范化，消除冗余。针对每一个关系模式，确定其上的数据依赖关系，对其进行极小化处理，消除冗余的联系和属性。基于最小函数依赖集，确认各个关系模式所属的范式，若不符合 3NF 或者 BCNF，进行合理的分解。关系数据库规范化具体的内容可参考其他数据库相关书籍。

(2) 进行反范式化思考，对关系模式进行必要的合并，并不是规范化程度越高的关系模式越优，例如规范化程度越高，表的数量可能越多，当查询涉及多个关系模式时，系统的连接运算代价较高。为了降低代价，往往需要进行一些合并。因此在这种情况下，出现反范式化设计的第二范式甚至第一范式也是可以的。

(3) 为了提高数据操作的效率和存储空间利用率，对关系模式进行分解。常用的方法包括水平分解和垂直分解。水平分解按照 80/20 原则，指经常使用的热点数据单独分解出来。或者按照事务，把每个事务存取的不相交的数据单独存储为一张表，可以提高并发程度。垂直分解是把关系的多个属性中，经常使用的属性分解成独立的关系表。但需要注意，若垂直分解后，使得某些事务经常执行连接操作，则有可能反而降低效率，因此需要仔细验证。

### 2.4.3　用户视图的设计

完成逻辑模型优化后的关系模型即为数据库的模式，在得到数据库的全局逻辑模型后，还应该根据局部应用需求，结合具体 DBMS 特点设计用户的外模式。外模式(视图)设计时注重考虑用户的使用习惯与方法，具体包括：

(1) 使用更符合用户习惯的别名。

(2) 可以从安全性角度考虑对不同级别的用户定义不同的视图。

(3) 简化用户对系统的使用。为了方便用户使用，可以把用户常用且散布在多张表的数据整合定义为视图。

## 2.5　物理模型设计

物理模型设计的目标是为了降低数据库上运行的各种事务响应时间，提高事务吞吐率，存储空间利用率。

### 2.5.1　存储策略设计

用户通常无法直接改变关系数据库的内模式(物理存储结构内部)，但可以通过调整一些存储配置使其性能最优。例如根据应用情况将易变部分与稳定部分、存取频率较高部分与存取频率较低部分分开存储，可以提高系统性能。此外，DBMS 通常都有大量的数据文件和事务日志文件需要频繁读取，为了最优化其并行读写能力，可将数据文件和事务日志文件分别配置到不同的物理磁盘上，将索引文件和数据文件存储到不同的磁盘上。

### 2.5.2　存取方法设计

数据库管理系统一般提供多种数据存取方法，常用的方法包括索引方法和聚簇(clustering)方法。

索引存取方法设计的核心是确定给哪些属性列创建索引以及建立什么样的索引。给表创建索引的目的是为了提升数据处理速度，但是需要注意维护索引和在索引中查询也需要花费一定的代价，所以索引并非越多越好。通常可按照如下的启发式规则设计索引：

(1) 如果一个(或一组)属性经常在查询条件中作为等值条件或者范围条件出现，则考虑在这个(或这组)属性上建立索引(或组合索引)。等值条件适合建立哈希索引，范围查询适合建立 B+树索引。

(2) 如果一个属性经常作为最大值和最小值等聚集函数的参数，则考虑在这个属性上建立索引。

(3) 如果一个(或一组)属性经常在连接操作的连接条件中出现，则考虑在这个(或这组)属性上建立索引。

此外，索引是否有效也需要考虑数据的具体分布。例如某张表中有一个"状态"字段，可能取值为 1、2、3、4 四种不同状态，其中 4 表示某种异常状态仅占 5%，且散布在整个数据中，查询中若常使用 4 作为条件，则针对该列建索引查询效率会提升显著，但是若数据中只有 1,2 两种状态，且等量随机分布，那在该列创建索引的效果可能就不是非常显著。

索引的类型包括多种，可以从多种维度划分，例如聚集索引与非聚集索引、B+树索引、Hash 索引、唯一索引、复合索引等。聚集索引(也称聚簇索引)指表中数据按指定聚簇属性值的升序或降序存放，聚集索引的索引项顺序与表中元组的物理顺序一致，非聚集索引则不要求索引项顺序与数据物理顺序一致。聚集索引可以显著提高按聚集属性进行查询的效率，但是维护聚集索引的代价非常高，因此适合相对稳定不变的数据。Hash 索引适合与点查询等随机查询操作，B+树索引适合与范围查询等有序的查询。

## 2.6 数据库实施

数据库的物理设计完成之后，设计人员就可以用具体的 SQL 语言在数据库中定义数据库表，组织数据入库，进行与应用程序联调，试运行，这个过程称为数据库实施。数据载入的过程，对于小型数据库可以通过人工方法完成，但是大部分情况都需要通过借助计算机辅助系统完成入库。

### 1. 测试数据的验证

在真实生产数据入库之前，必须载入一些测试数据，此时需要借助一些数据生成工具。比较基础的数据生成工具需要具有按指定数据量随机生成数据的功能，更加复杂的数据生成工具还可以模拟每个表、每个字段的数据分布。图 2-11 为华为云数据库提供了一个比较基础的数据生成工具，可供生成测试数据时使用。测试数据载入后，需进行充分的测试，包括功能测试、性能测试等，详细内容参考本书第 9 章数据库应用软件测试。

### 2. 真实生产数据的载入

真实生产数据载入过程中需要注意以下步骤：

(1) 筛选数据：根据现实中散落在各处的数据进行梳理，筛选出需要入库的数据。

(2) 转换数据格式：筛选好的数据在实际入库时，格式往往不符合数据库要求，例如以导入文件载入数据时，部分数值类型在导入文件中有冗余的引号等。实际数据转换时，可根据选择 DBMS 的特征编写一些辅助工具等。

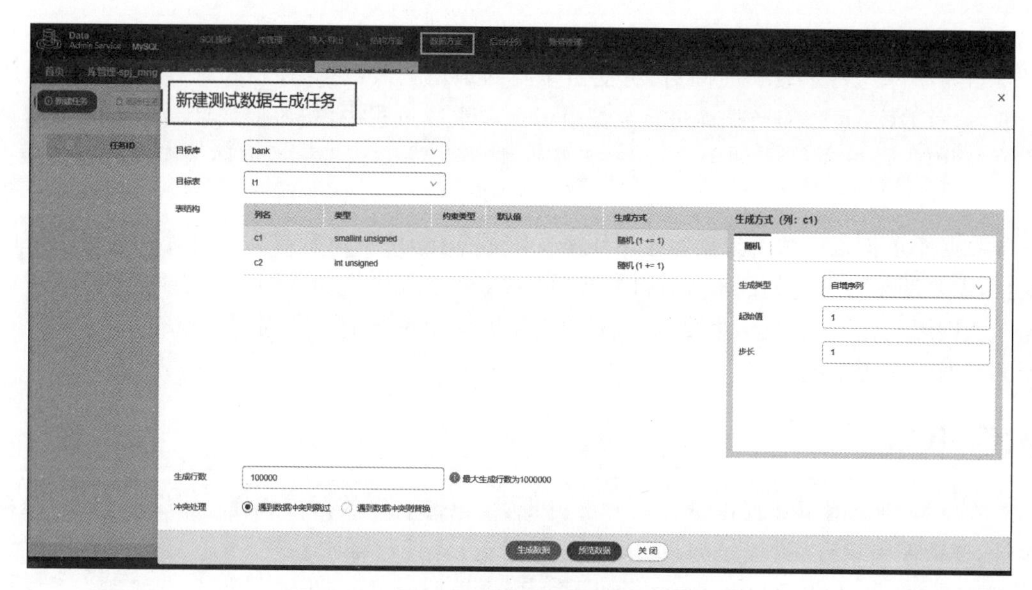


图 2-11　华为云数据库的数据自动生成工具

（3）输入数据：将转换好的数据输入数据库中。

（4）校验数据：检查输入的数据是否有误。

（5）数据备份与转储：在试运行阶段，系统可能会发生各种故障还不够稳定，因此一定要做好数据的备份与转储，确保可以顺利进行数据恢复。

数据库应用程序的设计与数据库设计并行进行，因此在组织数据入库的同时还要调试应用程序。应用程序的设计、编码和调试的方法、步骤在软件工程、编程语言等课程中有详细讲解，本书不再赘述。

## 2.7　数据库运行与维护

数据库试运行合格后，可以投入正式运行。在长期的运行过程中，物理存储不断发生变化，需要对数据库设计进行评价、调整、甚至重组等工作。数据库运维期间的主要工作包括：

（1）数据库的转储和恢复。

数据库的备份转储与恢复是数据库运维阶段最重要的工作之一。数据库管理员(DataBase Administrator，DBA)要针对性地制定合理的备份策略，以确保故障发生时，能将数据尽快恢复到最近的正确状态。

（2）数据库的安全性、完整性控制。

在数据库的运维中，根据应用需求可能会动态调整数据库访问的安全性权限策略、完整性约束等。

（3）数据库性能的监控、分析与改造。

在数据库运行过程中，DBA 需要对数据库服务状态、主机状态等进行实时监控，发生异常时能及时根据报警信息进行快速处理。当出现性能问题时，根据分析结果调整软硬件配置等都是运维工作中的日常内容。

（4）数据库的重组。

当数据库运行了较长时间后，可能由于不断地增删改数据，使得物理存储的性能有所降低，这时 DBA 可以对数据库进行数据重组。在重组过程中，按照原设计要求重新安排存储位置、回收垃圾、减少指针链等，提高系统性能。注意，重组并不改变数据库原有的设计。

（5）数据库的重构。

数据库重构是指由于数据库应用环境发生了变化，使得原有数据库设计不能满足新的变化，需要调整数据库的逻辑设计和物理设计等，例如表中增加或删除某些列、调整索引列等。若应用变化太大，重构难度过大，表明数据库应用系统的生命周期可以结束，需要设计新的数据库应用系统。

## 本章小结

本章详细介绍了数据库设计的方法与步骤，包括用户数据与处理需求分析、概念模型设计、逻辑模型设计、物理模型设计、数据库实施、运行与维护。其中，重点是概念模型设计、逻辑模型设计、物理模型设计三个步骤。概念模型的 E-R 图设计、概念模型到关系模式的转换与优化是本章需要重点掌握的内容。

# 云数据库基础实战

# 第3章 基于MySQL的云数据库环境构建

## 3.1 实战目标与准备

**【实战目标】**

本章的实战目标是掌握基于 MySQL 的云数据库环境部署方法，以华为云数据库 RDS for MySQL 为例展开介绍。部署好云数据库 MySQL 实例后，用多种方法正确连接数据库。

(1) 云数据库实例环境部署。

(2) 利用浏览器，通过华为云提供的 Web 版数据管理工具 DAS 操作数据库。

(3) 基于 MySQL 命令行客户端操作数据库。

(4) 基于支持 MySQL 的 GUI 客户端操作数据库。

**【实战准备】**

本机提前安装好以下几类软件：

(1) Xshell 或 MobaXterm 等一种支持 SSH 连接的软件。

(2) 支持 MySQL 的 GUI 客户端工具软件，例如 MySQL 社区的 MySQL Workbench，或其他第三方软件 HeidiSQL、DBeaver 等。

(3) MySQL 命令行客户端(可以通过安装 MySQL Server 的方式安装)。

## 3.2 云数据库环境部署

### 3.2.1 云数据库实例购买

在购买使用华为云数据库 RDS for MySQL 之前，首先需要完成在华为云官方网站的实名注册，注册过程按照网站向导进行。注册完成后，购买本书实战用的华为云数据库实例：https://www.huaweicloud.com/product/mysql.html。购买画面如图 3-1 至图 3-4 所示。本例中各选项按照支持约 100 人同时进行数据库操作实战的场景进行部署。与华为 GaussDB(for MySQL)操作类似，此处不再赘述。

**1. MySQL 云数据库实例基础信息配置**

图 3-1 主要展示了云数据库实例的基础设置，其中的重要选项说明如下。

(1) 计费模式：若本次购买的云数据库仅作为实战练习或者短期使用，选择“按需计费”,若长期使用可选择“包年/包月”模式。

(2) 实例名称:可以使用默认生成的,但是如果创建多个云数据库实例时,为了便于区分推荐使用自定义名称。

(3) 数据库引擎和数据库版本:按需选择,本书选择 MySQL 8.0 版本。

(4) 实例类型:若选择“主备”,创建的 MySQL 数据库将有一主一备两个节点。该主备架构是经典高可用架构,在主机出现故障时,可以通过备机进行恢复,提高了该数据库实例的可靠性。主备架构适用于大中型企业的生产数据库,覆盖互联网、物联网、零售电商、物流、游戏等行业应用。创建主机的过程中,同步创建备机,备机创建成功后,用户不可见。选择主备的情况下,为了达到更好的高可用效果,主可用区和备可用区通常选择不同的区域。若选择“单机”,采用单个数据库节点部署架构,与主备架构相比,它不设置备份节点。单机架构适用于个人学习、微型网站以及中小企业的开发测试环境。华为云数据库 MySQL 的主备架构价格为单机架构价格的 2 倍以上。

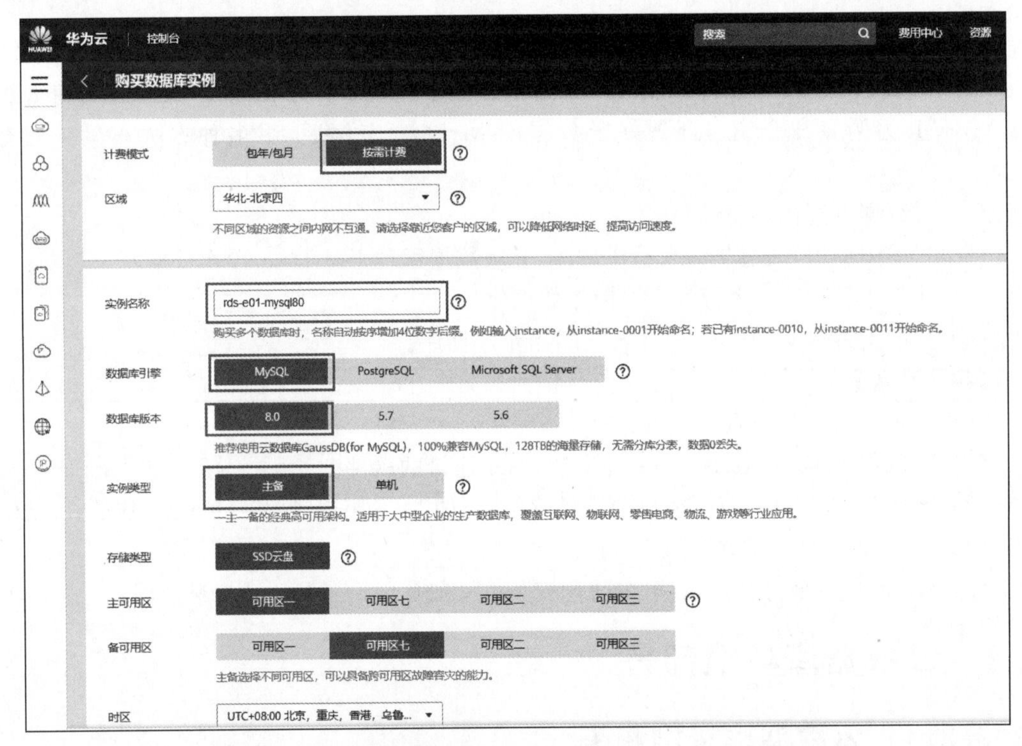


图 3-1 华为云数据库 MySQL 购买选项 1——数据库设置

## 2. MySQL 云数据库硬件信息配置

图 3-2 中展示了用户可根据需要选择 CPU、内存、硬盘等硬件配置的界面。图 3-2 中的最大连接数是云数据库 MySQL 的一个重要参数。如果该实例需支持若干人同时访问数据库,或需进行高并发性能测试等情况下,应根据需求适当选择最大连接数相对较大的配置。

## 3. MySQL 云数据库网络信息配置

图 3-3 是云数据库 MySQL 实例的网络设置。具体说明如下。

(1) 虚拟私有云:第一次在华为云购买云数据库时,会自动创建一个默认的虚拟私有

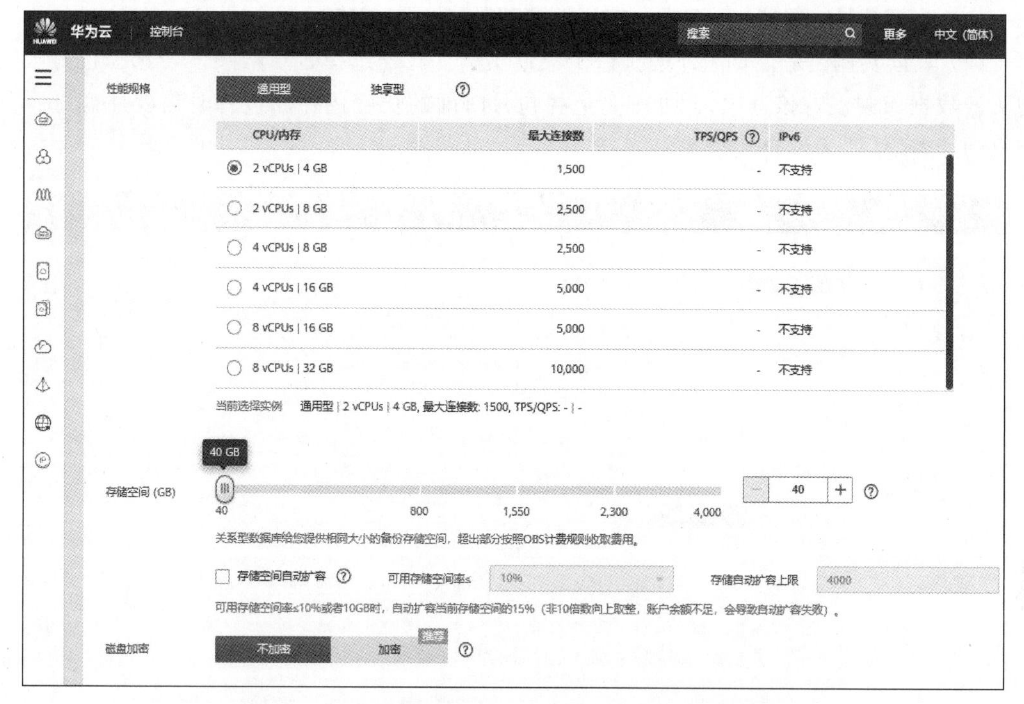


图 3-2　华为云数据库 MySQL 购买选项——硬件配置

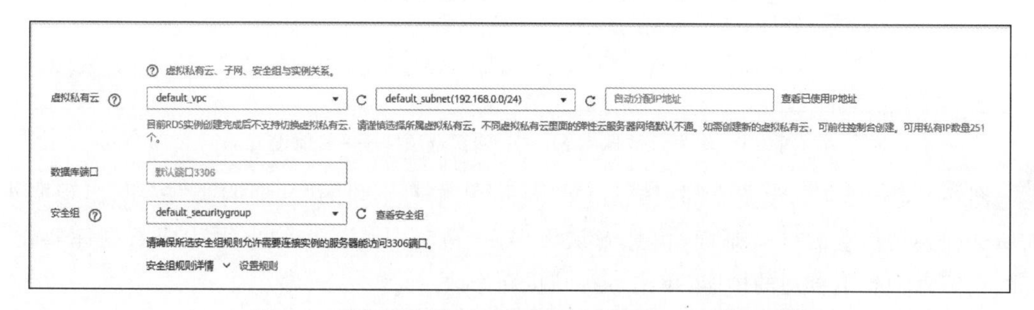


图 3-3　华为云数据库 MySQL 购买选项——网络设置

云 default_vpc，并给出默认的子网。需要注意位于不同虚拟私有云的弹性云服务器网络默认不通，如果期望多个实例可以互相访问，例如部署数据库集群等场景，需要选择同一个虚拟私有云。IP 地址如果不手动输入，系统会为该云数据库实例自动分配一个 IP 地址。

（2）数据库端口：MySQL 的默认端口为 3306，若不需修改，可以省略不填。

（3）安全组：第一次在华为云购买云数据库时，会自动创建一个默认名称为 default_securitygroup 的安全组，用户管理该安全组内的所有主机的安全管理。详细设置可参考 3.2.3 小节。

### 4. MySQL 云数据库用户等其他信息配置

图 3-4 是云数据库实例的其他设置，其中重要选项如下。

（1）用户名和密码：设置云数据库实例 rds-mysql80 管理员 root 的密码。

（2）参数模板：是 MySQL 中重要参数设定值的模板。可以使用用户自定义或者系统模板，主要是方便用户设置数据库中的重要参数。

（3）购买数量：支持一次购买多个同样配置的数据库实例。

（4）只读实例：是否要额外购买一个只读实例。此处选择暂不购买。若选择包月模式购买云数据库则没有该选项，此处则为选择包月时间的长度选择。包月时需要注意选择是否自动续费，默认为不自动续费。

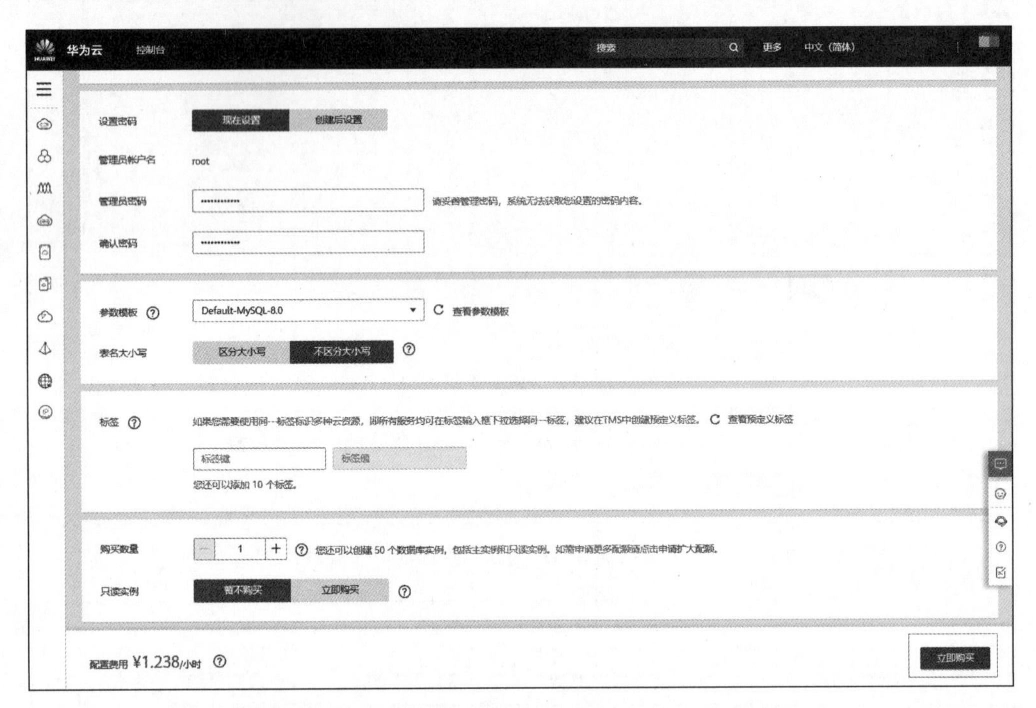


**图 3-4　华为云数据库 MySQL 购买选项 4——其他设置**

图 3-1 至图 3-4 的设置全部完成后，单击图 3-4 中右下角的“立即购买”按钮，出现购买前所选择各种信息的确认画面，信息确认无误后，单击“提交”按钮即可生成数据库实例。若配置信息中有不合适的内容，单击“返回”重新修改。

## 5. 购买完成的云数据库实例列表

图 3-5 是购买完成后跳转到的数据库实例管理页面。其中的运行状态列，在初始创建之时图标为绿色动态转动的圆圈，文字为“创建中”。待创建完成之后变成“正常”。此时，鼠标指针移动到内网地址列可显示出当前数据库实例所在机器的 IP，例如 192.168.0.69。

**图 3-5　创建好的云数据库列表**

至此，云数据库 RDS for MySQL 购买完成，可以正常使用。但此时仅能通过网页版的 DAS 管理工具访问该数据库实例。若期望通过 MySQL Workbench 等可视化管理工具或者应用程序问该数据库实例，还需要参考 3.2.2 小节的步骤购买弹性公网 IP。

### 6. 通过 DAS 访问云数据库

单击图 3-5 中的“登录”按钮,弹出图 3-6 画面,填入用户名和密码即可登录该数据库实例。输入 root 用户名,以及在图 3-4 中设置的密码,单击“测试连接”按钮,如果提示连接成功,则可以正常登录。该页面中的定时采集以及 SQL 执行记录的开关选项,可以根据需求设置。

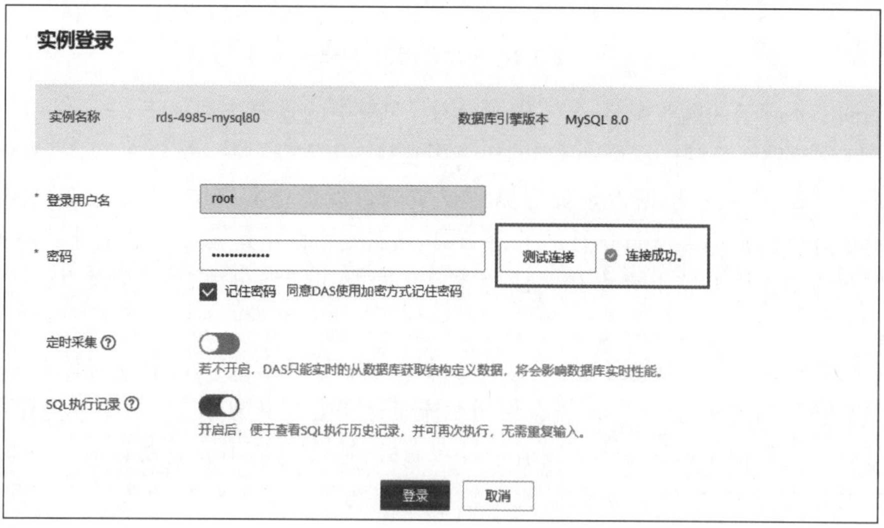

图 3-6　云数据库登录

单击“登录”按钮后,即可进入图 3-7 的云数据库管理工具 DAS(Data Admin Service)管理和操作数据库。

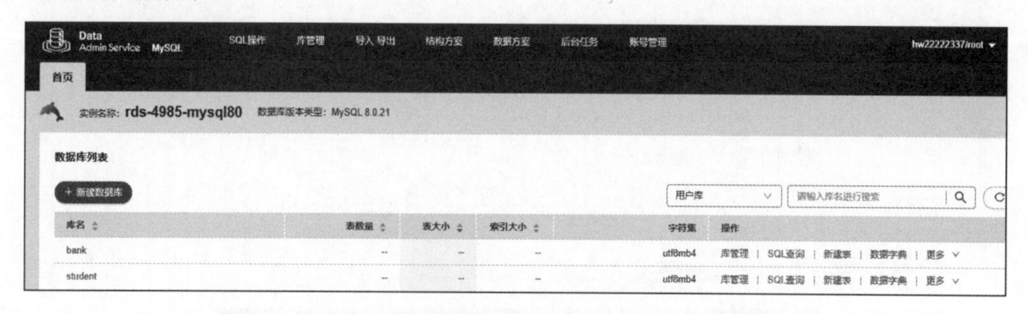


图 3-7　网页版云数据库管理工具 DAS(Data Admin Service)

进入 DAS 的管理画面后,根据页面菜单可以执行创建库表,执行 SQL 查询、导入导出数据等各种不同任务。关于 DAS 的详细介绍参考本书第 12 章。

## 3.2.2　弹性公网 IP 购买与绑定

为了从公网通过 IP 能访问到所创建的数据库实例,需要为其购买并绑定弹性公网 IP。

### 1. 购买弹性公网 IP

在华为云控制台中搜索弹性公网 IP 的相关菜单进入图 3-8 中,单击弹性公网 IP 立即购买的按钮弹出图 3-11 页面,该页面可以配置所需要的弹性公网 IP 计费策略、性能规格和管理信息等。

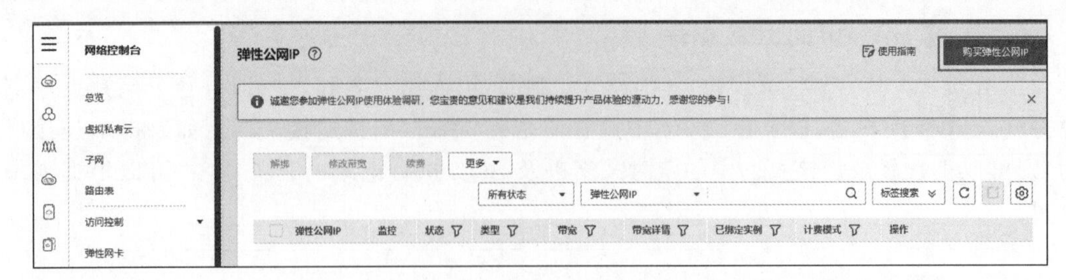


图 3-8　弹性公网 IP 列表

在如图 3-9 所示的购买弹性公网 IP 画面中，配置中的重要选项如下。

（1）网络线路：可以选择全动态 BGP 线路或静态 BGP 线路。全动态 BGP 线路在同时接入多个运营商时，可以根据设定的寻路协议实时自动优化网络结构，保持客户使用的网络持续稳定，高效，提高系统可用性。静态 BGP 线路则由网络运营商手动配置的路由信息，运营商需要手动去修改路由表中相关的静态路由信息以适应网络的拓扑结构或链路的状态变化。

（2）计费模式：可选择包月/包年计费方式或按需计费方式。其中按需计费方式在收取使用时长费用的同时，还会收取流量费用。流量计费方式又细分为：①按带宽计费方式，适合流量较大或较稳定的场景；②按流量计费方式，适合流量小或波动较大的场景；③加入多任务共享带宽方式，适合多业务流量错峰分布场景。单击立即购买并确认配置提交后，可以在图 3-8 页面的列表中看到所购买的弹性公网 IP，其状态由“创建中”转变为“未绑定”。此时，该 IP 已经购买成功，但由于尚未绑定相应的数据库，暂时还不能直接使用。

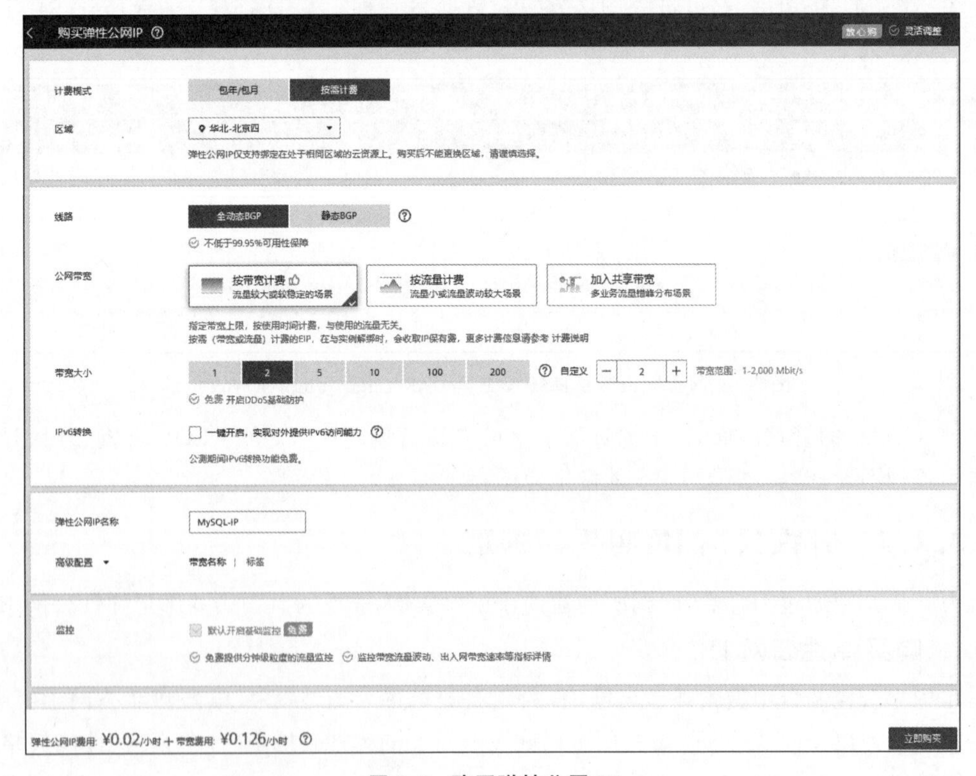


图 3-9　购买弹性公网 IP

**2. 为已购买的云数据库实例绑定弹性公网 IP**

在图 3-5 中单击待绑定公网 IP 的数据库实例名称，弹出该数据库实例的详细信息，如图 3-10 所示，单击“连接管理”按钮，在图 3-11 中绑定已购买好的弹性公网 IP。

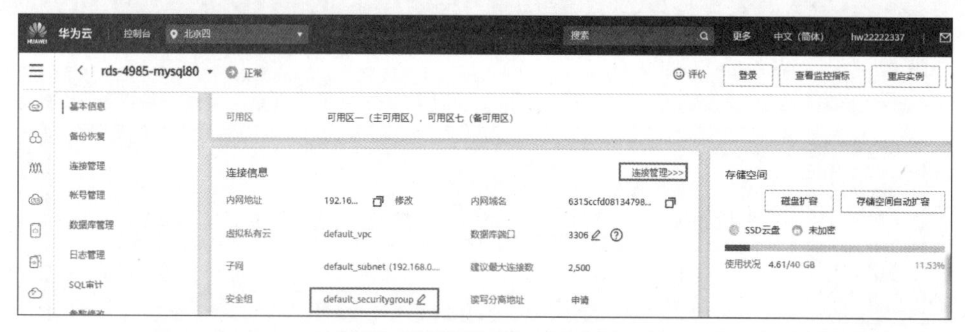


图 3-10　数据库实例的连接信息

图 3-11　绑定弹性公网 IP

绑定成功后，可以看到图 3-11 中会显示已经绑定好的公网 IP 信息(图 3-8 中的绑定信息也会更新)。后续若不希望绑定，可以通过解绑按钮进行相关操作。需要注意的是，此时若还未设置合适的安全组策略(参考 3.2.3 小节)，暂时还不能通过该弹性公网 IP 访问数据库。

## 3.2.3　创建内网安全组策略

为了使用弹性公网 IP 访问云数据实例，华为云为用户提供了灵活的网络安全策略设置工具。在图 3-10 所示的数据库实例基本信息画面中，单击默认的内网安全组进行相关设置。在内网安全组页面按如下步骤操作即可添加入方向规则，如图 3-12 所示。

本例中需要访问 MySQL 的 TCP 端口，因此选择“入方向规则”→“添加规则”→“协议端口”，选择 MySQL 常用协议端口 TCP 的 3306 →“源地址”：0.0.0.0/0。以上 0.0.0.0/0 表示放行所有的 IP，即所有的 IP 都可以访问该安全组内主机的 3306 端口。需注意设置为 0.0.0.0/0 的情况下，该云数据库实例的安全性较低。

若出于安全原因，期望仅白名单中指定 IP 可以访问该云数据库实例，可以修改源地址。源地址可以是 IP 地址、IP 地址组和安全组，用于放行或者许可来自指定 IP 地址或另一安全组内的实例的访问。例如：

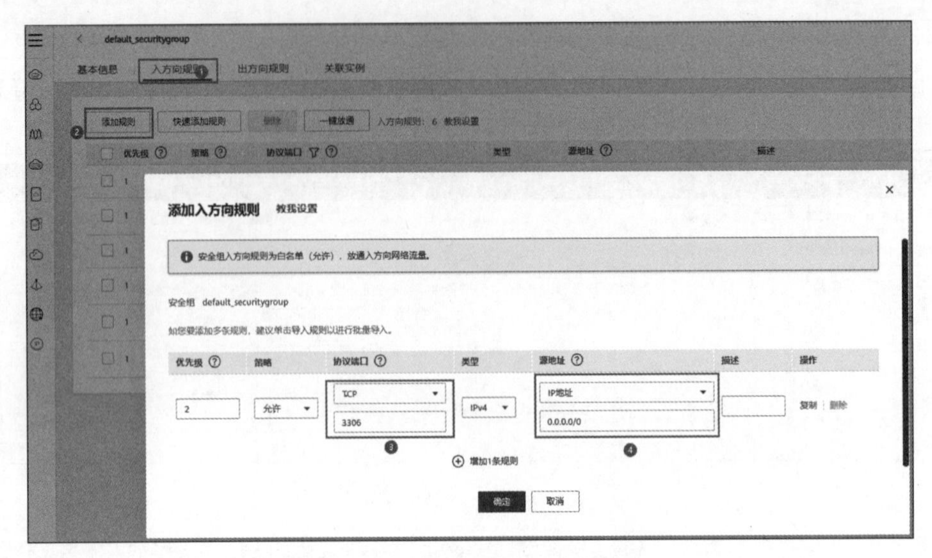


图 3-12 添加入方向规则操作步骤

（1）单个 IP 地址：192.168.10.10/32

（2）IP 地址段：192.168.1.0/24

（3）所有 IP 地址：0.0.0.0/0

（4）IP 地址组：ipGroup-test

（5）安全组：sg-abc

添加后的入方向规则可以在内网安全组页面查看，如图 3-13 所示。

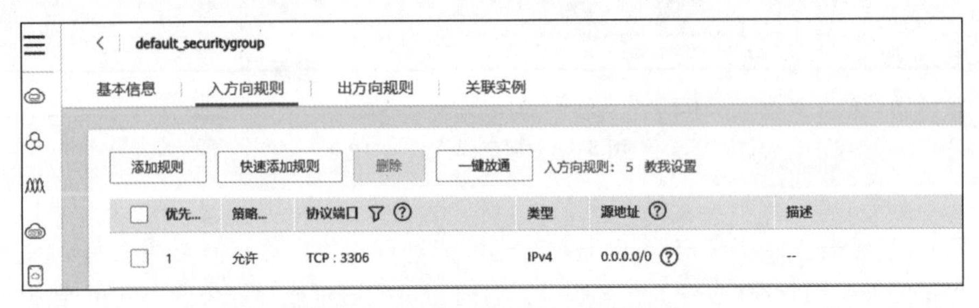


图 3-13 查看已添加的入方向规则

以上安全组配置成功后，即可以从公网访问云数据库实例了。测试整体配置是否成功的方法细节可参考 3.3 节，假设公网 IP 为 124.70.89.26，连接华为云 RDS for MySQL 实例的命令如下，若能成功登录，则表明测试成功。

```
mysql -h 124.70.89.26 -u root -p
```

# 3.3 客户端环境配置

## 3.3.1 使用命令行工具访问云数据库实例

若本地机器安装过 MySQL Server，则 MySQL 命令行客户端会被自动安装，可直接使用本机的 MySQL 命令行客户端，或者也可以使用本机的 XShell 工具远程连接云数据库所在主机，直接使用云数据库的 MySQL 命令行客户端。图 3-14 展示了成功连接数据库之后的信息。

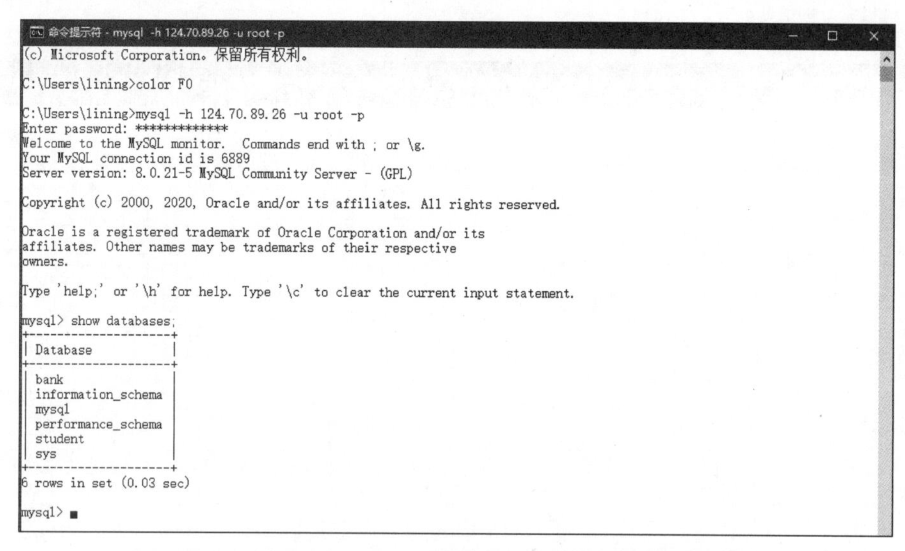


图 3-14　利用本地 MySQL 命令行客户端访问云数据库实例

## 3.3.2　使用 GUI 工具访问云数据库实例

本节以 MySQL 社区提供的 MySQL Workbench 为例，展示如何使用 GUI 工具连接云数据库 MySQL 实例，见图 3-15。启动 MySQL Workbench，选择 Database→Connect to Database 菜单，配置相关连接参数，包括 Hostname(数据库服务器 IP)、Username(用户名)、Password(密码)等。

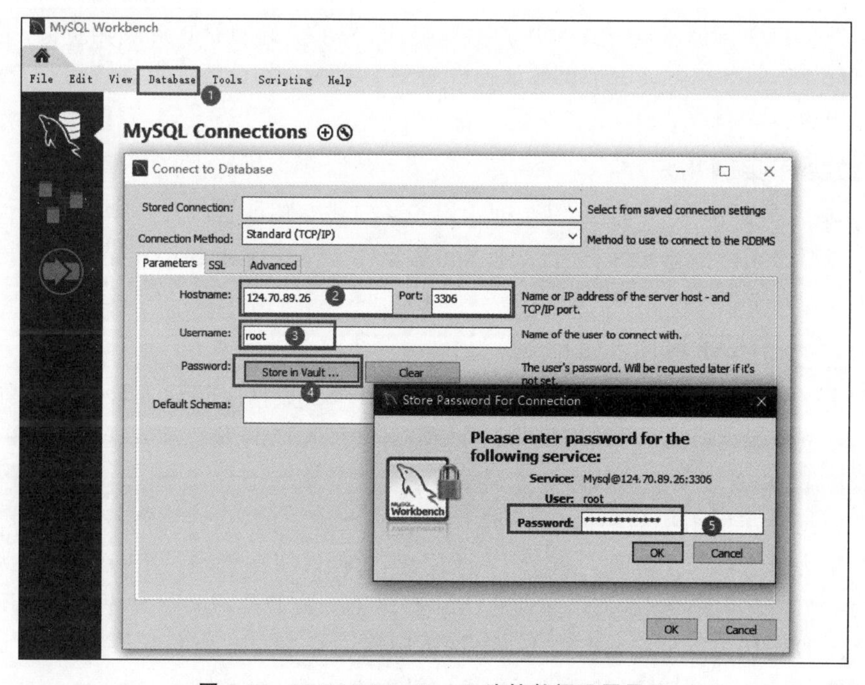


图 3-15　MySQL Workbench 连接数据设置界面

连接成功后,可以在图3-16的GUI工具中进行相关的各种数据库操作。包括数据库实例管理、数据库表管理、SQL输入与执行、查询SQL执行结果与执行时间、帮助等信息。

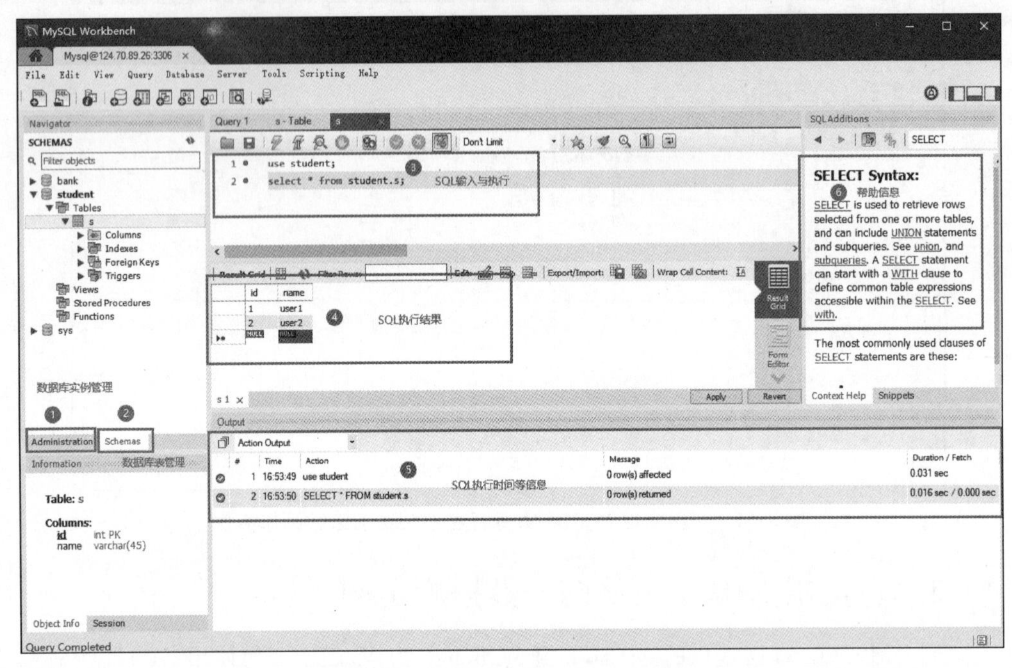


图 3-16 MySQL Workbench 主画面

## 3.4 多用户访问同一个云数据库实例的环境构建

一个数据库实例通常会被多个用户共享使用,为了更好地管理和利用资源,通常会为多个用户创建不同的用户。本节讲解如何针对华为云MySQL数据库进行用户管理,涉及以下两类用户。

### 1. 数据库实例用户

针对某个云MySQL数据库实例,创建用于访问该实例的数据库用户。该用户是共享访问数据库时必须要创建的一类用户,通常由数据库实例管理员用root用户依次创建。具体参考3.4.1小节。

### 2. 华为云IAM用户

IAM用户用于访问华为云管理控制台以及网页版云数据库管理工具DAS。如果用户无需访问这些资源,则可以不创建华为云IAM用户。通常由华为云数据库实例的创建者管理其账户下的IAM用户。具体参考3.4.2小节。

注意数据库实例用户和华为云IAM用户是彼此独立的,两者之间没有联系。无论是否在一个华为云主账户下创建不同的IAM用户,数据库实例管理员root都可以为该实例创建不同的数据库用户,让这些用户通过MySQL客户端工具访问数据库。如果不创建华为云IAM用户,这些用户只是将无法通过网页版使用华为云以及华为云数据库DAS提供的相关功能,但是云数据库实例可以正常提供服务。

### 3.4.1 云数据库实例添加用户

为了让多个用户同时访问某个云数据库实例如 rds-mysql80，该云数据库实例 rds-mysql80 的 root 用户需要使用 CREATE USER 语句创建多个 MySQL 的用户。创建用户时必须给不同用户赋予合理权限，特别是对于 DROP 等删除表、删除库等权限要谨慎授权，以防止部分用户由于操作不慎，或者恶意行为导致整个数据库实例受到严重影响。

本部分以高校数据库原理实验课中多名学生共同使用 rds-mysql80 实例的场景为例，展示如何给所有学生添加用户并授权。例如某学生学号为 S20220001，管理员 root 会为该学生创建一个名为 S20220001 的用户，设置其默认密码为 RDB@123。在整个数据库原理课程中，该学生可以根据实验要求在数据库实例 rds-mysql80 上创建多个不同的数据库，例如 student、university 等，并在这些数据库中执行相关的 SQL 操作。

由于多人共享 rds-mysql80，为了方便区分每个学生创建的不同 student 库，要求每个学生创建的任何数据库名必须包含自己的学号，例如 student_20220001、spj_20220001 等。针对每个学生用户，该用户仅能操作数据库名称中包含自己学号的那些数据库。创建用户与赋权语句示例如图 3-17 所示。

```
CREATE USER 'S20220001'@'%'   identified by 'RDB@123';
GRANT SELECT, INSERT, UPDATE, DELETE, CREATE, DROP, \
REFERENCES, INDEX, ALTER, \
CREATE TEMPORARY TABLES, LOCK TABLES, EXECUTE, \
CREATE VIEW, SHOW VIEW, CREATE ROUTINE, ALTER ROUTINE,EVENT, TRIGGER \
ON '%20220001%.*' TO 'S20220001'@'%';
```

图 3-17 创建数据库用户 SQL 示例

以上用户创建好之后，可以通过 MySQL 客户端连接命令(形如：mysql -h 124.70.89.26 -u S20220001 -p)进行测试，如能正确连接上 MySQL 服务，表明该用户创建成功。当共享使用该数据库实例的学生较多时，可以使用如图 3-18 所示 Python 示例程序，批量创建数据库实例的用户。其中第 8 行的函数 get_no_list()将从一个实现准备好的数据 csv 文件中读取所有学生的学号，存入一个列表 no_list 中。然后针对每个学号循环创建不同用户并赋予合适的权限。

### 3.4.2 华为云账户添加子用户

在一个企业应用或者一个高校实战场景中，如果期望一个云数据库 MySQL 实例有多个华为云系统上的管理者，或者期望学生体验云数据库的网页版功能进行相关操作，可以在一个企业管理员或者教师主账户下，为每个员工或学生创建 IAM 用户，然后员工或学生使用该子账户无须独立实名认证即可登录华为云的管理控制台，并使用网页版云数据库管理工具 DAS。需要特别注意的是，该情况下慎重赋予所有 IAM 子用户合理的权限，所有子用户产生的费用都会记入主账户中。

管理员用户登录华为云后，从页面右上角个人用户菜单中进入统一身份认证服务，通过该服务添加 IAM 用户，如图 3-19 和图 3-20 所示。

通过图 3-20 页面左侧菜单栏中添加用户组和用户。此处以学校数据库原理实战场景为例创建用户组和用户。

```python
import pymysql
import pandas as pd

def add_user():
    # 获取所有需要创建的用户编号
    no_list = get_no_list()
    # 创建用户
    try:
        for i in range(len(no_list)):
            sql_create_user = "CREATE USER " + "'" + str(no_list[i]) + "'" + "@'%' identified by 'RDB@123'"
            sql_add_privileges = "GRANT SELECT, INSERT, UPDATE, DELETE, CREATE, DROP, \
                                 RELOAD, PROCESS, REFERENCES, INDEX, ALTER, SHOW DATABASES, \
                                 CREATE TEMPORARY TABLES, LOCK TABLES, EXECUTE, REPLICATION SLAVE,\
                                 REPLICATION CLIENT, CREATE VIEW, SHOW VIEW, CREATE ROUTINE, ALTER ROUTINE,\
                                 CREATE USER, EVENT, TRIGGER ON *.* \
                                 TO " + "'" + str(no_list[i]) + "'" + "@'%'"
            query(sql_create_user)
            query(sql_add_privileges)

    except Exception as e:
        print('Add user except:', e)

def get_no_list():
    df_user = pd.read_csv('namelist.csv', encoding='utf-8')
    no_list = df_user['no'].values.tolist()
    return no_list

def open_conn():
    conn = pymysql.connect(host="127.0.0.1", user="root", password="123456",  db="", port=3306, charset="utf8")
    cursor = conn.cursor()
    return conn, cursor

def close_conn(conn, cursor):
    cursor.close()
    conn.close()

def query(sql):
    conn, cursor = open_conn()
    cursor.execute(sql)
    res = cursor.fetchall()
    close_conn(conn, cursor)
    return res

if __name__ == '__main__':
    add_user()
```

图 3-18 批量添加云数据库实例的用户 Python 程序

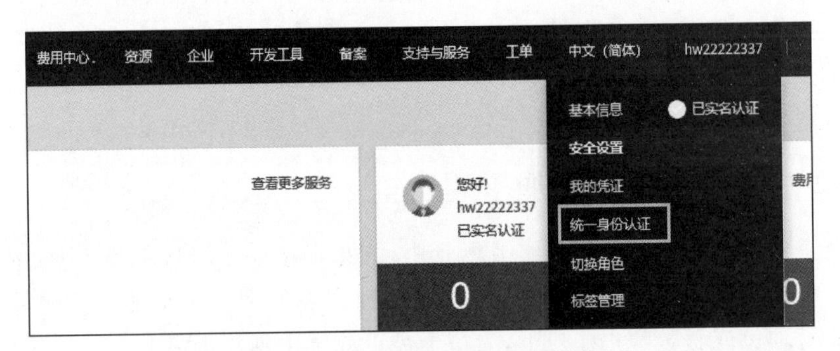


图 3-19 华为云统一身份认证服务

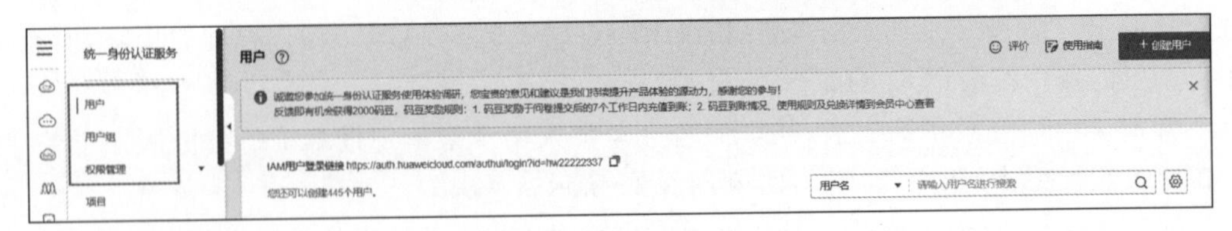


图 3-20 华为云 IAM 用户管理

### 1. 云子用户组创建与赋权

IAM 用户组的创建：首先，如图 3-21 所示在用户组中添加教师组和学生组两个组，然后，如图 3-22 所示给两个组分别配置不同的权限，例如教师组拥有 DAS FullAccess 权限，学生组仅仅拥有 DAS Administrator 权限。具体各种不同权限的含义可以查看联机帮助（https://support.huaweicloud.com/rds_faq/rds_faq_0154.html）。本实战中重点授权数据库的相关权限。

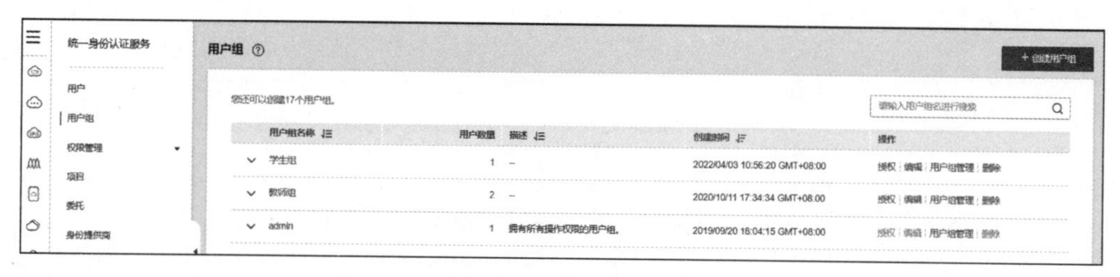


图 3-21　华为云 IAM 用户组

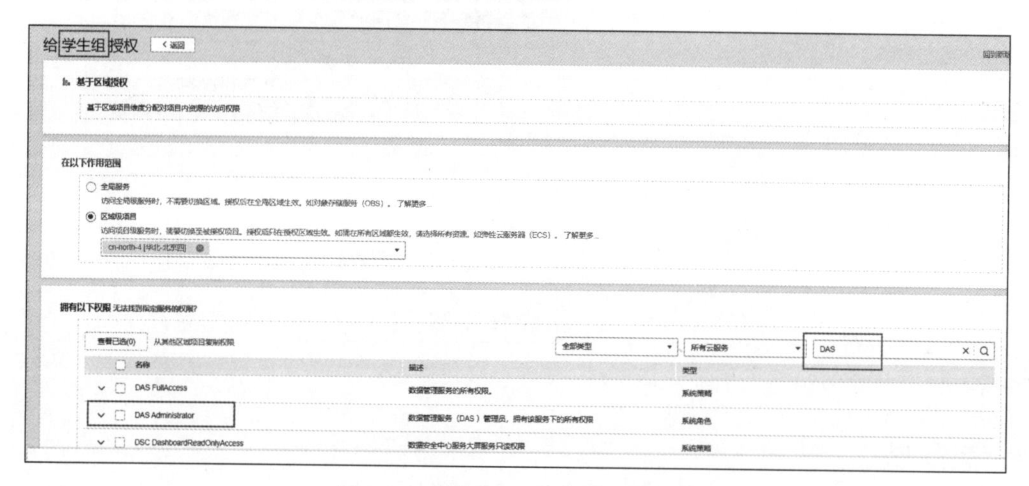


图 3-22　华为 IAM 用户组设置权限

### 2. 云子用户创建

用户组创建完成之后，根据需要依次创建 IAM 用户，并把用户加入到合适的用户组中，如图 3-23 所示。华为云系统默认一个主账户下可以添加 50 个 IAM 用户。如需扩容，可在华为云系统中提交工单，申请增加 IAM 用户数。

### 3. 云子用户登录数据库

假设某主账号 hw12345678 下创建了 IAM 用户 t002 后，可以通过如图 3-24 页面进行登录，输入主账户号、IAM 用户名和密码，单击“登录”按钮即可。登录后，与主账户登录后界面相同，但登录后的右上角会提示当前登录的主账号与 IAM 用户名，其他云服务的相关权限由主账号事先配置完成。

IAM 用户登录连接：

https://auth.huaweicloud.com/authui/login.html?service=https://console.huaweicloud.com/console/#/login 或 https://auth.huaweicloud.com/authui/login?id=hw12345678。

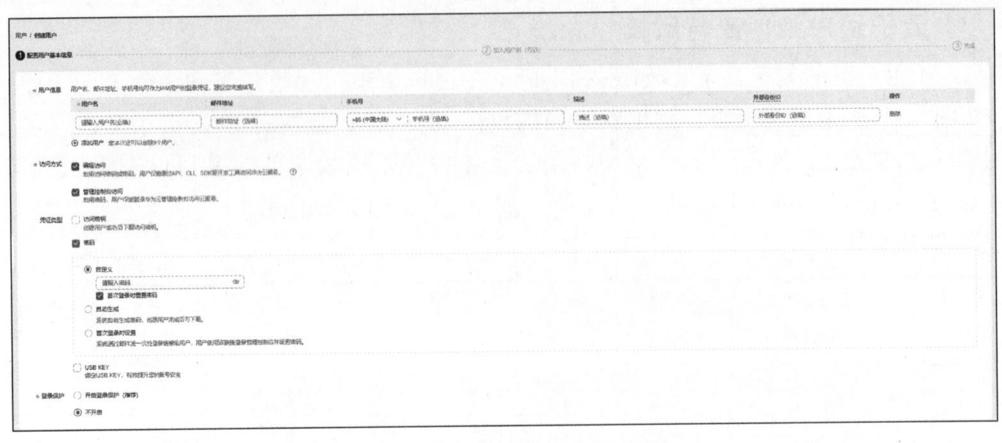

图 3-23 华为 IAM 用户创建

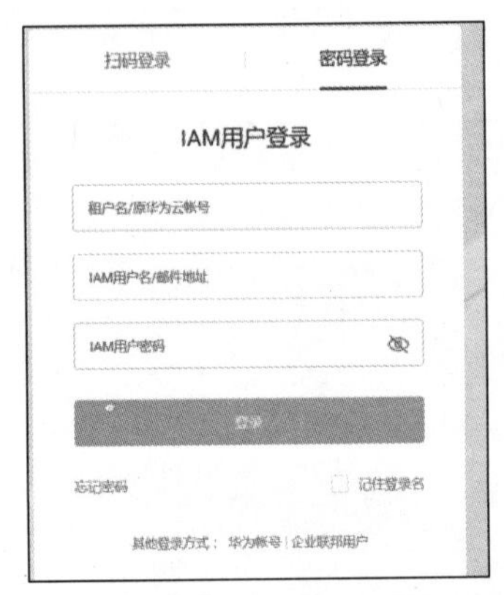


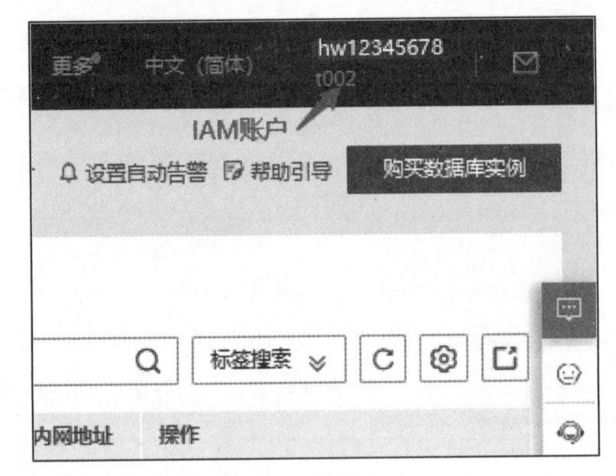


图 3-24 华为 IAM 用户登录

## 本章小结

本章介绍了如何在华为云部署一个 RDS for MySQL 云数据库环境，主要包括云数据库实例的购买、弹性公网 IP 购买与绑定等阶段。云数据库实例部署成功后，可以通过命令行或者 GUI 工具访问，在使用命令行或者客户端 GUI 访问云数据库时，与访问普通的 MySQL 服务器相同。

此外，为了方便多用户同时访问一个云数据库实例，可以分别在数据库内创建多个用户，以及在华为云添加 IAM 子用户的方式进行部署。但多人访问同一个数据库实例时，管理员需谨慎赋权，以防止发生数据库安全问题。

# 第4章 数据库的管理

## 4.1 实战目标与准备

**【实战目标】**

本章目标是通过图形用户界面、Web 界面以及命令行等操作模式，学习对数据库的管理，了解数据库管理和维护中的需求和对应处理方式，掌握数据库管理和迁移的基本方法。

(1) 掌握创建、修改和删除数据库的方法。

(2) 掌握数据库备份和还原的方法。

(3) 了解数据库的数据迁移服务。

**【实战准备】**

本章的实践准备与第 3 章一致。

## 4.2 基于 MySQL 的云数据库架构

如何在云计算平台上构建部署数据库系统，充分发挥云计算和存储资源的弹性管理(实现高性价比)、安全可靠是云数据库的核心目标。在实际应用中，最简单的部署方式是把传统数据库部署在云上，直接使用云服务器的本地存储设备或云存储存储数据。这种方式部署难度低，但对存储资源的管理和利用效率较低。因此，目前在工业界出现很多针对云环境设计的关系数据库架构。例如：Amazon Aurora、阿里巴巴 POLARDB、Microsoft Socrates 和华为的 GaussDB 等。图 4-1 展示了 Amazon Aurora 的云数据库架构。

传统 MySQL 部署在单机环境时，其库表对应的物理文件在 Windows 下会存储在本机默认的 ProgramData 目录下的确定位置，以 MySQL 8.0 的 InnoDB 存储引擎为例，数据库 student(参见 4.3 节)的三个基本表各自存储在对应的.ibd 文件中，详见图 4-2。

## 4.3 示例数据库

SQL 基本操作和处理，都将基于本节的三个基本数据库示例进行讲解和练习，其基本信息简单说明如下：

### 1. 数据库 SPJ_MNG

该数据库用于管理若干个零件生产商以及相应的产品信息。其中包含 4 张表：供应商

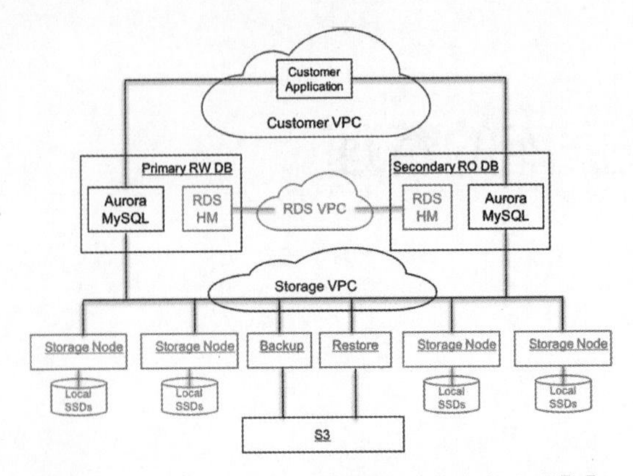


图 4-1 Amazon Aurora 架构图(引自参考文献[1])

Windows (C:) › ProgramData › MySQL › MySQL Server 8.0 › Data › student

| 名称 | 修改日期 | 类型 | 大小 |
|---|---|---|---|
| c.ibd | 2022/5/24 12:58 | IBD 文件 | 144 KB |
| s.ibd | 2022/5/23 14:56 | IBD 文件 | 128 KB |
| sc.ibd | 2022/5/23 15:00 | IBD 文件 | 144 KB |

图 4-2 InnoDB 存储引擎的物理存储

表 S，零件表 P，工程项目表 J，供应情况表 SPJ。

```
供应商表 S (SNO, SNAME, STATUS, CITY)
零件表 P (PNO, PNAME, COLOR, WEIGHT)
工程项目表 J (JNO, JNAME, CITY)
供应情况表 SPJ (SNO, PNO, JNO, QTY)
```

其中：

(1) 供应商表 S，由供应商代码(SNO)、供应商姓名(SNAME)、供应商状态(STATUS)、供应商所在城市(CITY)组成。

(2) 零件表 P，由零件代码(PNO)、零件名(PNAME)、颜色(COLOR)、重量(WEIGHT)组成。

(3) 工程项目表 J，由工程项目代码(JNO)、工程项目名(JNAME)、工程项目所在城市(CITY)组成。

(4) 供应情况表 SPJ，由供应商代码(SNO)、零件代码(PNO)、工程项目代码(JNO)、供应数量(QTY)组成，表示某供应商供应某种零件给某工程项目的数量为 QTY。

## 2. 数据库 Student

该数据库用于管理学生、课程及选课情况的基本信息，包含基本表 S，C，SC。

```
S (SNO, SNAME, SGENDER, SBIRTH, SDEPT, SAGE)
C (CNO, CNAME, CPNO, CREDIT)
SC (SNO, CNO, GRADE)
```

其中：

(1) 学生信息表 S，由学生学号(SNO)、姓名(SNAME)、性别(SGENDER)、出生日期(SBIRTH)、所在学院(SDEPT)、年龄(SAGE)组成。

(2) 课程信息表 C,由课程编号(CNO)、课程名(CNAME)、先修课编号(CPNO)、学分(CREDIT)组成。

(3) 选课信息表 SC,由学生学号(SNO)、课程编号(CNO)、成绩(GRADE)组成。表示某个学生选修了某门课程(CNO),成绩为 GRADE。

### 3. 数据库 University

该数据库属于 student 库的扩展版,为方便区分两个库,university 中的表名和表中的属性和外键关系做了一定的调整,该库用于管理学生、院系、教师、课程及选课情况等的基本信息。数据库中包含基本表 Students、Course、Depts、Instructors、Teaches、Takes、Section。

```
Students(SNO, SNAME, SGENDER, SBIRTH, SDEPT, SAGE)
Courses(CNO, CNAME, CPNO, CREDIT)
Depts(DNO, DNAME, DUILDING, DEAN, TEL)
Instructors(INO, INAME, DNO, SALARY)
Teaches (TNO,CNO,SECNO,SEMESTER,YEAR)
Takes(SNO, CNO,SECNO,SEMESTER,YEAR,GRADE)
Section(CNO,SECNO,SEMESTER,YEAR,BUILDING,ROOMNO)
```

其中:

(1) 学生信息表 Students,由学生学号(SNO)、姓名(SNAME)、性别(SGENDER)、出生日期(SBIRTH)、所在学院(SDEPT)、年龄(SAGE)组成。

(2) 课程信息表 Courses,由课程编号(CNO)、课程名(CNAME)、先修课编号(CPNO)、学分(CREDIT)组成。

(3) 院系信息表 Depts,由学院编号(DNO)、学院名(DNAME)、学院所在位置(BUILDING)、学院院长(DEAN)、电话(TEL)组成。

(4) 教师基本信息表 Instructors,由教师工号(INO)、教师姓名(INAME)、教师所在学院编号(DNO)、教师工资(SALARY)组成。

(5) 教课信息表 Teaches,由教师工号(TNO)、所教课程编号(CNO)、排课编号(SECNO)、排课学期(SEMESTER)、排课年份(YEAR)组成。

(6) 选课信息表 Takes,由学生学号(SNO)、课程编号(CNO)、排课信息编号(SECNO)、学期信息(SEMESTER)、上课年份(YEAR)、成绩(GRADE)组成。GRADE 用于表示学号为 SNO 的学生选修了某门课程 CNO、课程是在什么时间(YEAR,SEMESTER)、什么地点(BUIDLING ,ROOMNO)成绩为 GRADE。

(7) 排课信息表 Section,由课程编号(CNO)、排课编号(SECNO)、排课学期(SEMESTER)、排课年份(YEAR)、上课楼宇(BUILDING)、上课房间号(ROOMNO)组成。

**注意**:本书中所有针对数据库 student 的实战练习,均可以在本数据库中对应的基本表或属性集上完成(student. s 对应 university. student,student. c 对应 university. course,student. sc 对应 university. takes)。读者可以根据情况,自主选择在 student 或 university 上进行实战练习。喜欢挑战的读者,可以试着将本书中的相关内容,在该 university 数据库上再试做一次。

## 4.4 数据库的创建与修改

创建数据库是管理、使用和维护数据库的第一步，本节介绍 3 种创建数据库的方式，通过 Web 界面，通过 GUI 应用程序和命令行程序创建 4.3 节中介绍的数据库 SPJ_MNG。

### 4.4.1 通过华为云 Web 界面创建数据库

通过 Web 界面创建数据库，是大多数云数据库提供的基本方法，具体操作如下：

在登录华为云，选择“云数据库 RDS”或“云数据库 GaussDB”等，视应用的需要选择不同的数据库服务，进入“数据管理服务 DAS”页面，单击“进入开发工具”按钮(见图 4-3 所示界面)。

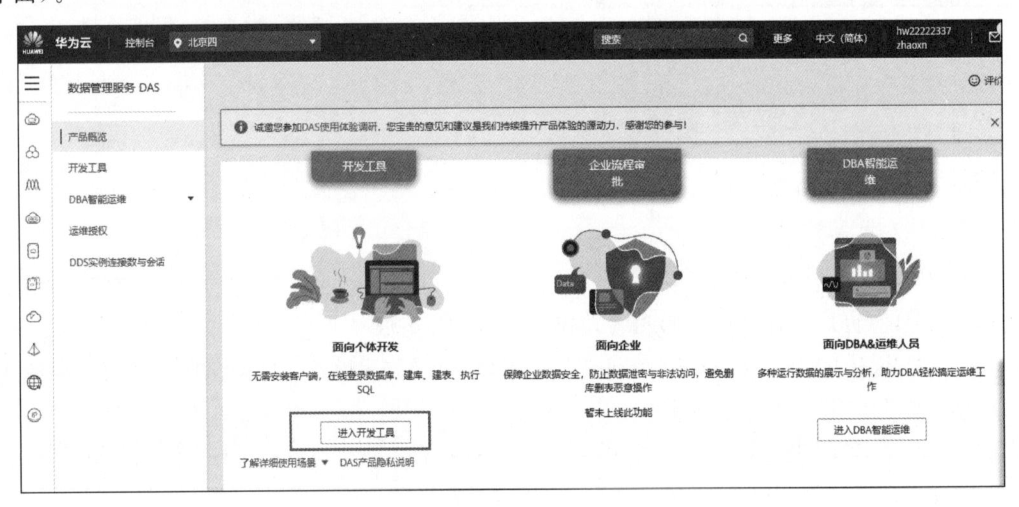


图 4-3 数据管理服务 DAS 页面

选择相应的数据库实例，单击“登录”按钮，进入如图 4-4 所示页面，通过单击页面中数据库列表左上角的“新建数据库”按键创建数据库。同时在该页面中，可以对数据库列表中已建好的数据库进行库、表的增、删、改、查等功能。

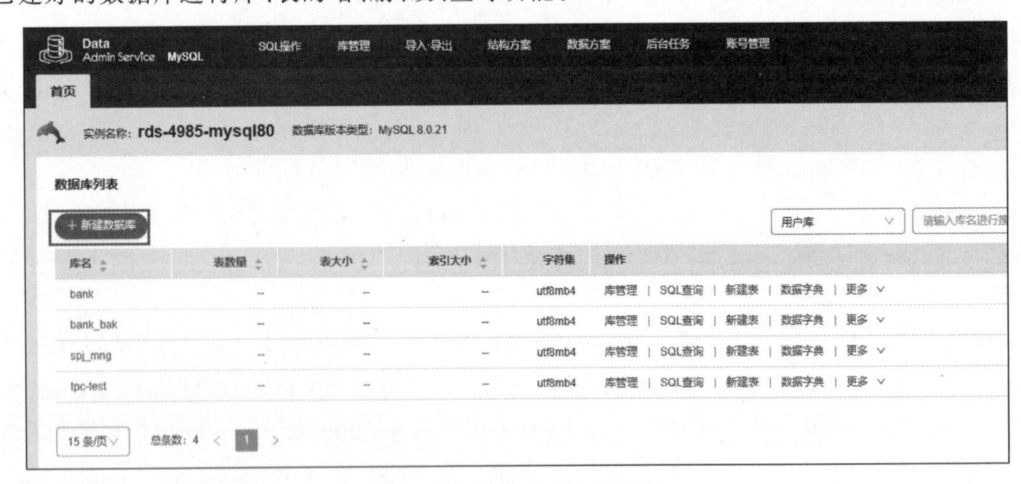


图 4-4 数据库开发工具页面

## 4.4.2　通过 GUI 应用程序创建数据库

GUI 客户端程序用于连接 DBMS，本书中主要以 MySQL WorkBench 为例，创建数据库。

(1) 打开 MySQL WorkBench，将"导航栏"切换到 Schemas 标签页，在空白处右击，出现如图 4-5 所示的快捷菜单，选择 Create Schema 的菜单项。

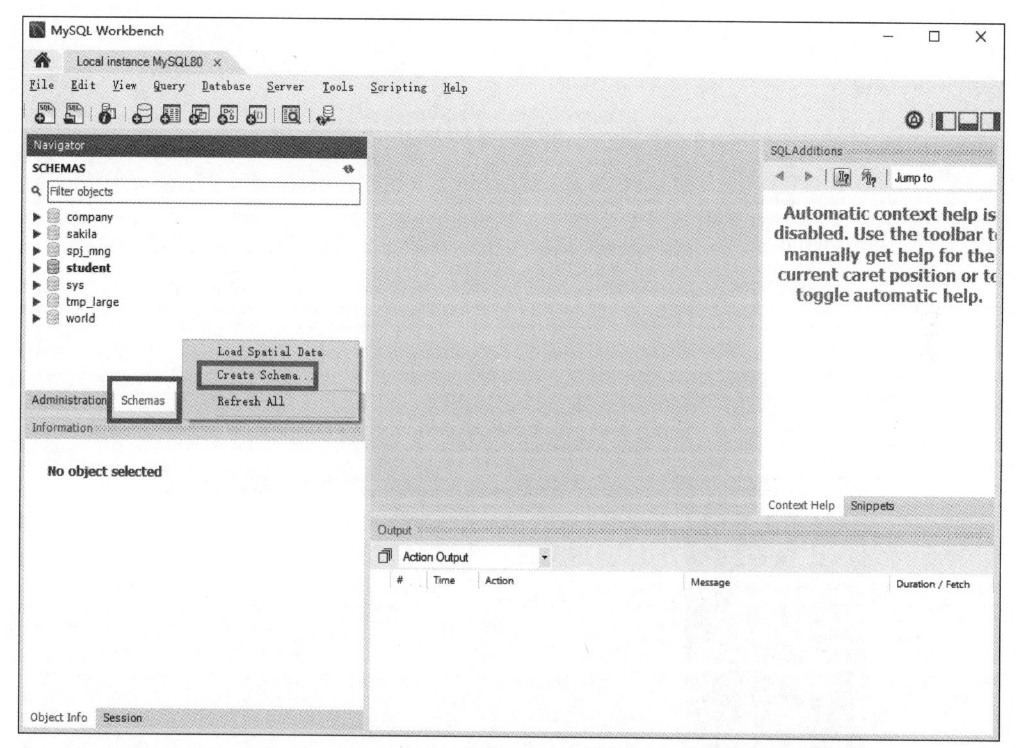


图 4-5　创建数据库的右键菜单

(2) 在 Name 部分填写数据库的名称 SPJ_MNG，其他选项字符集和排序规则使用默认值，单击 Apply 按钮，如图 4-6 所示。

(3) 确认根据前面操作自动生成的 SQL 语句，如果正确则单击 Apply 按钮，如图 4-7 所示。

(4) 单击 Finish 按钮执行创建数据库的 SQL 语句，如图 4-8 所示。

(5) 创建数据库成功后，可以从左侧导航栏看到 SPJ_MNG(默认不区分大小写)的数据库已经创建好，且界面下方输出区域(Output)有执行的日志消息，如图 4-9 所示。

## 4.4.3　通过命令行创建数据库

在 4.4.2 小节中可知，可以通过 SQL 语句来创建数据库，SQL 语句的基本语法如下：

```
CREATE DATABASE database_name
-- 或者
CREATE SCHEMA database_name
```

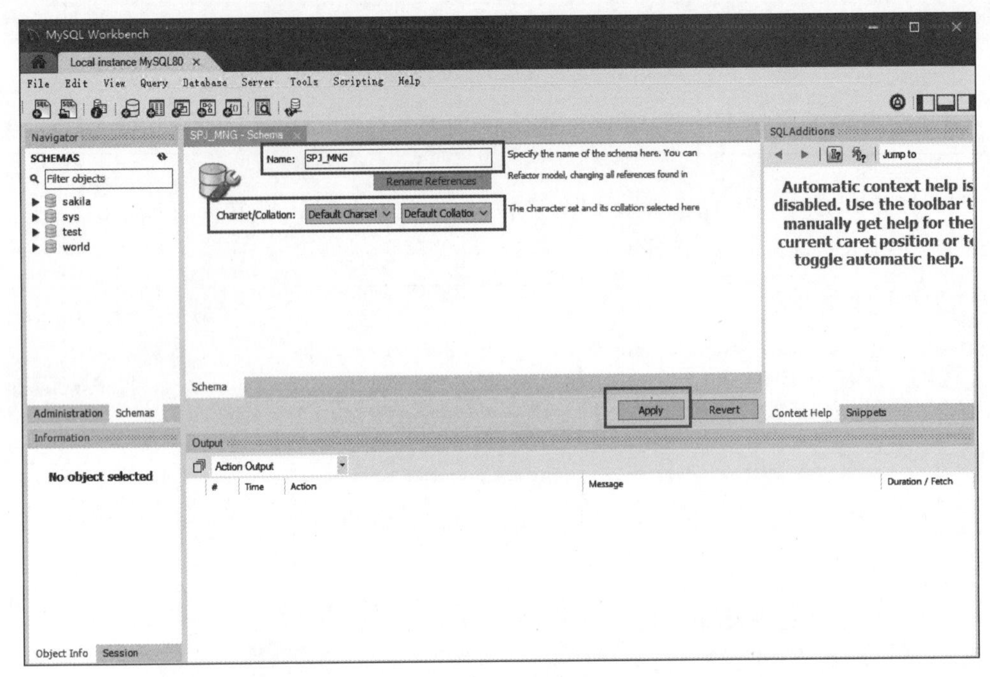


图 4-6　创建数据库参数设定

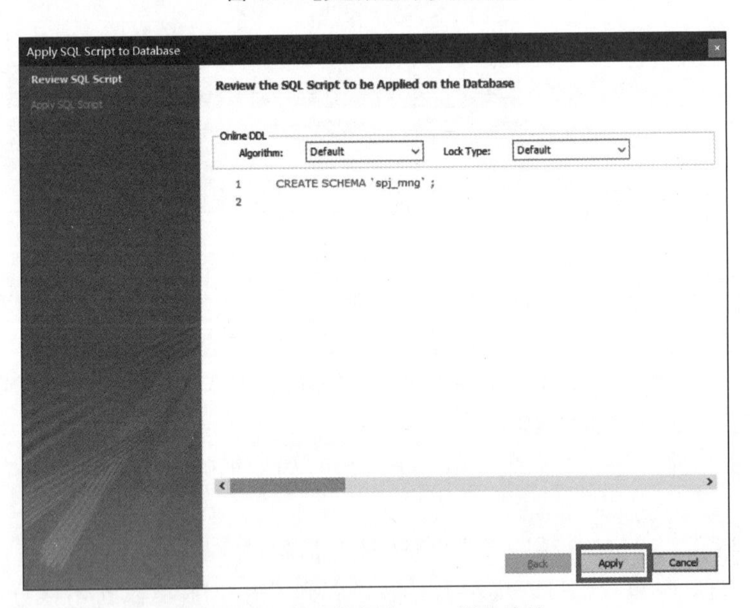


图 4-7　创建数据库 SQL 语句确认

创建 SQL 语句如下：

```
create database student;
-- 或者
create schema student;
```

**注意**：1. 本书采用 MySQL 8.0 系统默认配置，SQL 语句中不区分大小写。

2. 不同 DBMS 支持的语法略有差异，但通常均支持 SQL92 标准。

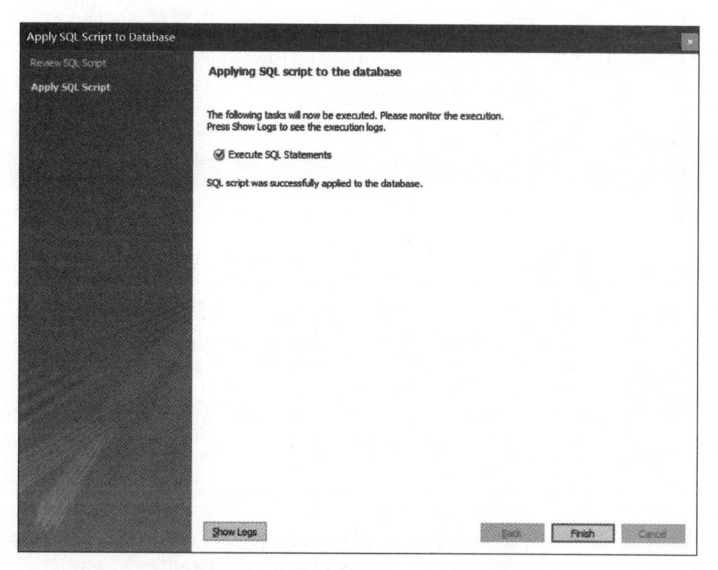


图 4-8 创建数据库 SQL 语句执行

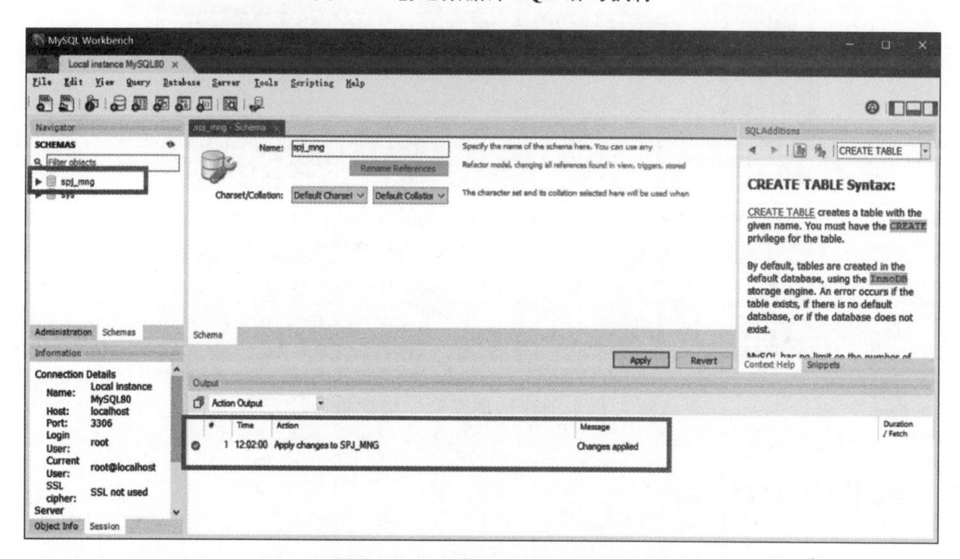


图 4-9 数据库创建成功确认

在华为云 Web 界面、GUI 客户端程序中均设计了 SQL 语句标签页，提供编辑和运行 SQL 语句的功能。同时，也可以使用命令行 CLI 执行，如在 Windows 中启动“命令提示符”或是 MySQL 命令行客户端(MySQL8.0 Command Line Client)，通过运行 SQL 命令来创建数据库。

**注意**：采用 Windows 自带的“命令提示符”，即 cmd.exe(此后统一用 Windows cmd 来说明)，需要将当前目录切换到 mysql.exe 程序的安装目录下，一般为 C:\Program Files\MySQL\MySQL Server 8.0\bin 路径下，或事先将该路径设置到全局环境变量 PATH 中。

以用 Windows cmd 创建为例：

(1) 执行命令

```
mysql -h hostname -u username -p
```

(2) 根据界面的提示符输入对应用户名“username”的密码，进入 mysql 执行状态，界面的最后一行有形如 mysql>的提示符，参见图 4-10。

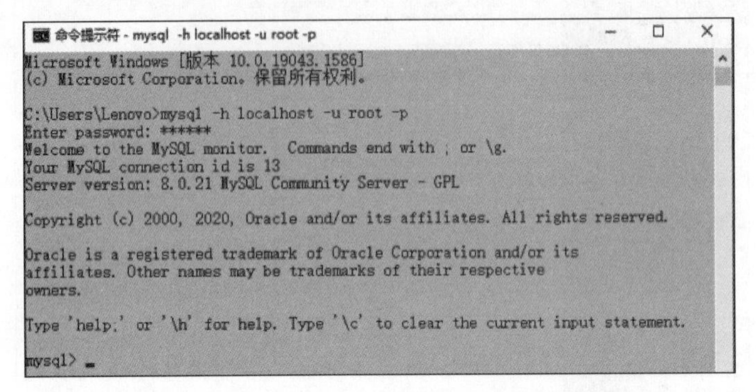


**图 4-10 Windows 下的 cmd 窗口连接本地数据库**

(3) 运行命令 create database student，成功执行后显示内容如图 4-11 所示。

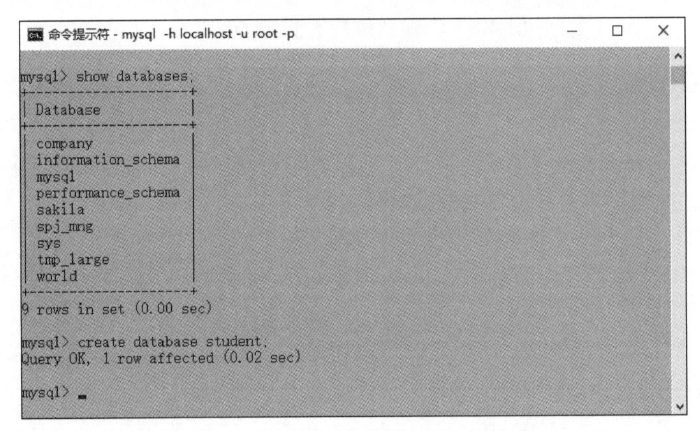


**图 4-11 创建数据库命令成功执行**

# 4.5 数据库的查看

在华为云数据库 GaussDB(for MySQL)中创建的数据库实例，以及实例中已经创建的数据库，可以通过多种方式进行查看。

## 4.5.1 连接数据库

### 1. 利用用户图形界面连接数据库

方法 1：用 MySQL WorkBench 连接数据库。

(1) 启动 MySQL WorkBench，单击 Database 的菜单项，选择 Connect to Database，详见图 4-12。

(2) 在数据库连接弹窗中设置适当的参数，单击 OK 按钮进行连接。详见图 4-13。

图中标号的待设置区域，具体含义为：

① Hostname：连接的数据库实例主机 IP，如果是连接本机，输入 localhost 或者 127.0.0.1；如果是其他远程服务器，则输入对应服务器的 IP。

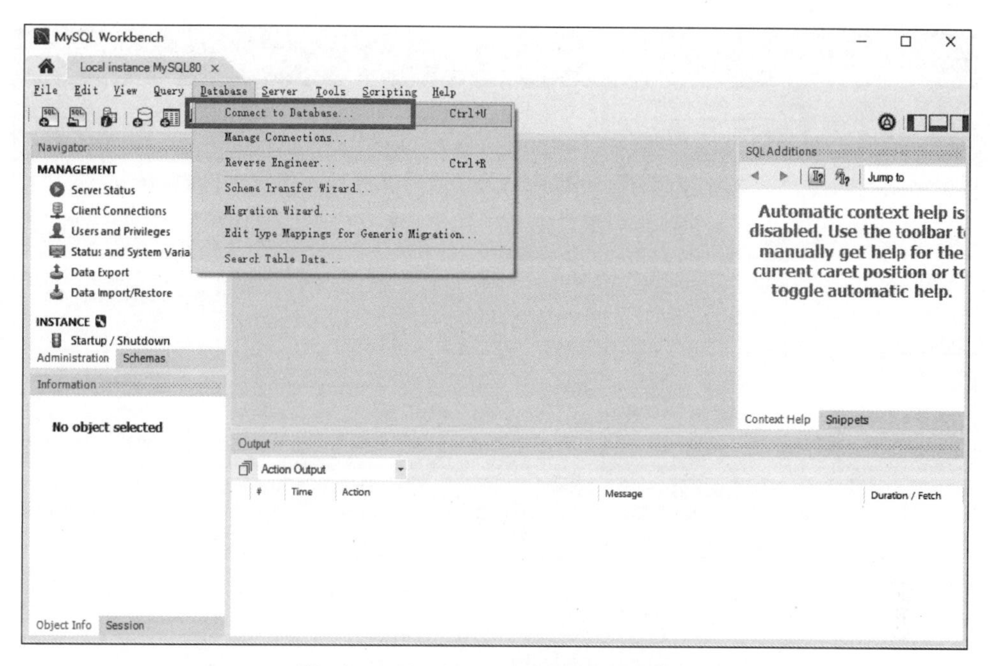


图 4-12　用 workbench 连接数据库菜单

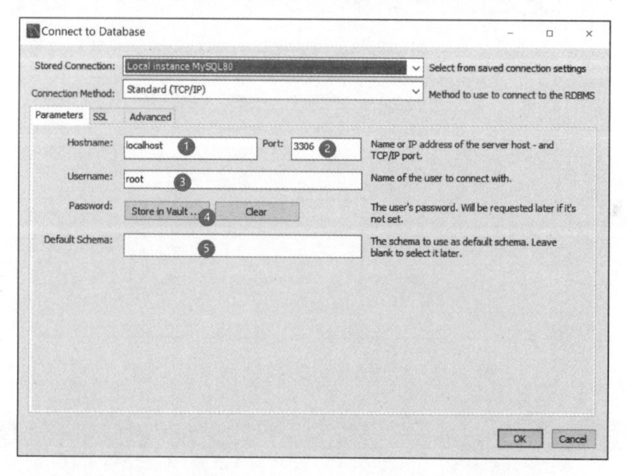


图 4-13　MySQL WorkBench 连接数据库设置

② Port：MySQL 数据库服务的端口号。

③ Username：连接数据库的用户名。

④ Password：连接该数据库用户的密码。

⑤ Default Schema：当前连接成功后，默认连接的数据库。

(3) 如以上配置和网络正常，则可以正常连接服务器，出现如图 4-14 所示的画面。

方法 2：用 Web 直接连接和操作云数据库。

(1) 用华为云账户登录，找到云数据库的实例。如图 4-15 所示。

(2) 输入数据库实例的用户名和密码，进行连接。如图 4-16 所示。

(3) 创建数据库或者选择已有数据库。如图 4-17 所示。

(4) 进入选中的数据库，可以开始网页版的具体操作。如图 4-18 所示。

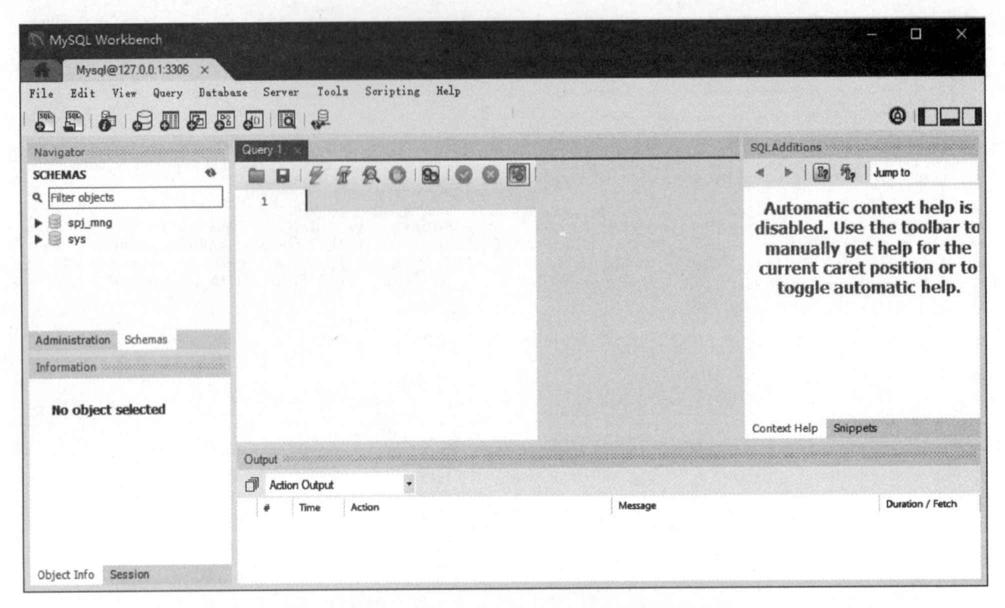


图 4-14 MySQL WorkBench 正常连接数据库

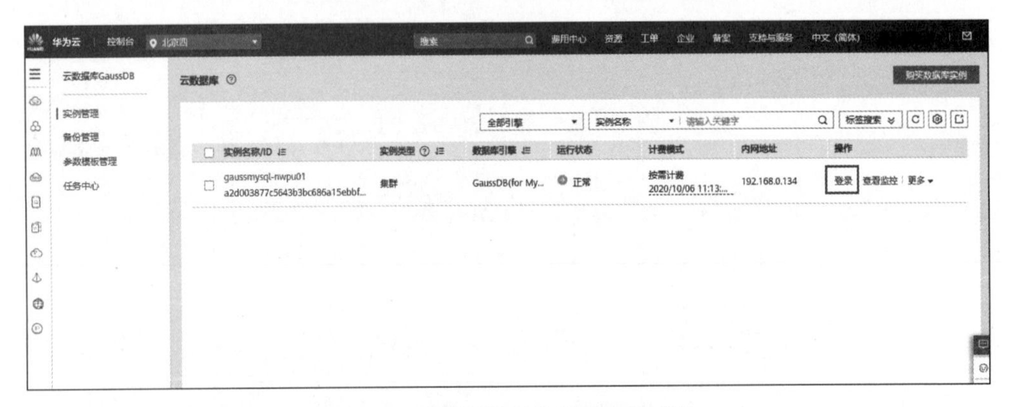


图 4-15 云数据库的数据库实例列表

图 4-16 数据库实例登录弹窗

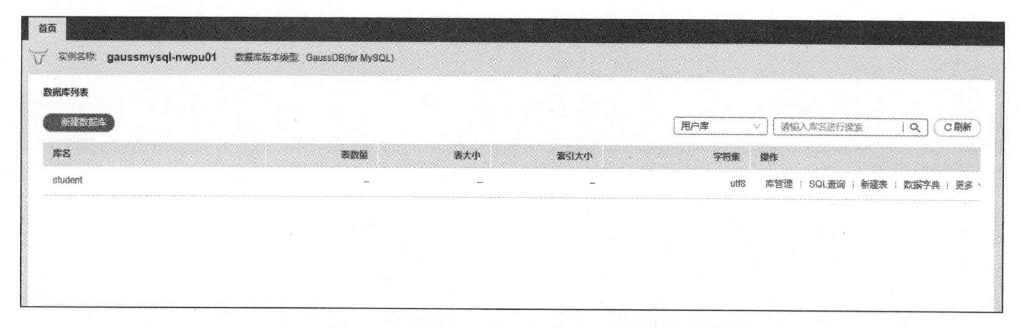


图 4-17　在数据库实例中创建或选择数据库

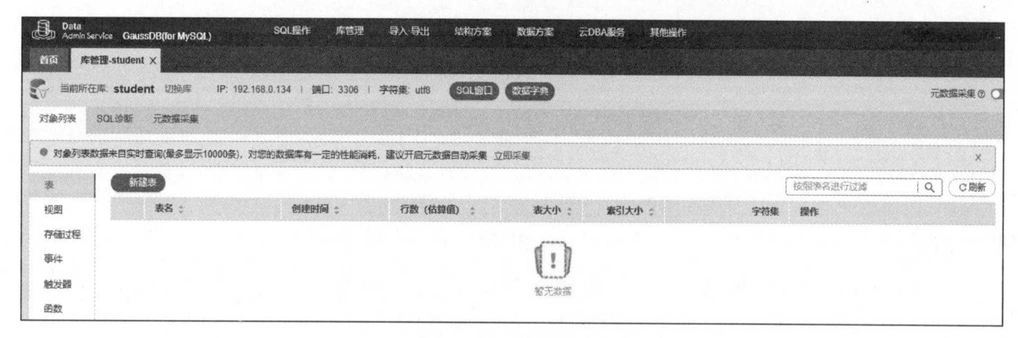


图 4-18　数据库操作界面

## 2. 利用命令行连接数据库

方法 1：用 Windows cmd 连接本地数据库，见图 4-19。

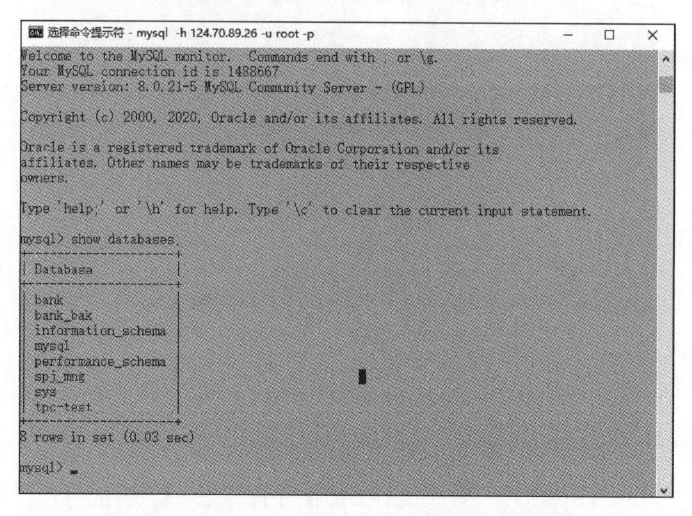


图 4-19　Windows 下的 cmd 窗口连接远程数据库

启动 Windows 下的 cmd 窗口，输入以下命令：

```
mysql -h localhost -uroot -p
```

回车之后输入该用户的密码。如果出现如下 mysql >提示符，表明连接成功，可以进行后续操作。

**注意**：MySQL 安装之后，确保 MySQL 的可执行程序的路径已经被加入系统环境变量中的 path 变量中。

方法 2：用 Windows cmd 连接远程云数据库。

用 Windows cmd 命令行工具连接远程云数据库：启动 Windows 下的 cmd 或者 xshell 等工具，输入以下命令。

```
mysql -h 124.70.89.26 -uroot -p
```

回车之后，在界面提示符后输入该用户的密码。如果出现如下 mysql> 提示符详见图 4-19，表明连接成功，可以进行后续操作。采用 Windows cmd 正常连接远程数据库服务器之后，与连接本地数据库服务器的操作基本相同。

可以用命令 show databases，查看当前数据库实例中已创建的数据库列表。

方法 3：用 MySQL Command Line Client 连接本地数据库。

可以在 WorkBench 首页选择欲连接的数据库，在右键菜单中选择 Start Command Line Client，启动 MySQL Command Line Client，或者可以在“开始”菜单的 MySQL 应用程序快捷方式中启动 MySQL 8.0 Command Line Client 或者 MySQL 8.0 Command Line Client - Unicode(如果安装其他版本，则版本号会不同)，根据提示输入密码，按下回车键，如果出现如下 mysql> 提示符，表明连接成功，见图 4-20。

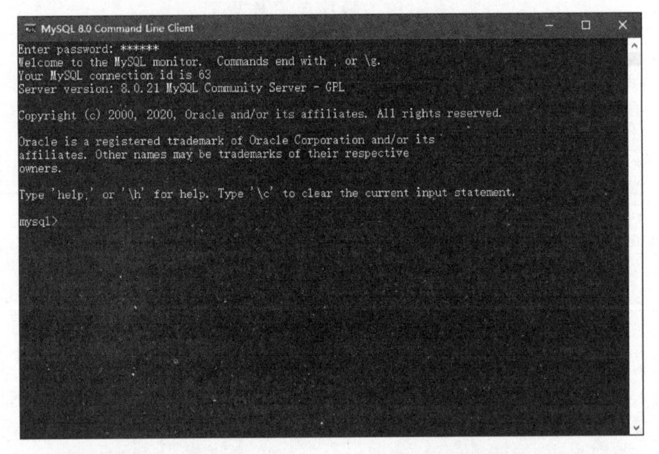


**图 4-20 MySQL Command Line Client 连接本地数据库**

在 DBMS 中创建了数据库之后，可以通过不同的方式进行查看，一般包括通过用户图形界面、命令行和 Web 界面等几种主要方式。

### 4.5.2 通过 MySQL WorkBench 的图形化界面查看数据库

在数据库连接成功之后，在 MySQL WorkBench 的左侧导航区(Navigator)的 Schemas 标签页中，可以看到 DBMS 中已经创建的数据库(例如在 MySQL Server 中的一些系统数据库和安装时可选的例子数据库等)，详见图 4-21。每个数据库中的基本表、视图、存储过程和函数，都以树状结构的形式分层折叠，可以展开、查看和编辑。

当将鼠标指针移到数据库的某个基本表后面，会出现如图 4-21 中标号②的几个小图标，可以驱动显示表的基本信息，编辑表模式和查看表中数据等功能。

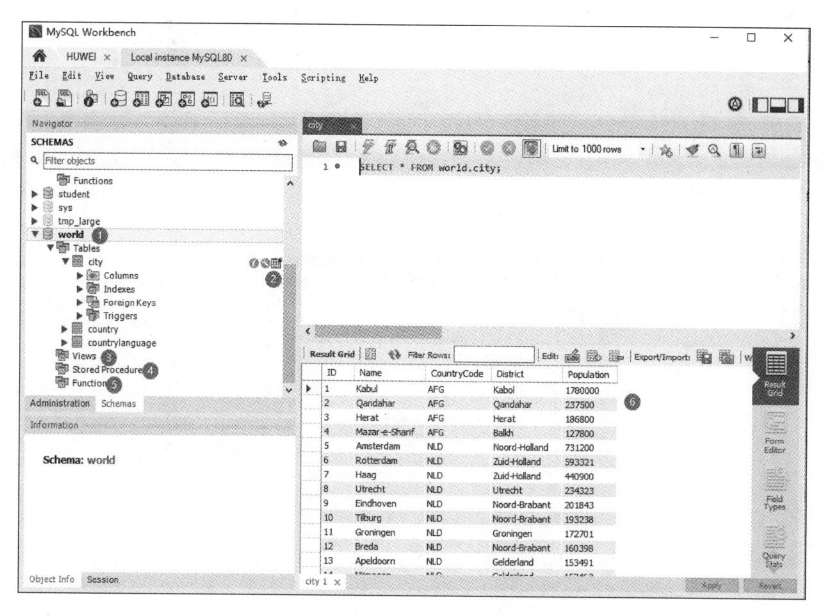

图 4-21　WorkBench 中查看已连接数据库的选项

## 4.6　数据库的删除

与创建相对应，数据库的删除可以在 Web 页面，通过 GUI 应用程序或命令行完成。例如，删除数据库 SPJ_MNG，所用的 SQL 命令是 Drop Schema。

在 MySQL WorkBench 中的操作方法为：

(1) 选中 SPJ_MNG 数据库，右击，在弹出的快捷菜单中选择 Drop Schema 选项，如图 4-22 所示。

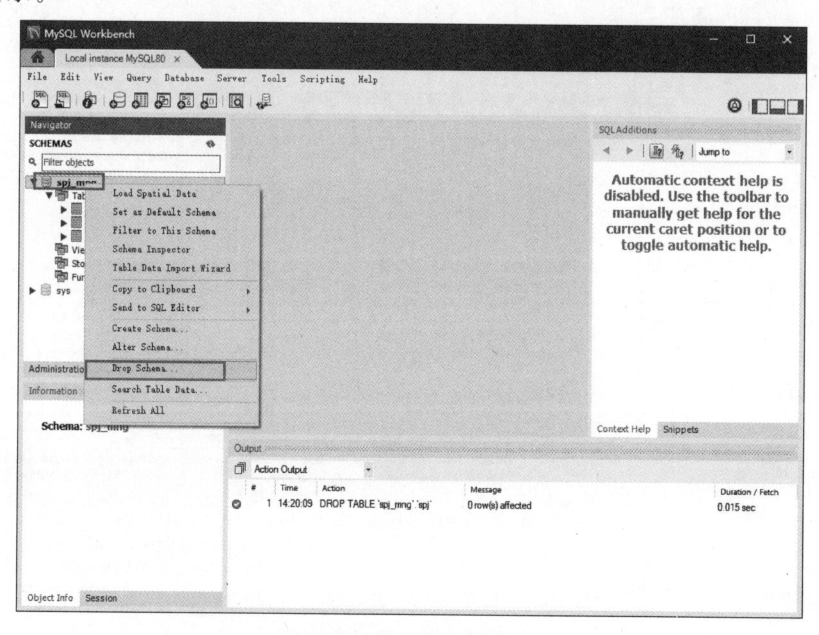

图 4-22　删除数据库

(2) 弹出如图 4-23 所示的选择框,选择 Review SQL 或 Drop Now(不确认直接删除)。

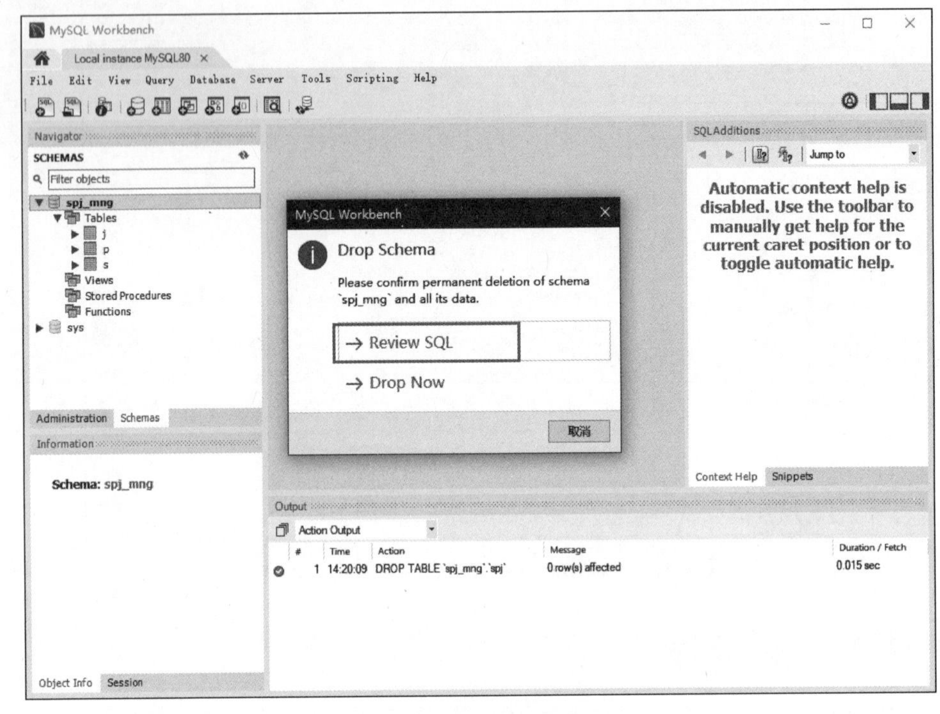


图 4-23　删除数据库确认

(3) 确认删除数据库 SQL 语句,单击 Execute 按钮执行该 SQL,如图 4-24 所示。

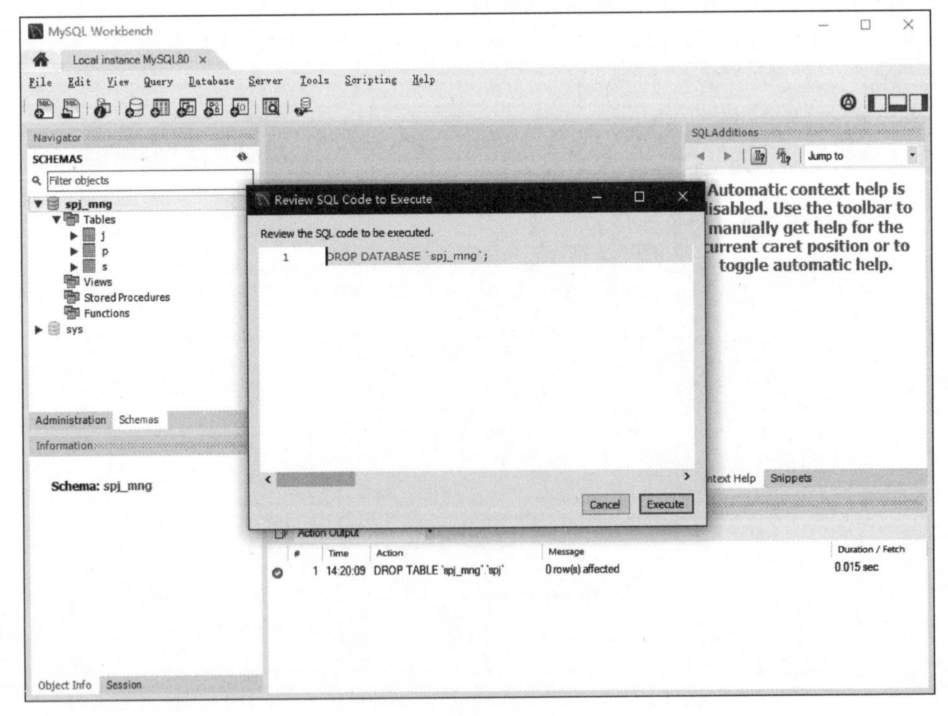


图 4-24　删除数据库执行

在 Web 界面中的删除方法，与 GUI 方法类似，在图 4-16 中“首页”标签的数据库列表中选择目标数据库单击“删除”功能，并确定即可。

在命令行中，执行 Drop database spj_mng(或是 drop schema spj_mng)命令即可。

**注意：** 数据库删除命令一旦被执行，会将数据库和库中的表以及各表中的数据一次性删除，因此一定要慎重使用，并在必要时先对数据库进行备份。

## 4.7 数据库的备份与还原

一个数据库实例创建完成后，会根据环境的需要创建数据库、基本表等，有时候根据业务具体需要还会编写存储过程、函数、触发器等代码。随着业务的展开，数据库中的数据会随着时间的推移不断发生变化，在不同时间点上的数据状态、数值和规模都会不同。因此，在业务开展的过程中，数据库管理员就需要对数据库进行管理和维护。

一般地，在生产环境中的数据库会面临各种各样的风险，这些风险主要有：硬件故障、软件故障、自然灾害、黑客攻击、用户误操作等。例如，由于硬盘的故障，数据库的文件遭到破坏导致数据库中的数据不可用；由于开发新应用(访问数据库)或者系统环境的改变(升级或更换软、硬件)，这个过程中可能造成数据的篡改或丢失。为了避免在数据库面临风险时发生数据丢失或数据的破坏，数据库需要进行备份(导出)以备在需要时进行恢复(导入，有时也称为还原)。

在进行备份之前，需要制定一定的备份策略。备份需要考虑诸多因素，如：系统能够容忍丢失多少数据，备份(恢复)数据需要多长时间，需要恢复哪些数据等。从备份的类型看，备份可以分为全量备份、增量备份等。在生产环境中数据库的规模一般较大，如果频繁地对数据库整体进行备份，除了时间和空间的成本较高，对业务的性能和服务质量也会造成一定的影响，因此，大多数系统都会根据所能容忍的数据损失量和性能需求，定期进行数据库的全备份，而在两次全量备份的中间，会定期做增量备份。而备份的模式，可以分为逻辑备份和物理备份。逻辑备份一般指 SQL 语句的备份，即从逻辑结构的角度，将数据库、基本表和数据等利用 SQL 语句的方式记录并保存起来。恢复的时候，执行备份的 SQL 语句来实现数据库、数据的重现。物理备份是以文件的方式将数据库通过存储引擎保存的文件直接拷贝保存，例如在 MySQL 中即为.frm 文件，当然实际情况会更复杂一些。

此外，备份时可以考虑对生产业务的影响，选择冷备份、热备份、温备份等方式。冷备份即在业务停止时进行，例如对数据库进行全备份，由于备份的数据量较大，备份时间会很长，如果只是对备份对象加锁，那么可能导致数据库长时间不可用。因此，可以在夜间，生产业务停止时进行，这种备份也成为离线备份。相对应地，热备份也称为在线备份，是用于备份数量较小的情况，备份进行时，数据库的读写都不受影响。而温备份则是在备份时数据库仅能进行读操作。

在 MySQL WorkBench 中可以采用 Export data/Import Data 来实现数据库的备份和还原，可以将数据库导出(或导入)为一个(或多个)SQL 文件或者 CSV 数据文件。Mysqldump 是 MySQL 提供的逻辑备份的工具，而 CP，tar 则可以视为进行物理备份的常用工具。此外，也有一些第三方开源工具如 xtrabackup 等支持物理增量备份。感兴趣的读者，可自行尝试。

## 4.7.1 用华为云 Web 页面进行数据库备份与还原

### 1. 数据库逻辑备份操作

(1) 在“数据库管理服务 DAS”→“开发工具”中，单击“登录”按钮，进入 DAS 首页，在下拉菜单中单击“导入·导出”→“导出”，如图 4-25 所示，启动“导出”标签页。

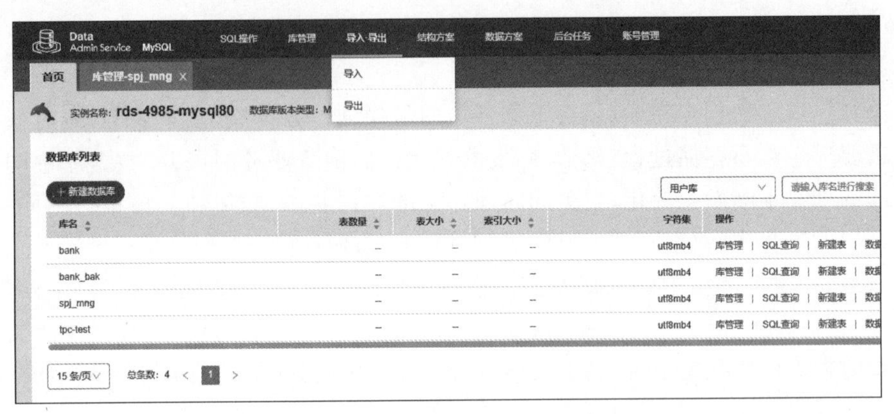


图 4-25 “导入”·“导出”选项

(2) 在“导出”标签页左上角单击“新建任务”→“导出数据库”，运行“新建数据库导出任务”窗口。

(3) 在“新建数据库导出任务”窗口，根据实际需要确定具体参数选项。详见图 4-26。从图中标号可以看出，导出数据库的参数设置组合非常灵活，包括，选择具体的数据库，导出的内容，导出的格式，编码，表、数据以及相关的存储过程、函数等，参数设置完成后，单击“确定”按钮。

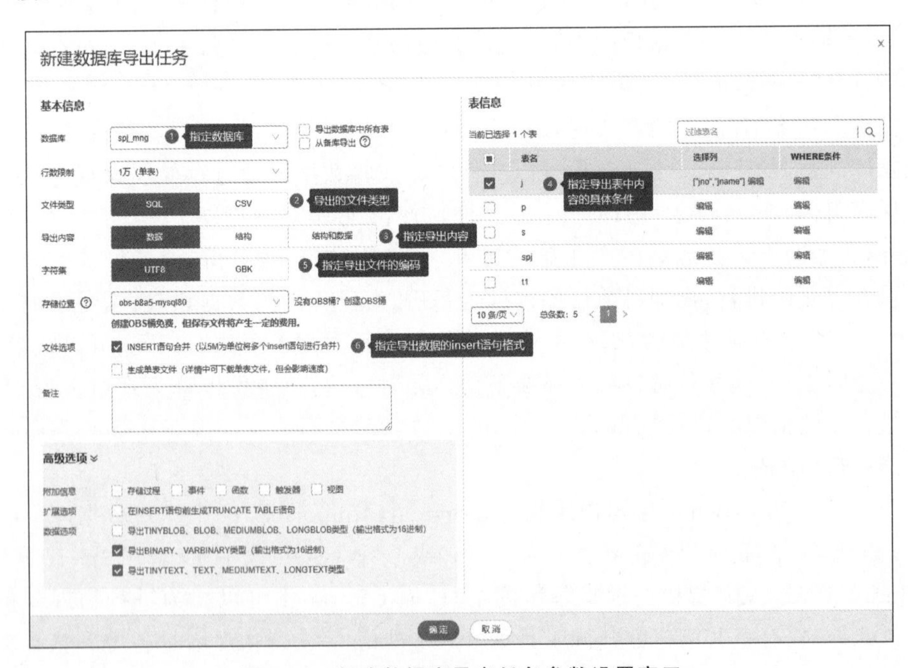


图 4-26 新建数据库导出任务参数设置窗口

## 2. 数据库还原操作

(1) 在“数据库管理服务DAS”→“开发工具”中,单击“登录”按钮,进入DAS首页,在下拉菜单中单击“导入·导出”→“导入”,启动“导入”标签页。

(2) 单击“新建任务”,启动参数设置窗口,如图4-27所示。在新建任务窗口中根据需要设置参数后,单击“创建导入任务”按钮。

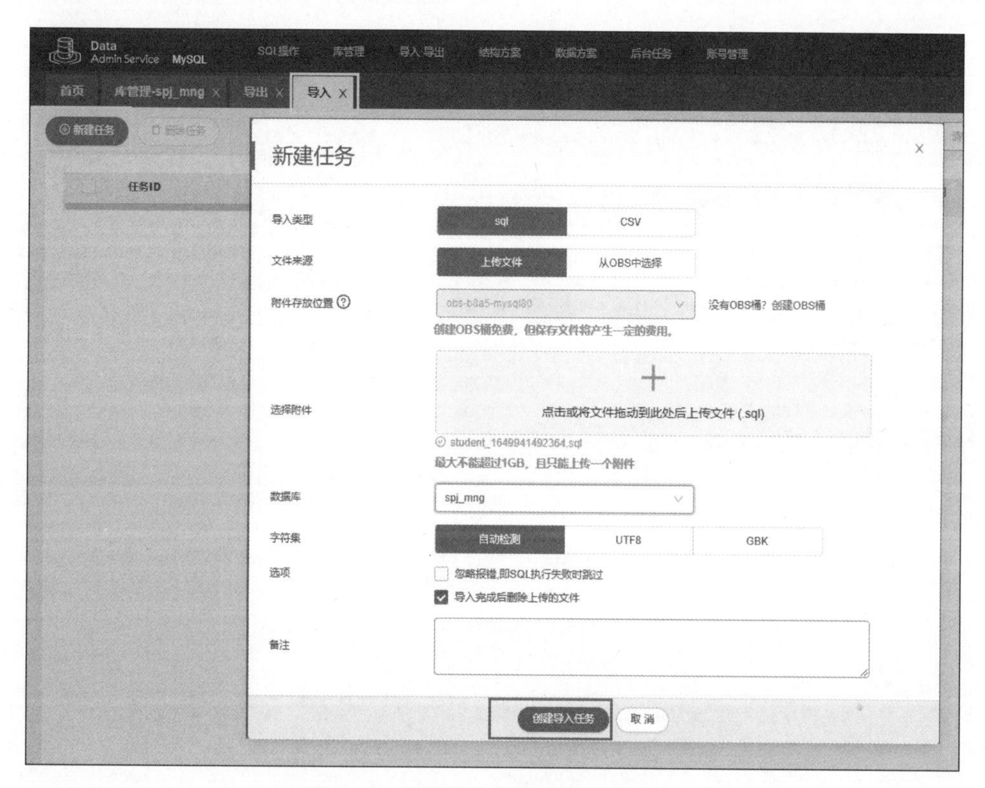


图4-27　新建导入任务参数设定窗口

## 3. 云数据库物理备份

华为云数据库还支持物理备份操作。由于数据库实例运行在华为云上,因此,系统提供了数据库同区域备份/数据库跨区域备份两种选择。在“控制台”中打开“云数据库RDS”,单击“备份管理”按钮,会出现备份信息界面,可以看到系统会根据一定的时间间隔,定时自动对数据库实例进行物理备份。而用户可以根据需要,选择对应时间点上的数据库实例物理备份副本,恢复数据库实例,详见图4-28。

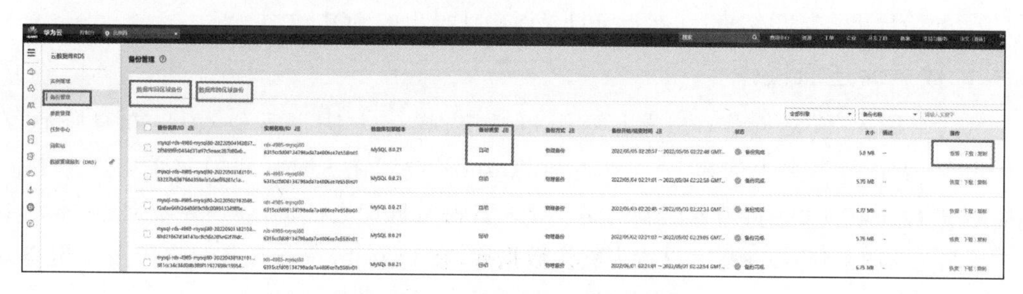

图4-28　云数据库备份管理界面

## 4.7.2 用 MySQL WorkBench 进行数据库备份与还原

### 1. 数据库备份操作

在 MySQL WorkBench 左上方导航区中选择 Administrator 标签页，再选择 Data Export，见图 4-29 所示。或者从应用程序的 Server 下拉菜单中选择 Data Export，如图 4-30 所示。

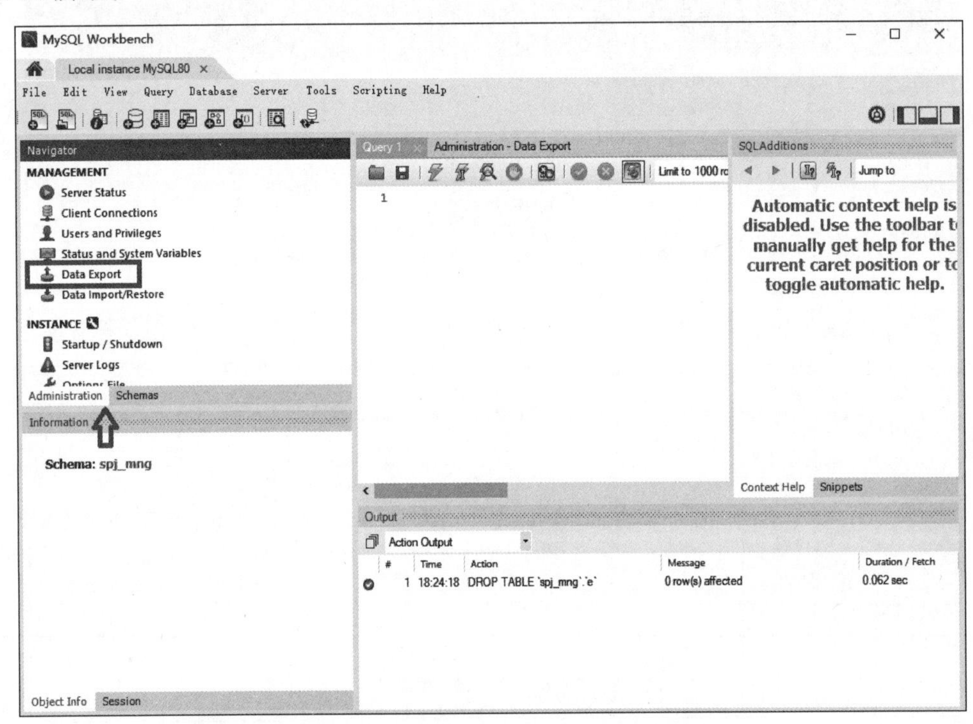


图 4-29　启动数据库备份功能(导航区设定)

在 Data Export 任务窗口中，需要设定一组参数(详见图 4-31)：

① 选择需要导出的数据库。

② 选择导出的内容(数据库的结构以及里面的数据)。

③ 选定的数据库导出为一个 SQL 文件。如果选择 Export to Dump Project Folder，则会在指定的文件夹下为每张表会导出一个 SQL 文件。

④ 在导出的 SQL 中加入创建数据库的 SQL 语句。

⑤ 开始导出。导出结束后，在指定目录下确认导出的 SQL 文件。

### 2. 数据库还原操作

数据库导入/恢复操作，与导出操作相对应，操作方法也类似，可以在导航区的 Administration 标签页中选择 Data Import/Restore 或者在 Server 下拉菜单中选择 Data Import 进行处理即可。但需要注意的是：导入备份数据库之前，需要创建数据库(本例中数据库名为 SPJ_MNG)并将其设置为默认数据库，在 Data Import 任务窗口中设置相应参数，具体详见图 4-32。

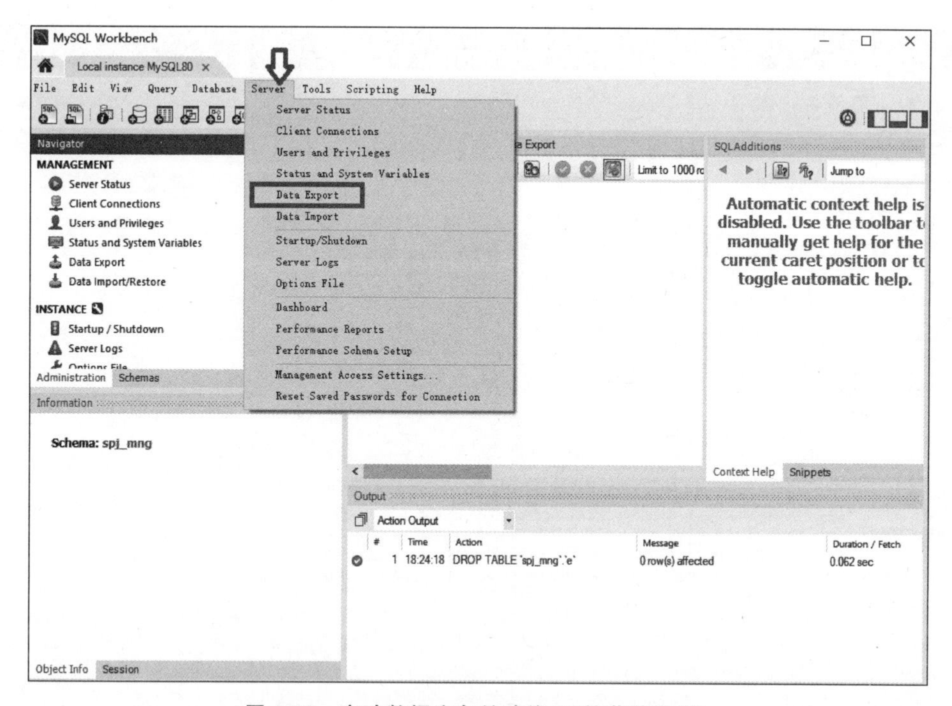


图 4-30　启动数据库备份功能(下拉菜单设定)

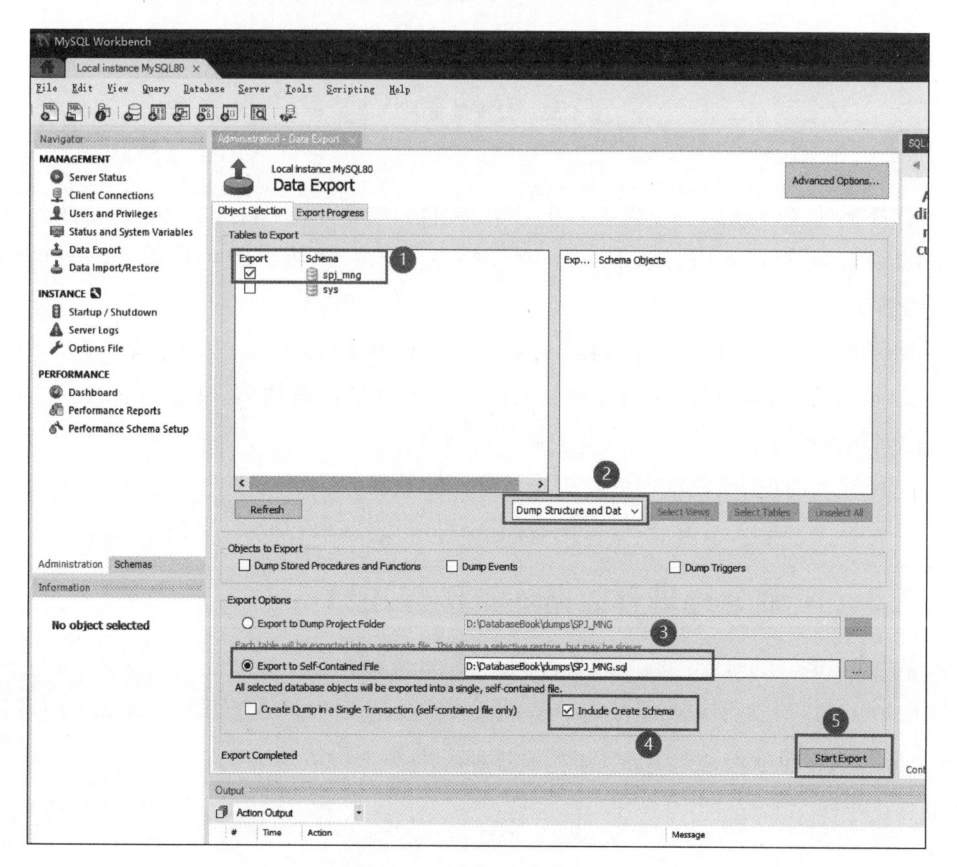


图 4-31　数据库导出设定

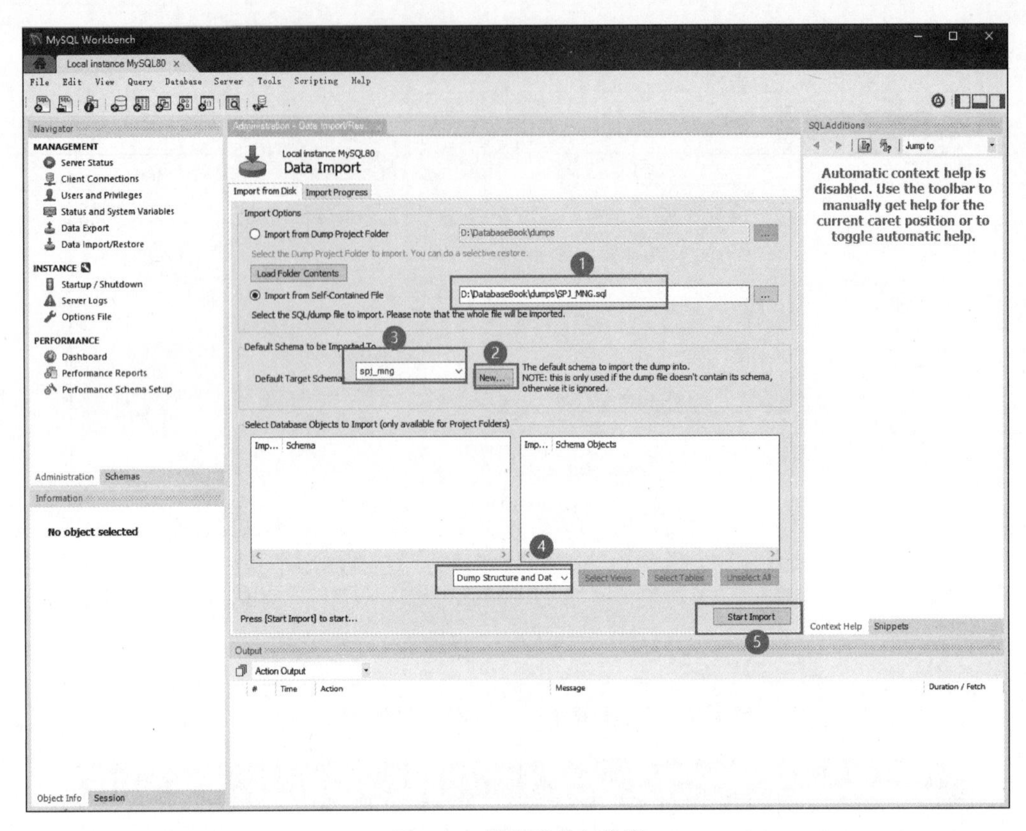


**图 4-32　数据库导入设定**

参数说明：

① 选择提前备份好的一个或者若干 SQL 文件(前面实验中导出的 SQL 文件)。如果选择 Import from Dump Project Folder，则需要一个文件夹，该文件夹中包含若干以基本表为单位的 SQL 文件。

② 期望导入的目标数据库，如果不存在，则单击 New 创建新的空数据库。

③ 在下拉菜单选择刚才新创建的数据库。如果不指定该选项，则按照 SQL 中的数据库名进行创建并导入。

④ 选择导入的内容(数据库的结构以及里面的数据)。

⑤ 开始导入。导入结束后，可以用查询语句进行表结构和数据的确认。

## 4.7.3 用命令行进行数据库备份与还原

在本小节，介绍以命令行的方式备份数据库 student。

打开 cmd 窗口，执行 mysqldump.exe 命令(该程序是一个独立于 mysql.exe 的可执行程序，可以重新启动一个 cmd.exe 执行)。该命令的基本语法如下：

```
mysqldump -h hostname -u username -p dbname > dir\filename.sql
```

回车后，程序会要求用户输入-u 参数后指定的用户的密码。

### 1. 导出数据库为.sql 文件

连接本地数据库服务器导出数据库 student(包含所有的表和数据),并将导出文件命名为 student. sql,保存在 D 盘根目录下,例如:

```
mysqldump -h localhost -u root -p student > d:\student.sql
```

若只备份数据库但不备份数据,并将导出文件命名为 s2. sql,保存在 D 盘根目录下,则执行以下命令:

```
mysqldump -h localhost -u root -p --no-data --databases student > d:\s2.sql
```

其中,几个主要的参数含义为:

-h:服务器名或 IP;-u:用户名;-p:密码;student:待备份库;

--no-data:不备份数据;

还可以利用 mysqldump 将数据导出为 txt 或者 csv 文件。

**注**:有关 mysqldump 命令的详细参数用法参考 mysqldump -help 命令学习,也可以通过下列网站了解该命令的更多用法的说明信息。

参考网址:https://dev.mysql.com/doc/refman/8.0/en/mysqldump.html。

### 2. 导出数据为 txt 或者 csv 文件

(1) 首先在 mysql.exe 中使用 SQL 命令确认导出导入安全数据的目录:

```
mysql> show variables like 'secure_file_priv';
```

也可以通过修改 mysql 的配置文件中的:secure_file_priv="参数值",来指定导入导出数据库的数据目录,例如:

```
secure_file_priv: C:\ProgramData\MySQL\MySQL Server 8.0\Uploads\
```

(2) 执行以下导出命令:

```
mysqldump -u root -p student s -t -T "C:\ProgramData\MySQL\MySQL Server 8.0\Uploads" --
fields-terminated-by=","
```

确认 C:\ProgramData\MySQL\MySQL Server 8.0\Uploads 目录下,生成了以逗号分隔的数据 txt 文件。如果希望是 csv 文件,修改文件扩展名为 csv 即可。Mysqldump 命令可以采用以下 3 种调用方式:

```
-- 具体指定要备份的表
mysqldump [options] db_name [tables]
-- 具体指定要备份的数据库
mysqldump [options] --- database DB1 [DB2 DB3 … ]
-- 指定备份所有的数据库
shell> mysqldump [options] --all--database
```

在[options]部分,可以指定各类具体参数,读者可以根据需要查阅 MySQL 官方手册。其中,导出为文件时常用参数有:

① --no-data，-d 不导出任何数据，只导出数据库表结构。

② --lock-all-tables，-x 锁定所有库中所有的表。这是通过在整个 dump 的过程中持有全局读锁来实现的。

③ -fields-terminated-by 导出文件中忽略给定字段。与-tab 选项一起使用，不能用于-databases 和-all-databases 选项。

④ --tab=path，-T path 生成 tab 分隔的数据文件。对于每个转储的表，mysqldump 创建一个包含创建表的 CREATE TABLE 语句的 tbl_name. sql 文件，和一个包含其数据的 tbl_name. txt 文件。选项值为写入文件的目录。

### 3. 利用备份文件还原 student 数据库

与利用 GUI 应用程序导入数据库类似，在导入文件之前，需要手动创建数据库，在命令行中即使用 create database 命令。

提示：先使用 SQL 语句创建 Student 数据库，再利用步骤(1)中备份的文件进行还原。打开 cmd. exe 运行程序，切换到 MySQL 的 bin 目录下面(如果已经配置环境变量，不需要切换)，使用以下命令进行还原：

```
mysql  - h localhost  - u root  - p student < d:\student. sql
```

如果有准备好的数据 csv 文件，也可以使用 LOAD DATA 将数据导入。

用备份的 SQL 语句还原数据：

给 student 数据库插入一些数据之后，在 cmd 中执行以下命令：

```
mysql  - h localhost  - u root  - p student < d:\student. sql
```

用 txt 或者 csv 文件导入数据：执行以下的 SQL 语句：

```
use student;
-- 载入数据
LOAD DATA INFILE 'C:/ProgramData/MySQL/MySQL Server 8. 0/Uploads/s. txt ' INTO TABLE s FIELDS
TERMINATED BY ',';
-- 或执行
LOAD DATA INFILE 'C:/ProgramData/MySQL/MySQL Server 8. 0/Uploads/s. csv ' INTO TABLE s FIELDS
TERMINATED BY ',';
```

**注意**：如果待导入的 csv 文件有表头，则可以在上面的 load data 命令中最后增加 ignore 1 lines(不导入第一行表头)

## 4.8 数据迁移服务

数据库在实际使用过程中，由于各种主观或者客观原因，会面对软硬件环境发生变化的情况。比如，由于企业升级 IT 系统，更换服务器以及业务相关的应用软件，此时，需要把之前的业务和旧资产迁移到新的系统平台上，这之中就包括数据库实例以及相关的业务数据。这种情况的数据迁移，一般属于不同数据库实例之间的迁移。还有一些情况，如当前国产化数据库正在蓬勃发展，很多企业正在逐渐将业务从原有的国外 Oracle 数据库等更换到国产数据库如 openGauss 等，这时数据的迁移属于跨 DBMS 的迁移。

在不同数据库实例间迁移数据，可以使用4.7节数据库的备份与还原中介绍的方法和工具进行。而跨DBMS的数据迁移，则会复杂一些，需要根据源和目标系统的特性以及工具的支持情况来选择具体的迁移方法。通常数据库厂商都会提供相关的迁移工具，例如SSMA(Microsoft SQL Server Migration Assistant for MySQL)，就是专门将MySQL数据库迁移到微软的SQL Server或者Azure SQL数据库的工具。

## 本章小结

本章学习了云数据库的架构以及如何创建和管理数据库，分别通过图形用户界面以及命令行的方式实践了有关创建、连接、删除以及备份还原数据库的操作。并了解备份还原以及数据迁移之间的联系和区别。

# 第5章 基本表与视图的管理

## 5.1 实战目标与准备

**【实战目标】**

本章目标是掌握基于 MySQL 的云数据库环境中基本表和视图的创建与管理等的基本操作方法,具体以华为云数据库 MySQL 为例展开介绍。

(1) 熟练掌握数据库和基本表的创建、管理方法。

(2) 熟练掌握 SQL 语句设置完整性约束、安全性的方法。

(3) 熟练掌握 SQL 语句进行索引管理的方法。

(4) 熟练掌握 SQL 语句创建、插入、修改和删除视图的方法。

**【实战准备】**

本章的实战准备内容与第 3 章一致。

## 5.2 MySQL 的存储引擎

存储引擎是 DBMS 中存储与管理数据的核心组件,包括如何存储数据、如何为存储的数据建立索引以及如何更新、查询数据等技术。在微软的 SQL Server 等数据库管理系统中,一般只有一种存储引擎,但是在 MySQL 中,存储引擎以插件形式存在,默认提供了多种不同的存储引擎,如 InnoDB、MyISAM 等。用户可以根据需要为数据库中的每个基本表设置不同的存储引擎,也可以利用 MySQL 提供的 API 创建新的存储引擎。每一种存储引擎都使用不同的存储机制、索引技术、事务处理机制等存储与管理数据,并且最终提供广泛的差异化的功能和能力。

用 SQL 命令查看 MySQL 支持的存储引擎:

```
Show engines;
```

该命令的返回结果如图 5-1 所示,可以看到,在 MySQL 8.0 版本中,创建表不显式定义的情况下,系统默认使用的是 InnoDB 引擎。

表 5-1 列出了主要的几种存储引擎特性信息,各存储引擎对索引类型,加锁机制和事务等功能的支持情况各有特点。在 5.5.2 小节创建索引的实战练习时,请注意根据需要的索引类型指定对应可用的存储引擎。

| Engine | Support | Comment | Transactions | XA | Savepoints |
|---|---|---|---|---|---|
| MEMORY | YES | Hash based, stored in memory, useful for temp... | NO | NO | NO |
| MRG_MYISAM | YES | Collection of identical MyISAM tables | NO | NO | NO |
| CSV | YES | CSV storage engine | NO | NO | NO |
| FEDERATED | NO | Federated MySQL storage engine | NULL | NULL | NULL |
| PERFORMANCE_SCHEMA | YES | Performance Schema | NO | NO | NO |
| MyISAM | YES | MyISAM storage engine | NO | NO | NO |
| InnoDB | DEFAULT | Supports transactions, row-level locking, and fo... | YES | YES | YES |
| BLACKHOLE | YES | /dev/null storage engine (anything you write to ... | NO | NO | NO |
| ARCHIVE | YES | Archive storage engine | NO | NO | NO |

图 5-1 MySQL 支持的存储引擎

表 5-1 存储引擎特性简表①

| 特　　性 | MyISAM | Memory | InnoDB | Archive | NDB |
|---|---|---|---|---|---|
| B树索引 | 是 | 是 | 是 | 否 | 否 |
| 备份/时间点恢复(注 1) | 是 | 是 | 是 | 是 | 是 |
| 集群数据库支持 | 否 | 否 | 否 | 否 | 是 |
| 聚集索引 | 否 | 否 | 是 | 否 | 否 |
| 数据压缩 | 是(注 2) | 否 | 是 | 是 | 否 |
| 数据缓存 | 否 | N/A | 是 | 否 | 是 |
| 数据加密 | 是（注 3） | 是（注 3） | 是（注 4） | 是（注 3） | 是（注 3） |
| 外键支持 | 否 | 否 | 是 | 否 | 是（注 5） |
| 全文搜索索引 | 是 | 否 | 是（注 6） | 否 | 否 |
| 地理空间数据类型支持 | 是 | 否 | 是 | 是 | 是 |
| 地理空间索引支持 | 是 | 否 | 是（注 7） | 否 | No |
| 哈希索引 | No | 是 | No（注 8） | No | 是 |
| 索引缓存 | 是 | N/A | 是 | No | 是 |
| 加锁粒度 | Table | Table | Row | Row | Row |
| MVCC | No | No | 是 | No | No |
| 复制支持（注 1） | 是 | 限制(注 9) | 是 | 是 | 是 |
| 存储限制 | 256TB | RAM | 64TB | 无 | 384EB |
| T树索引 | 否 | 否 | 否 | 否 | 是 |
| 事务 | 否 | 否 | 是 | 否 | 是 |
| 更新数据字典的统计信息 | 是 | 是 | 是 | 是 | 是 |

注 1：在服务器中实现，而不是在存储引擎中实现。

注 2：仅当使用压缩行格式时，才支持压缩的 MyISAM 表。在 MyISAM 中使用压缩行格式的表是只读的。

注 3：通过加密功能在服务器上实现。

注 4：通过加密功能在服务器上实现；在 MySQL 5.7 及更高版本中，支持静态数据加密。

注 5：MySQL Cluster NDB 7.3 及更高版本中提供了对外键支持。

注 6：MySQL 5.6 及更高版本支持全文索引。

注 7：MySQL 5.7 及更高版本支持地理空间索引。

注 8：InnoDB 内部利用哈希索引实现自适应哈希索引功能。

注 9：详见官网手册中的讨论内容。

## 5.3 表的创建与管理

数据表是存储数据的基本形式。在第 4 章学习的数据库管理相关操作的基础上，本章

① https://dev.mysql.com/doc/refman/8.0/en/storage-engines.html

开始尝试在数据库中创建一些基本表，并根据理论课中学习的对基本表的几类操作，练习对基本表的各种操作和管理的方法。在创建基本表之前，可以通过用户图形界面（GUI）或者命令行（CLI）连接到已经创建好的数据库实例。

## 5.3.1 利用GUI操作基本表

### 1. 在SPJ_MNG数据库中创建表

操作（以创建表S为例，其他几张表与之类似，不再赘述）：

（1）展开SPJ_MNG数据库节点，在其子节点Tables上右击，然后在弹出的快捷菜单中选择Create Table，见图5-2。

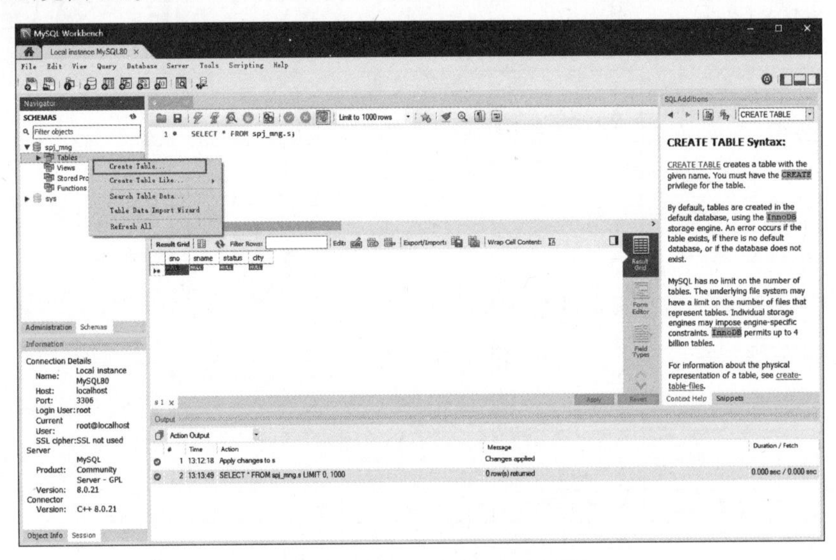


图5-2 创建数据基本表的右键菜单

（2）在基本表参数设定画面中，依次设定相关内容后，单击Apply按钮，见图5-3。

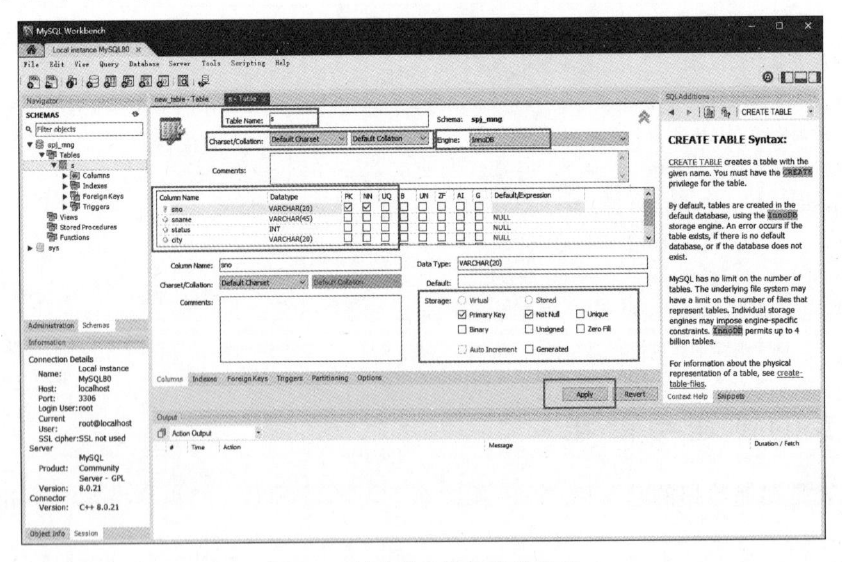


图5-3 创建基本表的参数设定

Table name：基本表名。

Charset/Collation：字符集/排序规则。

Engine：该基本表的存储引擎(MySQL8 默认：InnoDB)。

中间表中每个属性的设定表格，包含：列名，数据类型以及各种约束。

(3) 在基本表创建 SQL 确认界面进行确认后，单击 Apply 按钮，见图 5-4。

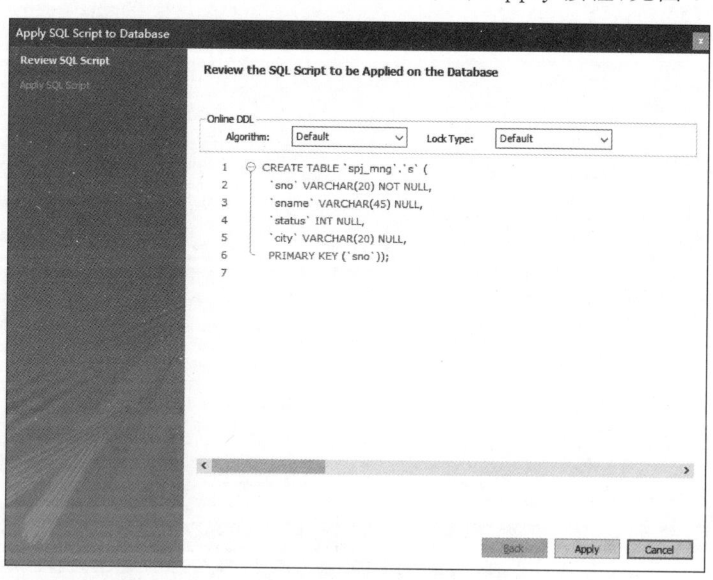


图 5-4 创建基本表的 SQL 语句确认

(4) 在基本表创建 SQL 执行画面，单击 Finish 按钮，见图 5-5。

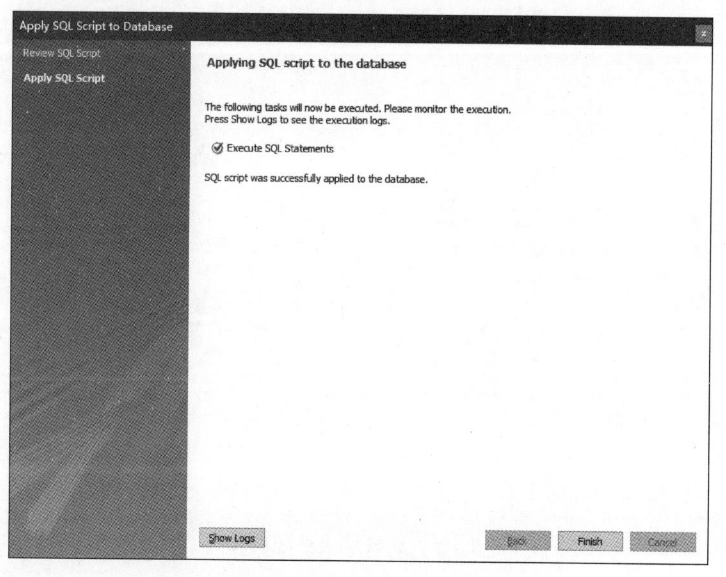


图 5-5 创建基本表的 SQL 语句执行

(5) 在左侧的树中，选择刚创建好的表 S，在右键菜单选择 Select Rows，见图 5-6。

(6) 在图表格区域，将输入光标置于待输入数据的位置，逐行输入数据，输入完毕后单击 Apply 按钮，见图 5-7。

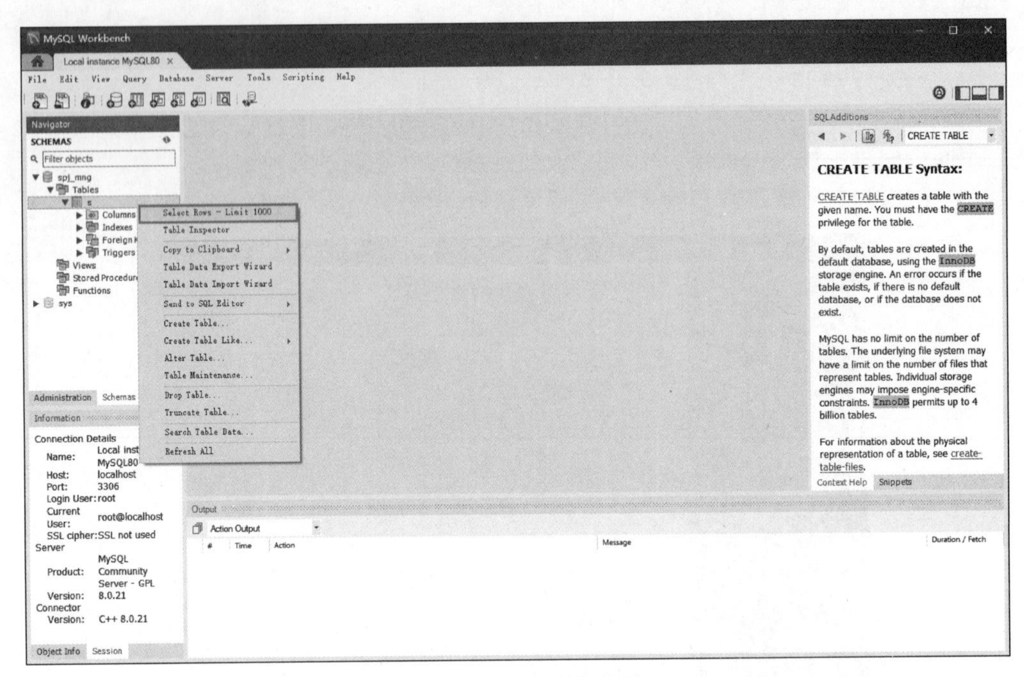


图 5-6 编辑数据的右键菜单

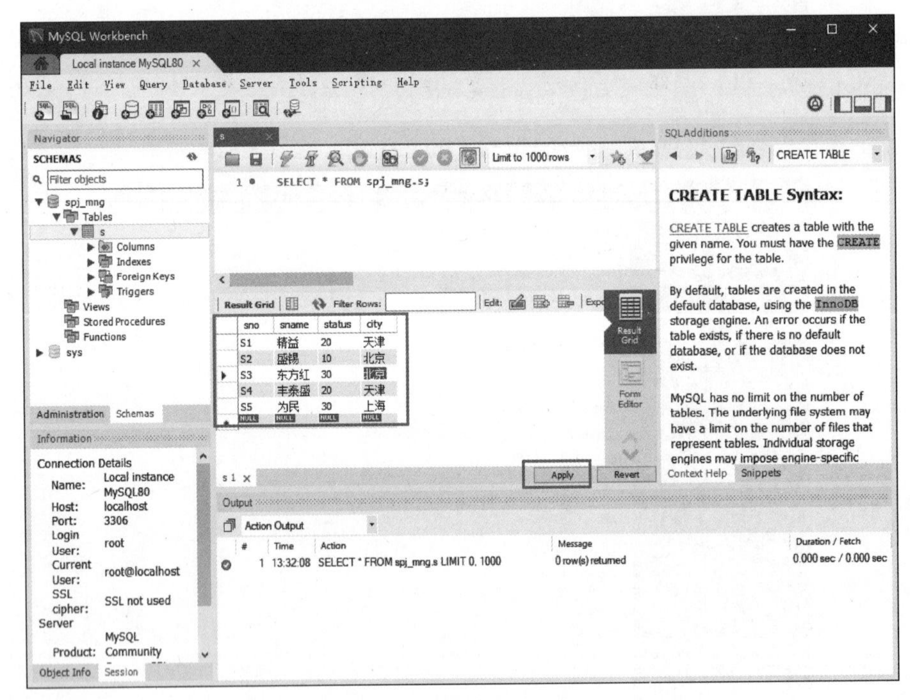


图 5-7 编辑基本表的数据

(7) 在图 5-8 中确认生成的 SQL 语句，单击 Apply 按钮后，执行该语句。

## 2. 修改表

要求改变已创建的基本表的结构。以修改表 S 为例，增加一个联系电话字段 STEL，数据类型为字符串类型，并修改表中 SNO 字段允许的字符串最大长度。

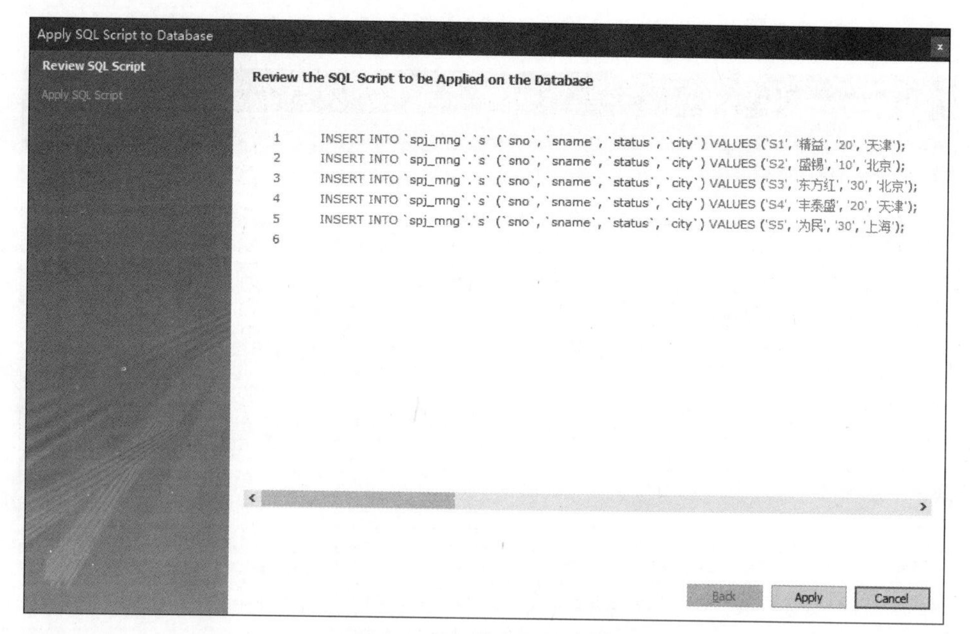


图 5-8 插入数据 SQL 确认

提示：Alter Table。

操作：

(1) 在导航区的 Schemas 标签页中选中表 S，在右键菜单选择 Alter Table，见图 5-9。

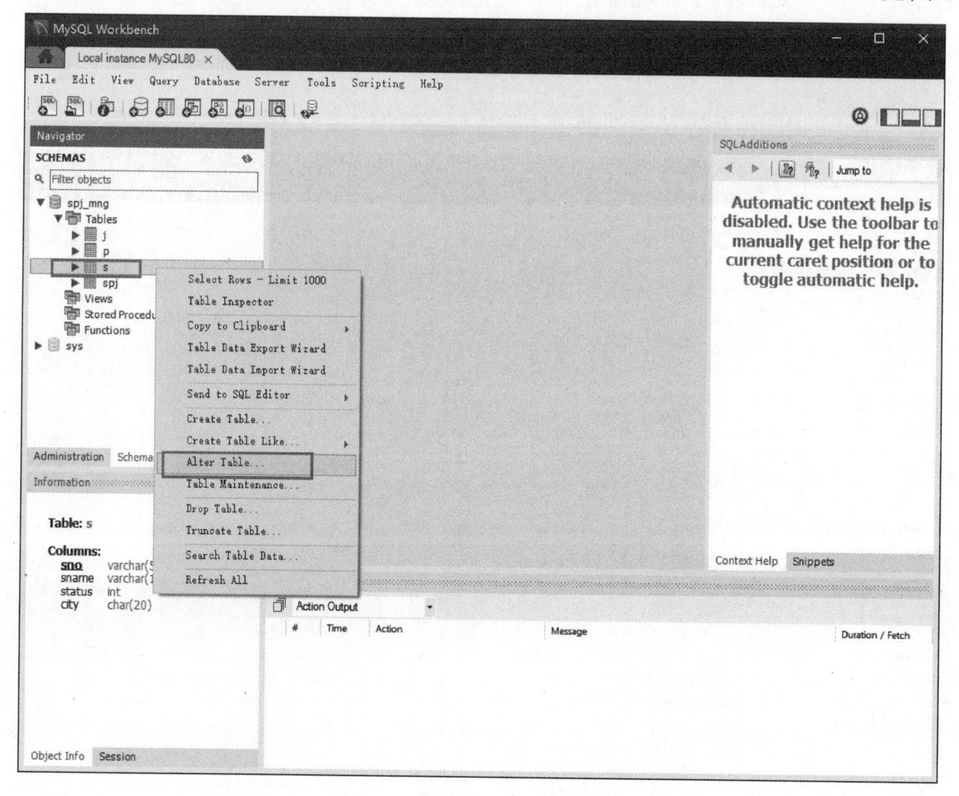


图 5-9 修改基本表右键菜单

（2）在图 5-10 中增加 STEL 列，并修改 SNO 的长度，单击 Apply 按钮。

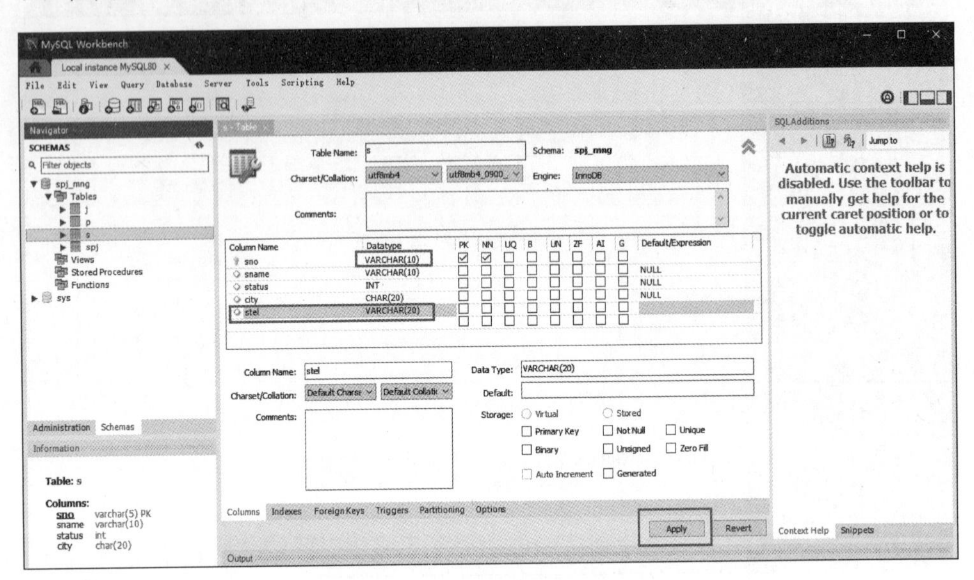


图 5-10 修改基本表信息

命令确认界面和执行结果，与之前操作的情况类似，不再赘述。

### 3. 删除表

在 MySQL WorkBench 中删除已创建的供应情况表 SPJ。

提示：Drop Table。

操作：

（1）选中表 SPJ，在右键菜单选择 Drop Table，见图 5-11。

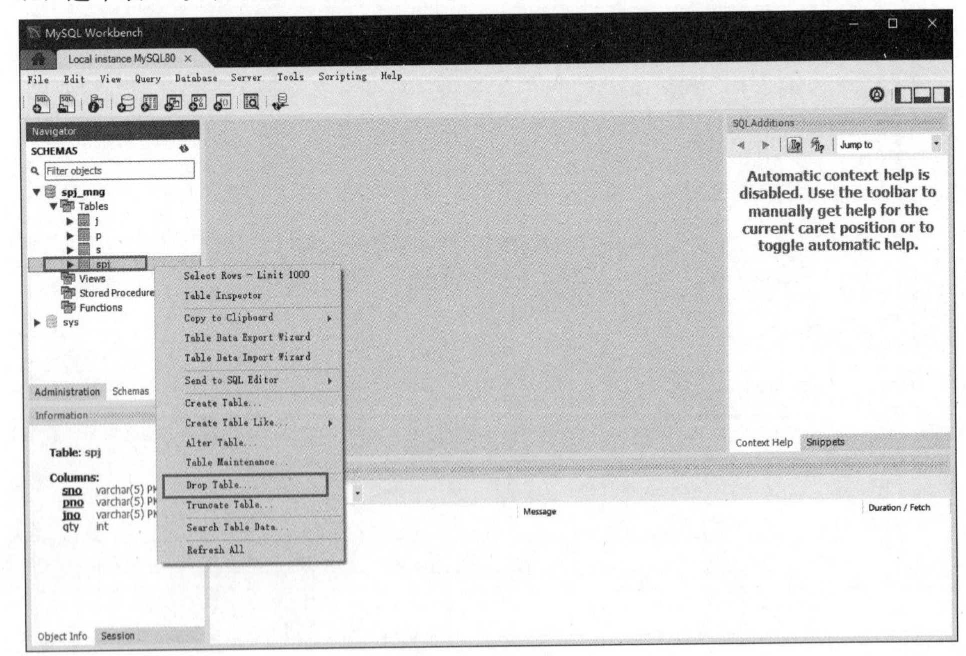


图 5-11 删除基本表

(2) 弹出如图 5-12 所示的窗口，选择 Review SQL 或 Drop Now(不确认直接删除)。

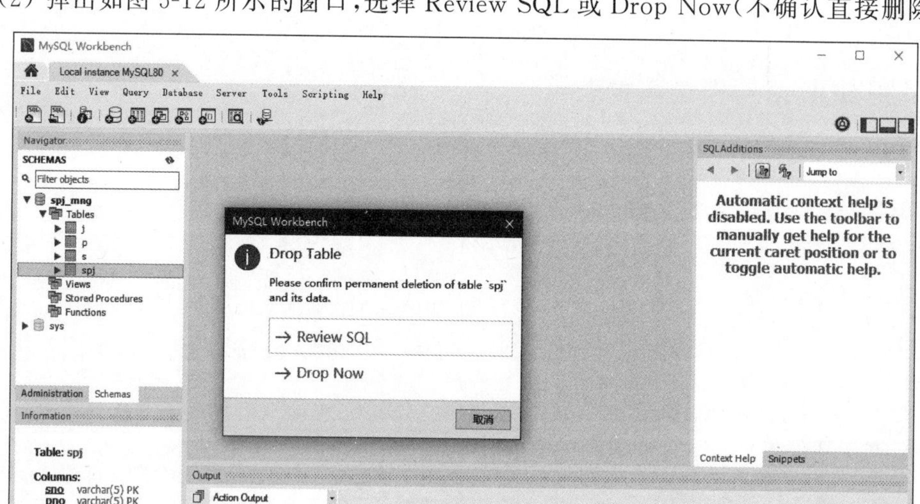


图 5-12　删除基本表确认

(3) 确认删除基本表 SQL 语句，单击 Execute 执行该 SQL，见图 5-13。

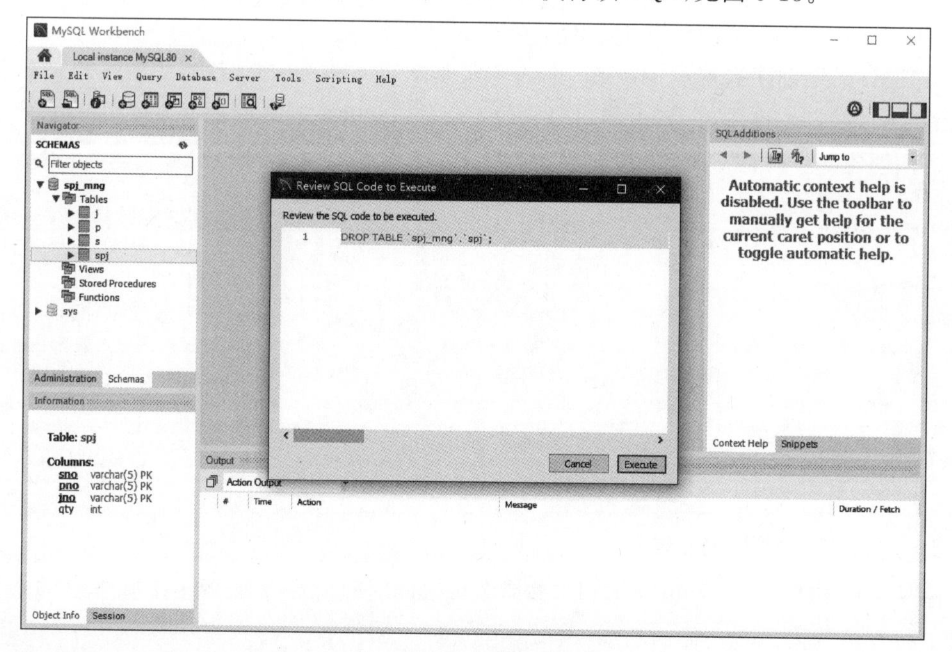


图 5-13　删除基本表执行

## 5.3.2　利用命令行操作基本表

在本节，练习在命令行中根据 4.3 节中给定的数据库 student，完成指定操作。注意，在使用命令行操作基本表之前，要设置当前操作默认的数据库，即执行 SQL 语句：

```
use student;
```

### 1. 用 SQL 语句创建基本表

创建表的基本语法如下：

```
CREATE TABLE <tbl_name> [ (
   <col_name> <type> [constraints]
[, <col_name> <type> [constraints]] …
[,<tbl_level constraints>] )]
[table_options] [select_statement]
--其中
table_option:
  {ENGINE|TYPE} = engine_name
  | AUTO_INCREMENT = value
  | AVG_ROW_LENGTH = value
  | [DEFAULT] CHARACTER SET charset_name [COLLATE collation_name]
  | CHECKSUM = {0 | 1}
  | COMMENT = 'string'
  | CONNECTION = 'connect_string'
……
```

在本语法中，constraint 和 table option 中内容较多，这里不展开介绍，感兴趣的读者可以参考 MySQL 官网中文手册 13.1.5[①] 中的相关内容。其中参数 ENGINE 可以指定存储引擎的类型，在不指定时默认是 InnoDB。

用 SQL 语句创建数据库 student 中的三张基本表 S、C 和 SC，各表中各字段的数据类型酌情定义，指定主键约束，其他约束可暂时不做定义(相关定义参照 5.3.2 小节)，暂不插入数据。创建基本表的 SQL 语句如下：

```
create table S
(
 sno varchar(5),
 sname varchar(10),
 sgender varchar(2),
 sbirth date,
 sdept varchar(10),
 primary key(sno)
);

create table C
(
 cno varchar(5),
 cname varchar(10),
 cpno varchar(5),
 ccredit int,
 primary key(cno)
);

create table SC
(
 sno varchar(5),
 cno varchar(5),
 grade int,
 primary key(sno,cno)
);
```

### 2. 用 SQL 语句删除表

删除表的 SQL 语句是 drop table，该命令可以同时删除一个或者多个基本表的定义以及表中所有的数据。其具体语法如下：

```
DROP [TEMPORARY] TABLE [IF EXISTS]
    tbl_name [, tbl_name] …
    [RESTRICT | CASCADE]
```

① https://www.mysqlzh.com/doc/125/250.html

例如，删除表 SC，SQL 语句如下：

```
drop table SC;
```

### 3. 用 SQL 语句修改表

修改表的 SQL 语句是 alter table，该命令比较灵活，可以修改表定义、属性、完整性约束、索引等，其基本语法如下：

```
ALTER [IGNORE] TABLE tbl_name
    alter_specification [, alter_specification] …

alter_specification:
   ADD [COLUMN] (column_definition, … )
  | DROP [COLUMN] (column_definition, … )
   | MODIFY [COLUMN] col_name…
   | ADD [CONSTRAINT [symbol]]
         FOREIGN KEY [index_name] (index_col_name, … )
         [reference_definition]
   | DROP PRIMARY KEY
   | DROP INDEX index_name
   | DROP FOREIGN KEY fk_symbol
   | DROP CONSTRAINT cnt_name
   | DISCARD TABLESPACE
   | IMPORT TABLESPACE
   | CHECK PARTITION partition_names
……
```

在 alter_specification 部分的选项，语法同 create table 相关的选项类似（注：本书中仅简单列出相关 SQL 语句的基本语法，相应操作的完整语法可以查阅 MySQL 官方网站，https://www.mysqlzh.com/doc/124.html）。

例如，修改 S 表，增加一个联系电话的字段 STEL，数据类型为字符串类型，并修改 S 表中 SNO 允许的字符串最大长度。

SQL 语句如下：

```
alter table S add column stel varchar(20);
alter table S modify column sno varchar(10);
```

## 5.4 表的完整性约束

完整性约束包括实体完整性、参照完整性和用户定义的完整性。本节讨论和练习与完整性相关的操作。

### 5.4.1 实体完整性

本节讨论设置主键约束(Primary Key)。

### 1. 在图形用户界面设置主键约束

操作：将学号(sno)设置为主键。选中 student 库的表 S，在右键菜单 Alter table 中选择 sno 属性，勾选 Primary Key(PK)复选框，Not null(NN)便会自动被选中，单击 Apply 按钮，详见图 5-14。

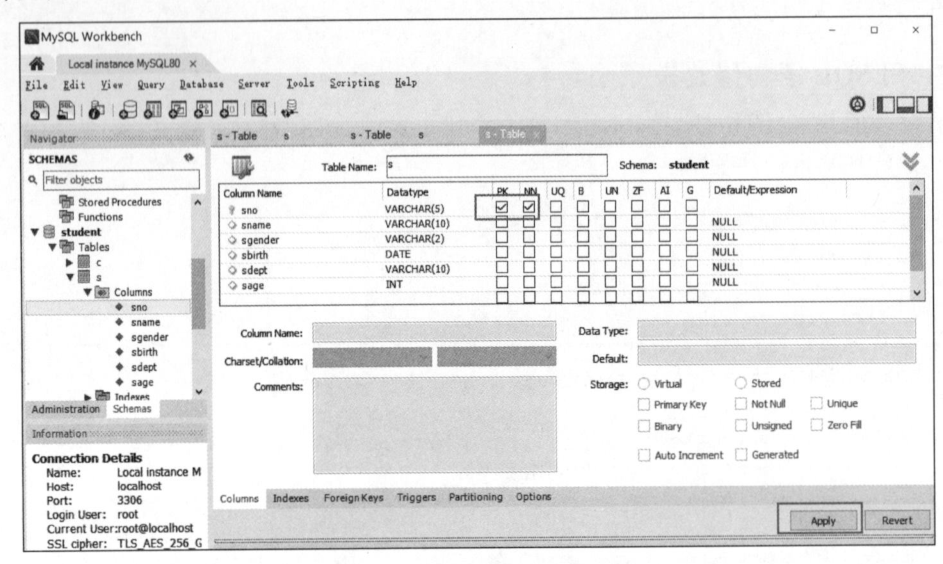

图 5-14　实体完整性设置界面

### 2. 在命令行设置表 C 的主键

SQL 语句中，主键(primary key)设定可以在列级定义，也可在表级定义。

SQL 语句如下：

```
Create table C(
        cno varchar(5) primary key,
        cname varchar(10) not null,
        cpno varchar(5) not null ,
        ccredit int default 0);
 -- 或者
        Create table C(
            cno varchar(5),
            cname varchar(10),
            cpno varchar(5) ,
            ccredit int default 0,
            PRIMARY KEY (cno));
```

## 5.4.2　参照完整性

### 1. 利用图形用户界面添加外键

给数据库中表 SC 添加外键约束 sno、cno，分别引用了表 S 和表 C 中相对应的属性。尝试设定不同的外键约束的策略(例如：NO Action/restrict/cascade/set null)。

操作：选中 student 库的表 SC，在右键菜单选择 Alter table，切换至 Foreign Keys 标签页，在外键列表框中分别输入外键名→选择被参照的表→指定设为外键的属性(如 sno)→选择参照表的对应列→选择合适的违反约束策略(例如，Foreign Key Options：On Update/On Delete)→单击 Apply 按钮，参见图 5-15。

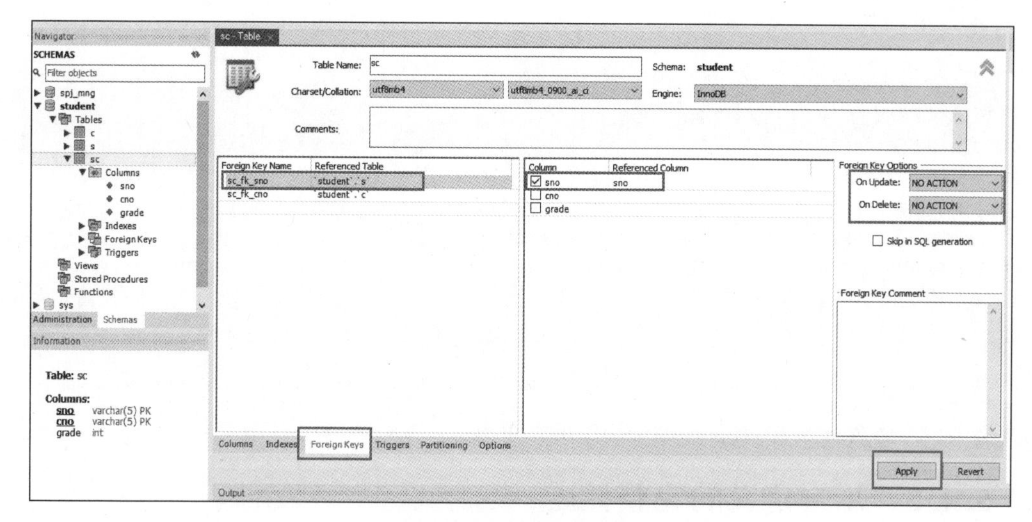


图 5-15　外键设定界面

## 2. 用 SQL 语句设置外键相关约束

（1）删除数据库 student 中的三张表。

（2）重新建表 S，指定 sno 为主键，sgender 的缺省值为'男'，并限定 sbirth 不能为空，sname 为唯一键。

SQL 语句如下：

```
create table S
   ( sno varchar(5),
     sname varchar(10),
     sgender varchar(2) DEFAULT '男',
     sbirth date NOT NULL,
     sdept varchar(10),
     primary key(sno),
     unique key uk_sname (sname));
```

（3）创建表 C：并定义外键 cpno，引用自身表 C 的属性 cno。

SQL 语句如下：

```
create table C
   ( cno varchar(5),
     cname varchar(10),
     cpno varchar(5),
     ccredit int,
     primary key(cno),
   foreign key c_fk_cn (cpno) references C(cno));
```

（4）创建表 SC，外键约束如图 5-15 设置要求，同时要求成绩 grade 的有效值为[0，100]。在表 SC 中增加新列 id，并将 id 设为主键，且自增字段，每次插入一条选课记录自动加 1。

SQL 语句如下：

```
create table SC
(     id int primary key auto_increment,
    sno varchar(5),
    cno varchar(5),
    grade int,
    foreign key sc_fk_sno(sno) references s(sno),
    foreign key sc_fk_cno(cno) references c(cno),
    check (grade >= 0 and grade <= 100)
  );
```

**注意**：SQL 语句中，外键定义也可以设置不同的策略（利用对应的关键字），也可以不指定外键名，更多语法可以参见 MySQL 用户手册。

## 5.4.3 用户定义的完整性

基本表的定义中，可以根据用户和数据应用的实际需要，灵活组合进行完整性约束设置，即满足表定义的语义要求。而且，完整性约束不仅可以在定义基本表时设置，也可以用 alter table… constraint…语句来对现有的表进行增、减或者修改完整性约束。

### 1. 针对数据 student，在图形用户界面中完成以下设置

(1) 非空约束：为出生日期(sbirth)添加非空约束。

操作：选中 student 库的表 S，在右键菜单选择 Alter table，选中 sbirth 属性，勾选 Not Null 复选框，单击 Apply 按钮，参见图 5-16。

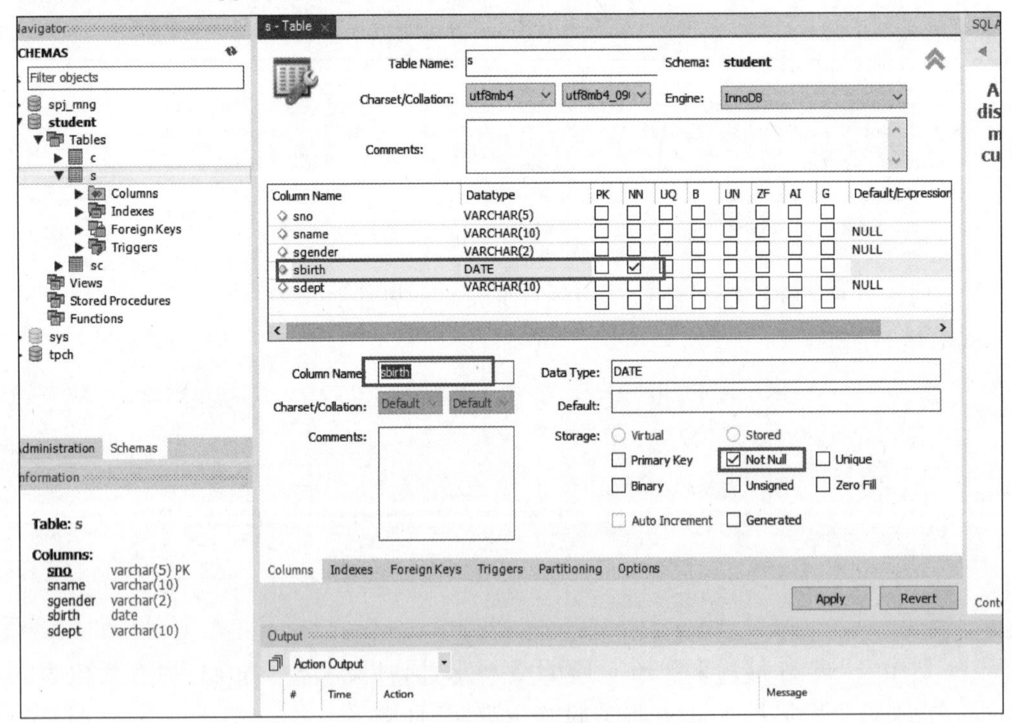


图 5-16 实体完整性约束设置画面

在与(1)相同的界面,可以完成(2)~(3)操作。

(2) 唯一约束:为姓名(sname)添加唯一约束(唯一键)。

操作:选中 sname 属性,勾选 Unique(UQ)复选框。

(3) 缺省约束:为性别(sgender)添加默认值,其值为“男”。

操作:选中 sgender 属性,在默认值处输入'男',参见图 5-17。

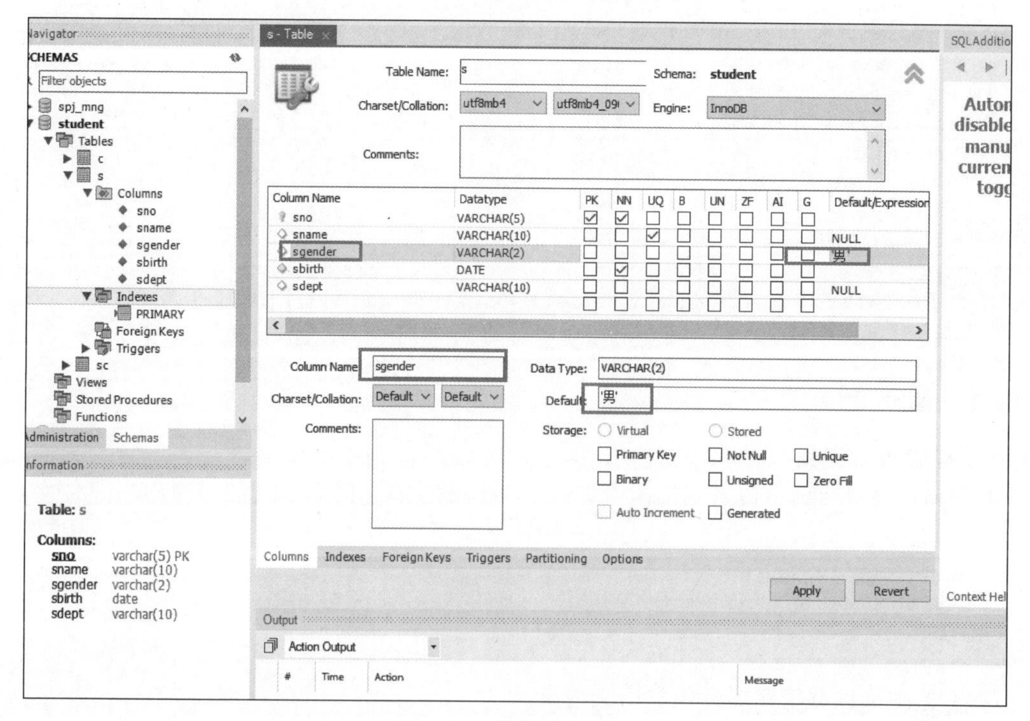


图 5-17 缺省约束设置

## 2. 在命令行完成以下操作

(1) 增加约束:表 S 中的 sgender 取值只能是“男”或“女”。

SQL 语句如下:

```
alter table s add constraint check_gender check (sgender in ('男','女'));
```

(2) 删除表 S 中所创建的 sgender 取值约束。

SQL 语句如下:

```
alter table s drop constraint check_gender;
```

(3) 删除表 SC 的外键约束。

**注**:在命令行删除约束时,同样用 alter 语句。删除外键可以用“foreign key constraint_name”关键字,或者“constraint constraint_name”关键字来完成。由于在定义外键等约束时,可能未指定约束名,此时系统会定义一个默认名字,因此在本题中,先查询待删除外键的约束名,再进行删除。

① 查看外键约束的名字:show create table sc;。

返回结果如下：

```
mysql> show create table sc;
+--------------------------------------------------------------------+
| Table | Create Table |
+--------------------------------------------------------------------+
| sc    | CREATE TABLE `sc` (
  `id` int NOT NULL AUTO_INCREMENT,
  `sno` varchar(5) DEFAULT NULL,
  `cno` varchar(5) DEFAULT NULL,
  `grade` int DEFAULT NULL,
  PRIMARY KEY (`id`),
  KEY `sc_fk_sno` (`sno`),
  KEY `sc_fk_cno` (`cno`),
  CONSTRAINT `sc_ibfk_1` FOREIGN KEY (`sno`) REFERENCES `s` (`sno`),
  CONSTRAINT `sc_ibfk_2` FOREIGN KEY (`cno`) REFERENCES `c` (`cno`),
  CONSTRAINT `sc_chk_1` CHECK (((`grade` >= 0) and (`grade` <= 100)))
) ENGINE = InnoDB DEFAULT CHARSET = utf8mb4 COLLATE = utf8mb4_0900_ai_ci
| +--------------------------------------------------------------------+
1 row in set (0.00 sec)
```

② 删除外键约束。

从①的返回信息，可以看到表中定义了三个约束，删除外键约束，同样使用 alter 语句。SQL 语句如下：

```
alter table sc drop constraint sc_ibfk_1;
alter table sc drop foreign key sc_ibfk_2;
```

(4) 追加属性并定义属性值的语义约束。

在学生表 S 中增加新列 tname(表示该学生的导师姓名)，且要求导师名必须是大写或者小写字母、且长度不能低于 8 个字符串。

(提示：需要使用 char_length()函数，正则表达式用于定义字符串匹配规则)。

```
alter table S add tname varchar(20);
alter table S add constraint ck_tname
check((char_length(tname)> = 8) and (tname REGEXP '[a - zA - Z] + $ '));
-- 或者
alter table S add constraint ck_tname1 check(char_length(tname)> = 8);
alter table S add constraint ck_tname2 check(tname REGEXP '[a - zA - Z] + $ ');
```

## 5.5 表的索引管理

本节讨论索引的创建和管理方法。在表中数据量比较大时，建立索引可以提高查询效率，索引有多种不同的类型，不同类型索引适用于不同需求。

数据库查询在多数情况下仅涉及表中的少量元组。例如，找出 ID 号是 201100202 的教师信息的查询，仅仅涉及基本表中的一条记录，如果将表中每一个元组都读取出来进行比较并返回结果，则效率将非常低，因此引入了索引结构。索引的设计，就是在基本表之外实现一个附加结构，让 DBMS 能够通过它直接定位到目标元组。这种结构与书籍的目录类似，是根据表中的某个或者某些属性的值进行创建的，这样，可以在索引中查找值，然后再通过定位这个值的位置，获取该值对应元组的具体内容。然而，当基本表非常大的时候，索引结构本身也很大，对索引结构本身的查找也将很耗时。同样地，在基本表更新时，索引也需要进行相应的维护，进而对系统造成一定的开销。因此，应该根据基本表使用的具体需求和存储特性等条件有选择地设计不同类型的索引。

## 5.5.1　索引的类型

索引可以建立在单个属性上也可以建立在多个属性上。一个包含多个属性(列)的搜索码的索引称为复合索引(composite index)，与其他索引一样，只是每一个搜索码都是一个包含多个属性值的组合，这种搜索码的值的排序可以按照字典序排序。

从DBMS索引实现技术角度看，常见的基本类型包括：顺序索引、B+树索引和哈希索引。

### 1. 顺序索引

顺序索引就是基于属性值的顺序存储。按顺序存储搜索码的值，每个搜索码与包含该搜索码的记录关联起来。如果包含记录的文件按照某个搜索码的顺序排列，该索引称为聚集索引(clustering index)，也称主索引(primary index)；如果搜索码指定的顺序与记录的物理存储顺序不同，那么这样的索引称为非聚集索引(nonclustering index)或称辅助索引(secondary index)。如果每一个索引码值都有索引项与之对应，每个索引项中包含索引码值和指向具有该索引值的第一条记录(其余具有相同索引值的记录顺序存储在该记录之后)，那么这种索引称为密集索引(dense index)；如果索引只为搜索码找中的某些值建立索引项，那么就是稀疏索引(sparse index)。

### 2. B+树索引

采用平衡树的结构组织属性值，插入和删除仍能保持其执行效率。B+树中，树的根节点到每个叶节点的路径长度相同，树中每个非叶节点有⌈n/2⌉～n个子女，叶子节点中保存索引值的个数为⌈(n−1)/2⌉～n−1，其中的n值，在具体的树中是确定的。B+树的非叶结点形成叶结点上的一个多级(稀疏)索引，非叶结点和叶子结点的结构相同。叶节点之间用指针连接，用于存储数据或指向数据的指针，非叶结点存储搜索码。

### 3. 哈希索引

顺序索引的文件组织的缺点是必须通过访问索引的结构来定位数据，例如使用二分查找的方法来定位数值，因此I/O操作数量较多。哈希索引将搜索码的值根据一定的规则(如一个函数，通常称之为哈希函数)，均匀地分布到若干个区域(通常称为桶)，这种方法可以避免多次访问磁盘。每个桶是能够存储一条或者多条记录的一个存储单位，一般是一块磁盘，但并不强制限制。可以这样描述，令K表示一个集合，集合中包含全部搜索码的值，B用于表示全部桶的地址的集合，那么，哈希函数h即为一个从K到B的函数。哈希函数的分布可以是均匀的，也可能是随机的。

从数据库应用角度看，MySQL支持创建的索引类型有：PRIMARY、NORMAL(INDEX)、UNIQUE、FULLTEXT、SPATIAL等。

(1) PRIMARY，主键索引，必须在主键列上创建的索引，因此是“主索引”。

(2) NORMAL,普通索引,由关键字 KEY 或者 INDEX 定义的索引,一般是在经常出现在查询条件中的列上创建的索引。普通索引的工作方式因存储引擎的不同而不同。

(3) UNIQUE,唯一索引,若表中的某列在每个元组中对应的值均是唯一的,则可以在该列上创建唯一索引。这种索引管理更简单,且插入元组时会自动检查该字段上值的唯一性。

(4) FULLTEXT,全文索引,仅用于在 MyISAM 引擎上创建的表,针对较大的数据,在文本信息中检索。

(5) SPATIAL,空间索引,MySQL 中有 openGIS 类对应的数据类型,空间索引用于对空间数据采用例如四叉树,R 树等结构进行空间搜索。

InnoDB 中的主键索引为聚集索引,索引存放的是主键索引的值; MyISAM 中的普通索引是非聚集索引,存放的是数据的地址。不同的存储引擎支持的索引类型有所不同。因此,创建表时指定了引擎,也就确定了所能创建的索引类型。例如,希望创建哈希索引,那么在创建表时,就可以指定引擎为 memory。

## 5.5.2 索引的创建

对 Student 数据库,完成以下操作。

### 1. 通过图形用户界面创建索引

对表 C 的 Cno 字段创建一个降序排列的索引,索引名称 IX_Cno,操作: 在导航区选中表 C,在右键菜单选择 Alter table,单击 Indexes 标签页,根据要求设置索引名,索引类型,在 Index Columns 区域选择一组属性,单击 Apply 按钮,完成设置,见图 5-18。

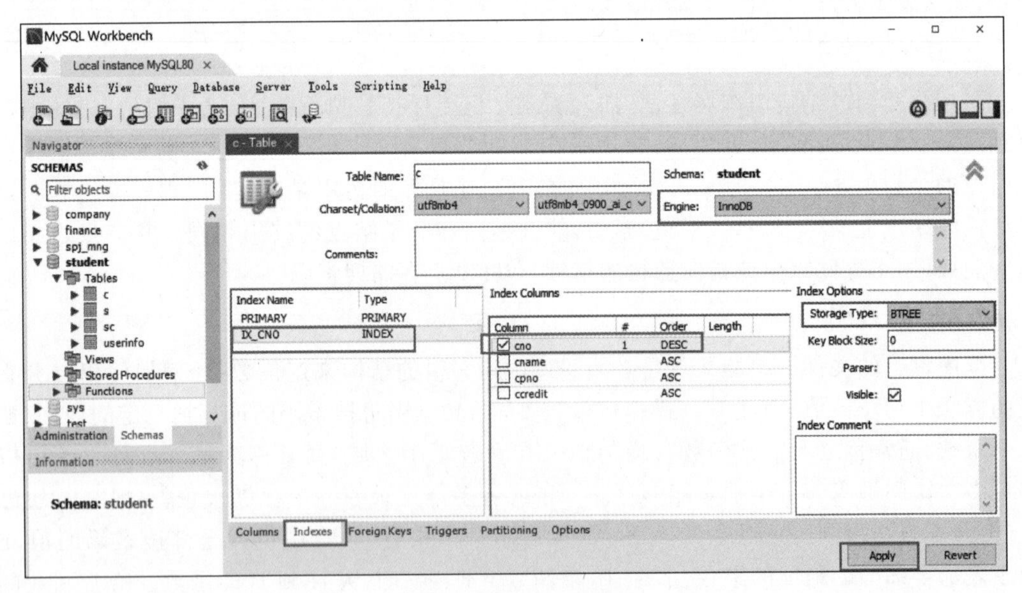


图 5-18 创建索引界面

索引类型(type)有 index/unique/fulltext/spatial/primary 等几种索引类型可以选择,注意指定的索引类型要与表定义中指定的存储引擎相匹配(例如 MEMORY 引擎,仅支持 primary、unique 和 index),可以指定是 BTree 或是 Hash 索引存储方式。

### 2. 在 Web 页面上创建索引

在 Web 页面中，在 DAS 首页，单击 student 数据库，进入“数据库管理-student”页面→“对象列表”→选择“表”标签，选中表 SC，单击“修改表”，根据图 5-19 页面引导设置索引。首先单击“添加”，设置索引名，包含列等参数，单击“提交修改”→“执行脚本”，见图 5-19。索引类型(type)有 index/unique/fulltext/spatial/primary 等几种索引类型可以选择，注意指定的索引类型要与表定义中指定的存储引擎相匹配(例如 MEMORY 引擎，仅支持 primary、unique 和 index)，可以指定是 BTree 或是 Hash 索引存储方式。

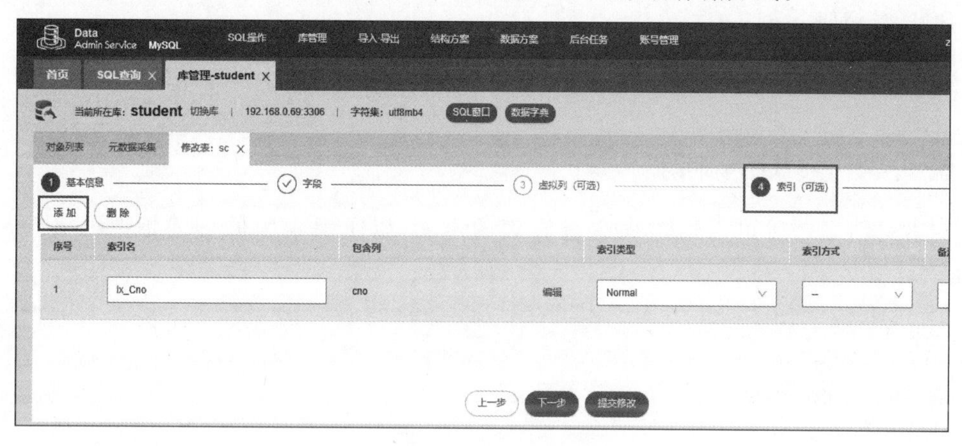


图 5-19 Web 页面创建索引

### 3. 使用 SQL 语句创建索引

创建索引的 SQL 语句基本语法如下：

```
CREATE [UNIQUE|FULLTEXT|SPATIAL] INDEX index_name
    [USING index_type]
    ON tbl_name (index_col_name, [index_col_name, …])
-- 其中
    index_col_name:
    col_name [(length)] [ASC | DESC]
```

索引创建默认为升序(ASC)，设置降序索引时则必须显式定义。对于 char 和 varch 型的列，可以只用该列值的前 length 个字符创建索引，而在 BLOB 和 TEXT 类型的列上可以创建索引且必须给出前缀的长度。index_type 中可以指定的值有：BTREE 和 HASH 两种，用以指定索引存储的方式，但只有部分存储引擎支持在创建索引时指定 index_type，具体情况参见表 5-2。

表 5-2 存储引擎支持的索引类型

| 存储引擎 | 可以创建的索引类型 |
|---|---|
| InnoDB | BTREE |
| MyISAM | BTREE |
| MEMORY/HEAP | HASH, BTREE |
| NDB | HASH, BTREE (在 NDB 引擎中 BTREE 是以 T-tree 索引实现的) |

(1) 在表C的CName属性上创建一个普通的非唯一索引,索引名IX_Cname。

SQL语句如下:

```
create index IX_CName on C(CName);
```

(2) 在表S上创建一个名为IX_ngd的复合索引,该索引是针对sname、sgender、sdept属性集建立的升序索引。

提示:可以使用show index from tablename语句来查看指定的基本表上的索引信息。

SQL语句如下:

```
create index IX_ngd on S(sname asc, sgender asc, sdept asc);
```

### 5.5.3 索引的删除

在索引创建之后可以通过命令查看表的定义,以了解索引的创建情况。执行SQL语句:

```
show create table C;
```

该语句返回的结果:

```
mysql > show create table C;
+-------+---------------------------------------------------+
| Table | Create Table
+-------+---------------------------------------------------+
| c     | CREATE TABLE `c` (
  `cno` varchar(5) NOT NULL,
  `cname` varchar(10) DEFAULT NULL,
  `cpno` varchar(5) DEFAULT NULL,
  `ccredit` int DEFAULT NULL,
  PRIMARY KEY (`cno`),
  KEY `IX_CNO` (`cno`) USING BTREE,
  KEY `IX_CName` (`cname`),
) ENGINE = InnoDB DEFAULT CHARSET = utf8mb4 COLLATE = utf8mb4_0900_ai_ci
|
+-------+---------------------------------------------------+
1 row in set (0.00 sec)
```

删除索引的SQL语句基本语法非常简单,其格式如下:

```
DROP INDEX index_name ON tbl_name
```

若需要删除表C的Cno上的索引IX_Cno,可以执行命令:

```
drop index IX_CNo on C;
```

### 5.5.4 索引的综合实战

基于5.4.2小节实战练习中创建的索引(表C: cno的主键索引,cname的普通索引;

表 S：sno 的主键索引，IX_ngd 复合索引），用 explain 语句得到的查询计划，观察每个查询语句中索引的使用情况。

### 1. 用下列语句对创建的索引进行确认

```
show index from C;
show index from S;
```

返回的结果为：

mysql> show index from c;

| Table | Non_unique | Key_name | Seq_in_index | Column_name | Collation | Cardinality | Sub_part | Packed | Null | Index_type | Comment | Index_comment | Visible | Expression |
|---|---|---|---|---|---|---|---|---|---|---|---|---|---|---|
| c | 0 | PRIMARY | 1 | cno | A | 6 | NULL | NULL | | BTREE | | | YES | NULL |
| c | 1 | IX_CName | 1 | cname | A | 6 | NULL | NULL | YES | BTREE | | | YES | NULL |

2 rows in set (0.02 sec)

mysql> show index from s;

| Table | Non_unique | Key_name | Seq_in_index | Column_name | Collation | Cardinality | Sub_part | Packed | Null | Index_type | Comment | Index_comment | Visible | Expression |
|---|---|---|---|---|---|---|---|---|---|---|---|---|---|---|
| s | 0 | PRIMARY | 1 | sno | A | 4 | NULL | NULL | | BTREE | | | YES | NULL |
| s | 1 | IX_ngd | 1 | sname | A | 4 | NULL | NULL | YES | BTREE | | | YES | NULL |
| s | 1 | IX_ngd | 2 | sgender | A | 4 | NULL | NULL | YES | BTREE | | | YES | NULL |
| s | 1 | IX_ngd | 3 | sdept | A | 4 | NULL | NULL | YES | BTREE | | | YES | NULL |

4 rows in set (0.02 sec)

从返回结果中，可以获得各表中有关索引的索引名，索引所包含的属性名等相关信息。

（1）查看索引的使用情况。

用 explain 命令查看查询语句的执行计划，看有对索引使用的差别。执行命令

```
explain select * from C;
explain select * from C where cno = '1';
```

其执行结果如下，在没有 where 条件时执行全表扫描，不使用任何索引。而当在 where 条件中使用 cno 字段进行时查询时，会使用主键索引，且索引键长度 key_len 为 22。索引键长度计算规则：cno 类型是 varchar(5)，且编码 utf8mb4 时，每个字符占 4 个字节，该字段不为空时增加 2 个字节，因此总计：5×4+2=22）。

mysql> explain select * from c;

| id | select_type | table | partitions | type | possible_keys | key | key_len | ref | rows | filtered | Extra |
|---|---|---|---|---|---|---|---|---|---|---|---|
| 1 | SIMPLE | c | NULL | ALL | NULL | NULL | NULL | NULL | 6 | 100.00 | NULL |

1 row in set, 1 warning (0.00 sec)

mysql> explain select * from c where cno='1';

| id | select_type | table | partitions | type | possible_keys | key | key_len | ref | rows | filtered | Extra |
|---|---|---|---|---|---|---|---|---|---|---|---|
| 1 | SIMPLE | c | NULL | const | PRIMARY | PRIMARY | 22 | const | 1 | 100.00 | NULL |

1 row in set, 1 warning (0.00 sec)

可见，在查询条件中指定的属性列上如果创建了索引，那么查询会利用索引处理。

（2）用 explain 命令查看包含通配符的查询，看索引的使用情况。执行命令

```
explain select * from c where cname = '数据库';
explain select * from c where cname like '%数据库%';
explain select * from c where cname like '数据库%';
```

其执行结果如下：

```
mysql> explain select * from c where cname='数据库';
+----+-------------+-------+------------+------+---------------+----------+---------+-------+------+----------+-------+
| id | select_type | table | partitions | type | possible_keys | key      | key_len | ref   | rows | filtered | Extra |
+----+-------------+-------+------------+------+---------------+----------+---------+-------+------+----------+-------+
|  1 | SIMPLE      | c     | NULL       | ref  | IX_CName      | IX_CName | 43      | const |    1 |   100.00 | NULL  |
+----+-------------+-------+------------+------+---------------+----------+---------+-------+------+----------+-------+
1 row in set, 1 warning (0.00 sec)
mysql> explain select * from c where cname like '%数据库%';
+----+-------------+-------+------------+------+---------------+------+---------+------+------+----------+-------------+
| id | select_type | table | partitions | type | possible_keys | key  | key_len | ref  | rows | filtered | Extra       |
+----+-------------+-------+------------+------+---------------+------+---------+------+------+----------+-------------+
|  1 | SIMPLE      | c     | NULL       | ALL  | NULL          | NULL | NULL    | NULL |    6 |    16.67 | Using where |
+----+-------------+-------+------------+------+---------------+------+---------+------+------+----------+-------------+
1 row in set, 1 warning (0.00 sec)
mysql> explain select * from c where cname like '数据库%';
+----+-------------+-------+------------+-------+---------------+----------+---------+------+------+----------+-----------------------+
| id | select_type | table | partitions | type  | possible_keys | key      | key_len | ref  | rows | filtered | Extra                 |
+----+-------------+-------+------------+-------+---------------+----------+---------+------+------+----------+-----------------------+
|  1 | SIMPLE      | c     | NULL       | range | IX_CName      | IX_CName | 43      | NULL |    1 |   100.00 | Using index condition |
+----+-------------+-------+------------+-------+---------------+----------+---------+------+------+----------+-----------------------+
1 row in set, 1 warning (0.00 sec)
```

可见，在基于通配符的模糊匹配时，只有最左侧是确定字符时，如 cname='数据库'或 cname like'数据库%'时可以利用索引 IX_CName 加快查询速度。而对于 cname like '%数据库%'，由于字符串最左侧字符是不确定的，无法使用索引 IX_CName。

（3）用 explain 查看在 where 字句中指定包含两个或以上的属性条件。

```
explain select * from s where sname = '张立' and sno = '2004';
```

其执行结果如下：

```
mysql> explain select * from s where sname ='张立' and sno='2004';
+----+-------------+-------+------------+-------+------------------+---------+---------+-------+------+----------+-------+
| id | select_type | table | partitions | type  | possible_keys    | key     | key_len | ref   | rows | filtered | Extra |
+----+-------------+-------+------------+-------+------------------+---------+---------+-------+------+----------+-------+
|  1 | SIMPLE      | s     | NULL       | const | PRIMARY,IX_ngd   | PRIMARY | 22      | const |    1 |   100.00 | NULL  |
+----+-------------+-------+------------+-------+------------------+---------+---------+-------+------+----------+-------+
1 row in set, 1 warning (0.00 sec)
```

从执行结果可以看出，在基本表中有多个索引可以使用时，系统选用最优的索引（但注意，只有查询结果为非空，且如果用到复合索引应符合索引的最左匹配原则时，才能看到系统对索引的选取信息）。

（4）用 explain 查看复合索引中包含的各属性按照顺序作为查询条件的语句。

```
explain select * from s where sname = '张立' and sgender = '男' and sdept = 'IS';
explain select * from s where sname = '张立' and sgender = '男';
explain select * from s where sname = '张立';
```

其执行结果如下：

```
mysql> explain select * from s where sname ='张立' and sgender='男' and sdept='IS';
+----+-------------+-------+------------+------+---------------+--------+---------+-------------------+------+----------+-------+
| id | select_type | table | partitions | type | possible_keys | key    | key_len | ref               | rows | filtered | Extra |
+----+-------------+-------+------------+------+---------------+--------+---------+-------------------+------+----------+-------+
|  1 | SIMPLE      | s     | NULL       | ref  | IX_ngd        | IX_ngd | 97      | const,const,const |    1 |   100.00 | NULL  |
+----+-------------+-------+------------+------+---------------+--------+---------+-------------------+------+----------+-------+
1 row in set, 1 warning (0.00 sec)
mysql> explain select * from s where sname ='张立' and sgender='男';
+----+-------------+-------+------------+------+---------------+--------+---------+-------------+------+----------+-------+
| id | select_type | table | partitions | type | possible_keys | key    | key_len | ref         | rows | filtered | Extra |
+----+-------------+-------+------------+------+---------------+--------+---------+-------------+------+----------+-------+
|  1 | SIMPLE      | s     | NULL       | ref  | IX_ngd        | IX_ngd | 54      | const,const |    1 |   100.00 | NULL  |
+----+-------------+-------+------------+------+---------------+--------+---------+-------------+------+----------+-------+
1 row in set, 1 warning (0.00 sec)
mysql> explain select * from s where sname ='张立';
+----+-------------+-------+------------+------+---------------+--------+---------+-------+------+----------+-------+
| id | select_type | table | partitions | type | possible_keys | key    | key_len | ref   | rows | filtered | Extra |
+----+-------------+-------+------------+------+---------------+--------+---------+-------+------+----------+-------+
|  1 | SIMPLE      | s     | NULL       | ref  | IX_ngd        | IX_ngd | 43      | const |    1 |   100.00 | NULL  |
+----+-------------+-------+------------+------+---------------+--------+---------+-------+------+----------+-------+
```

结合复合索引 IX_ngd 定义的属性列顺序，可见查询计划将依据复合索引的最左原则使用索引中的不同属性(根据 key_len 可知具体使用的属性)。

(5) 用 explain 查看查询条件中包含复合索引属性，但并不满足最左匹配原则。

```
explain select * from s where sgender = '男';
explain select * from s where sgender = '男' and sdept = 'IS';
```

其执行结果如下：

```
mysql> explain select * from s where sgender ='男';
+----+-------------+-------+------------+------+---------------+------+---------+------+------+----------+-------------+
| id | select_type | table | partitions | type | possible_keys | key  | key_len | ref  | rows | filtered | Extra       |
+----+-------------+-------+------------+------+---------------+------+---------+------+------+----------+-------------+
|  1 | SIMPLE      | s     | NULL       | ALL  | NULL          | NULL | NULL    | NULL |    4 |    25.00 | Using where |
+----+-------------+-------+------------+------+---------------+------+---------+------+------+----------+-------------+
1 row in set, 1 warning (0.00 sec)

mysql> explain select * from s where sgender ='男' and sdept='IS';
+----+-------------+-------+------------+------+---------------+------+---------+------+------+----------+-------------+
| id | select_type | table | partitions | type | possible_keys | key  | key_len | ref  | rows | filtered | Extra       |
+----+-------------+-------+------------+------+---------------+------+---------+------+------+----------+-------------+
|  1 | SIMPLE      | s     | NULL       | ALL  | NULL          | NULL | NULL    | NULL |    4 |    25.00 | Using where |
+----+-------------+-------+------------+------+---------------+------+---------+------+------+----------+-------------+
1 row in set, 1 warning (0.00 sec)
```

所以，查询条件中包含的属性若不遵循复合索引定义的顺序(最左)，则索引不起作用。

## 2. 假设有一个基本表 userinfo，设计实验以验证索引对数据库查询效率的提升作用

(1) 创建基本表 userinfo。

```
create table userinfo
(    user_id int primary key,
     username varchar(10),
     gender char(1),
     age int,
     c_id int
     )
```

(2) 随机生成 20 万条数据，插入 userinfo 表(具体方法可参见 6.7 节相关内容)。可以查看前 10 条记录，结果如下：

```
mysql> select count(*) from userinfo;
+----------+
| count(*) |
+----------+
|   200000 |
+----------+
1 row in set (12.02 sec)

mysql> select * from userinfo limit 10;
+---------+----------+--------+------+------+
| user_id | username | gender | age  | c_id |
+---------+----------+--------+------+------+
|       1 | name1    | F      |   30 |    1 |
|       2 | name2    | M      |   20 |    2 |
|       3 | name3    | F      |   30 |    3 |
|       4 | name4    | M      |   22 |    4 |
|       5 | name5    | F      |   25 |    5 |
|       6 | name6    | F      |   23 |    6 |
|       7 | name7    | F      |   27 |    7 |
|       8 | name8    | M      |   25 |    8 |
|       9 | name9    | F      |   24 |    9 |
|      10 | name10   | F      |   20 |   10 |
+---------+----------+--------+------+------+
10 rows in set (0.00 sec)
```

(3) 验证有索引和无索引的查询效率差异。

在 c_id 属性列上创建索引，对比查询条件中包含 c_id 属性时，有索引和无索引情况下执行查询的性能差异。

① 在未创建索引时，指定 c_id 条件，获取查询元组的性能。执行 SQL 语句：

```
select * from userinfo where c_id = 199999;
```

其执行结果如下：

```
mysql> explain select * from userinfo where c_id=199999;
+----+-------------+----------+------------+------+---------------+------+---------+------+--------+----------+-------------+
| id | select_type | table    | partitions | type | possible_keys | key  | key_len | ref  | rows   | filtered | Extra       |
+----+-------------+----------+------------+------+---------------+------+---------+------+--------+----------+-------------+
|  1 | SIMPLE      | userinfo | NULL       | ALL  | NULL          | NULL | NULL    | NULL | 199872 |    10.00 | Using where |
+----+-------------+----------+------------+------+---------------+------+---------+------+--------+----------+-------------+
1 row in set, 1 warning (0.00 sec)

mysql> select * from userinfo where c_id=199999;
+---------+------------+--------+-----+--------+
| user_id | username   | gender | age | c_id   |
+---------+------------+--------+-----+--------+
|  199999 | name199999 | F      |  26 | 199999 |
+---------+------------+--------+-----+--------+
1 row in set (0.08 sec)
```

如上，在 where 条件未能用索引辅助查询时，其执行时间为 0.08s。

② 在字段 c_id 上创建索引，执行①中的查询语句，并用 explain 命令查看：

```
mysql> explain select * from userinfo where c_id=199999;
+----+-------------+----------+------------+------+---------------+---------+---------+-------+------+----------+-------+
| id | select_type | table    | partitions | type | possible_keys | key     | key_len | ref   | rows | filtered | Extra |
+----+-------------+----------+------------+------+---------------+---------+---------+-------+------+----------+-------+
|  1 | SIMPLE      | userinfo | NULL       | ref  | idx_cid       | idx_cid | 5       | const |    1 |   100.00 | NULL  |
+----+-------------+----------+------------+------+---------------+---------+---------+-------+------+----------+-------+
1 row in set, 1 warning (0.00 sec)

mysql> select * from userinfo where c_id=199999;
+---------+------------+--------+-----+--------+
| user_id | username   | gender | age | c_id   |
+---------+------------+--------+-----+--------+
|  199999 | name199999 | F      |  26 | 199999 |
+---------+------------+--------+-----+--------+
1 row in set (0.00 sec)
```

从 explain 命令的结果可以看出，查询使用了新创建的索引 IX_CID，查询时间不到 0.01s，性能得到了大幅提升。

(4) 验证单字段窄索引和多字段构成的宽索引之间的查询效率差异。

在这一部分练习中，注意理解宽索引中的最左匹配原则。

① 创建窄索引(即单字段索引)idx_cid：c_id，执行 SQL 语句：

```
create index idx_cid on userinfo(c_id);
```

查看表 userinfo 上的索引：

```
mysql> show index from userinfo;
+----------+------------+----------+--------------+-------------+-----------+-------------+----------+--------+------+------------+---------+---------------+---------+------------+
| Table    | Non_unique | Key_name | Seq_in_index | Column_name | Collation | Cardinality | Sub_part | Packed | Null | Index_type | Comment | Index_comment | Visible | Expression |
+----------+------------+----------+--------------+-------------+-----------+-------------+----------+--------+------+------------+---------+---------------+---------+------------+
| userinfo |          0 | PRIMARY  |            1 | user_id     | A         |      199641 |     NULL |   NULL |      | BTREE      |         |               | YES     | NULL       |
| userinfo |          1 | idx_cid  |            1 | c_id        | A         |      199641 |     NULL |   NULL | YES  | BTREE      |         |               | YES     | NULL       |
+----------+------------+----------+--------------+-------------+-----------+-------------+----------+--------+------+------------+---------+---------------+---------+------------+
2 rows in set (0.01 sec)
```

② 执行基于 c_id 字段的查询，其结果如下：

```
mysql> explain select * from userinfo where c_id=99999;
+----+-------------+----------+------------+------+---------------+---------+---------+-------+------+----------+-------+
| id | select_type | table    | partitions | type | possible_keys | key     | key_len | ref   | rows | filtered | Extra |
+----+-------------+----------+------------+------+---------------+---------+---------+-------+------+----------+-------+
|  1 | SIMPLE      | userinfo | NULL       | ref  | idx_cid       | idx_cid | 5       | const |    1 |   100.00 | NULL  |
+----+-------------+----------+------------+------+---------------+---------+---------+-------+------+----------+-------+
1 row in set, 1 warning (0.00 sec)

mysql> select * from userinfo where c_id=99999;
+---------+-----------+--------+------+-------+
| user_id | username  | gender | age  | c_id  |
+---------+-----------+--------+------+-------+
|   99999 | name99999 | F      |   25 | 99999 |
+---------+-----------+--------+------+-------+
1 row in set (0.00 sec)
```

③ 用多个字段创建宽索引：idx_cidname(c_id, username)。

```
drop index idx_cid on userinfo; -- 如果不删除窄索引,查询可能会优先使用窄索引.
create index idx_cidname on userinfo(c_id, username);
```

则表上的索引情况为：

```
mysql> show index from userinfo;
+----------+------------+-------------+--------------+-------------+-----------+-------------+----------+--------+------+------------+---------+---------------+---------+------------+
| Table    | Non_unique | Key_name    | Seq_in_index | Column_name | Collation | Cardinality | Sub_part | Packed | Null | Index_type | Comment | Index_comment | Visible | Expression |
+----------+------------+-------------+--------------+-------------+-----------+-------------+----------+--------+------+------------+---------+---------------+---------+------------+
| userinfo |          0 | PRIMARY     |            1 | user_id     | A         |      199641 |     NULL |   NULL |      | BTREE      |         |               | YES     | NULL       |
| userinfo |          1 | idx_cidname |            1 | c_id        | A         |      199641 |     NULL |   NULL | YES  | BTREE      |         |               | YES     | NULL       |
| userinfo |          1 | idx_cidname |            2 | username    | A         |      199641 |     NULL |   NULL | YES  | BTREE      |         |               | YES     | NULL       |
+----------+------------+-------------+--------------+-------------+-----------+-------------+----------+--------+------+------------+---------+---------------+---------+------------+
3 rows in set (0.01 sec)
```

④ 执行包含 c_id 和 username 两个属性列的查询，详情如下：

```
mysql> explain select * from userinfo where c_id=100000 and username ='name100000';
+----+-------------+----------+------------+------+---------------+-------------+---------+-------------+------+----------+-------+
| id | select_type | table    | partitions | type | possible_keys | key         | key_len | ref         | rows | filtered | Extra |
+----+-------------+----------+------------+------+---------------+-------------+---------+-------------+------+----------+-------+
|  1 | SIMPLE      | userinfo | NULL       | ref  | idx_cidname   | idx_cidname | 38      | const,const |    1 |   100.00 | NULL  |
+----+-------------+----------+------------+------+---------------+-------------+---------+-------------+------+----------+-------+
1 row in set, 1 warning (0.00 sec)

mysql> select * from userinfo where c_id=100000 and username ='name100000';
+---------+------------+--------+------+--------+
| user_id | username   | gender | age  | c_id   |
+---------+------------+--------+------+--------+
|  100000 | name100000 | F      |   21 | 100000 |
+---------+------------+--------+------+--------+
1 row in set (0.00 sec)
```

⑤ 验证最左匹配原则效果：如果仅使用 username（不符合最左匹配规则）查询，所创建的复合索引不能发挥作用。结果如下，其查询性能与可以利用宽索引时差异明显。

```
mysql> explain select * from userinfo where username ='name100000';
+----+-------------+----------+------------+------+---------------+------+---------+------+--------+----------+-------------+
| id | select_type | table    | partitions | type | possible_keys | key  | key_len | ref  | rows   | filtered | Extra       |
+----+-------------+----------+------------+------+---------------+------+---------+------+--------+----------+-------------+
|  1 | SIMPLE      | userinfo | NULL       | ALL  | NULL          | NULL | NULL    | NULL | 199641 |    10.00 | Using where |
+----+-------------+----------+------------+------+---------------+------+---------+------+--------+----------+-------------+
1 row in set, 1 warning (0.00 sec)

mysql> select * from userinfo where username ='name100000';
+---------+------------+--------+------+--------+
| user_id | username   | gender | age  | c_id   |
+---------+------------+--------+------+--------+
|  100000 | name100000 | F      |   21 | 100000 |
+---------+------------+--------+------+--------+
1 row in set (0.08 sec)
```

(5) 验证聚集索引（主键索引）与二级索引的查询效率差异：对同一个字段分别建立聚集索引与非聚集索引，比较查询效率。

根据表定义可知主键 user_id 的 primary 索引为聚集索引。假设 c_id 上的数据与 user_id 完全相同，在 c_id 上建立非聚集索引：create index idx_cid on userinfo(c_id)；那么：

```
mysql> show index from userinfo;
+----------+------------+----------+--------------+-------------+-----------+-------------+----------+--------+------+------------+---------+---------------+---------+------------+
| Table    | Non_unique | Key_name | Seq_in_index | Column_name | Collation | Cardinality | Sub_part | Packed | Null | Index_type | Comment | Index_comment | Visible | Expression |
+----------+------------+----------+--------------+-------------+-----------+-------------+----------+--------+------+------------+---------+---------------+---------+------------+
| userinfo |          0 | PRIMARY  |            1 | user_id     | A         |      199641 |     NULL |   NULL |      | BTREE      |         |               | YES     | NULL       |
| userinfo |          1 | idx_cid  |            1 | c_id        | A         |      199641 |     NULL |   NULL | YES  | BTREE      |         |               | YES     | NULL       |
+----------+------------+----------+--------------+-------------+-----------+-------------+----------+--------+------+------------+---------+---------------+---------+------------+
2 rows in set (0.00 sec)
```

分别使用聚集索引和非聚集索引进行查询：

```
explain select avg(age) from userinfo use index(primary) where user_id > 49999 and user_id <
200000;
explain select avg(age) from userinfo use index(idx_cid) where user_id > 49999 and user_id <
200000;
```

按照目前的数据，使用两种不同索引的差异情况如下，可见使用聚集索引 primary 时，索引可以发挥作用，但使用二级索引 idx_cid 时，索引不起作用。

```
mysql> explain select avg(age) from userinfo use index(primary) where user_id>19999 and user_id<200000;
+----+-------------+----------+------------+-------+---------------+---------+---------+------+-------+----------+-------------+
| id | select_type | table    | partitions | type  | possible_keys | key     | key_len | ref  | rows  | filtered | Extra       |
+----+-------------+----------+------------+-------+---------------+---------+---------+------+-------+----------+-------------+
|  1 | SIMPLE      | userinfo | NULL       | range | PRIMARY       | PRIMARY | 4       | NULL | 99820 |   100.00 | Using where |
+----+-------------+----------+------------+-------+---------------+---------+---------+------+-------+----------+-------------+
1 row in set, 1 warning (0.00 sec)
mysql> explain select avg(age) from userinfo use index(idx_cid) where user_id>19999 and user_id<200000;
+----+-------------+----------+------------+------+---------------+------+---------+------+--------+----------+-------------+
| id | select_type | table    | partitions | type | possible_keys | key  | key_len | ref  | rows   | filtered | Extra       |
+----+-------------+----------+------------+------+---------------+------+---------+------+--------+----------+-------------+
|  1 | SIMPLE      | userinfo | NULL       | ALL  | NULL          | NULL | NULL    | NULL | 199641 |    11.11 | Using where |
+----+-------------+----------+------------+------+---------------+------+---------+------+--------+----------+-------------+
1 row in set, 1 warning (0.00 sec)
```

（6）验证 B+树索引与 Hash 索引的查询效率差异。

① 创建一个使用 memory 存储引擎的表（MySQL 的 Memory 引擎支持 Hash 索引，这种类型表称为内存表，数据全部保存在内存中）。

```
create table memtable(
id1 int not null,
c1 int default null,
c2 int default null,
primary key (id1)
)engine = memory;
```

② 在表 memtable 上，分别创建 hash 和 btree 两种不同类型的索引。假设 C1 列的数据为顺序排列的数字，C2 列的数据为 1～20 之间的随机数。

```
create index idx_c1h using hash on memtable(c1);
create index idx_c1b using btree on memtable(c1);
create index idx_c2h using hash on memtable(c2);
create index idx_c2b using btree on memtable (c2);
```

查看表上的索引信息：

```
mysql> show index from memtable;
+----------+------------+----------+--------------+-------------+-----------+-------------+----------+--------+------+------------+---------+---------------+---------+------------+
| Table    | Non_unique | Key_name | Seq_in_index | Column_name | Collation | Cardinality | Sub_part | Packed | Null | Index_type | Comment | Index_comment | Visible | Expression |
+----------+------------+----------+--------------+-------------+-----------+-------------+----------+--------+------+------------+---------+---------------+---------+------------+
| memtable |          0 | PRIMARY  |            1 | id1         | NULL      |           0 |     NULL |   NULL |      | HASH       |         |               | YES     | NULL       |
| memtable |          1 | idx_c1h  |            1 | c1          | NULL      |           0 |     NULL |   NULL | YES  | HASH       |         |               | YES     | NULL       |
| memtable |          1 | idx_c1b  |            1 | c1          | A         |        NULL |     NULL |   NULL | YES  | BTREE      |         |               | YES     | NULL       |
| memtable |          1 | idx_c2h  |            1 | c2          | NULL      |           0 |     NULL |   NULL | YES  | HASH       |         |               | YES     | NULL       |
| memtable |          1 | idx_c2b  |            1 | c2          | A         |        NULL |     NULL |   NULL | YES  | BTREE      |         |               | YES     | NULL       |
+----------+------------+----------+--------------+-------------+-----------+-------------+----------+--------+------+------------+---------+---------------+---------+------------+
5 rows in set (0.02 sec)
```

③ 为了更显著地看出索引对查询性能的影响情况，向表中导入大量数据（至少 20 万条

数据)。同时,为了验证 Hash 索引和 BTree 索引的差别,在生成的数据中,假设 C1 为顺序数,C2 为随机数。(数据生成的方法参见 6.7 节中相关内容)

④ 执行点查询和范围查询:在属性 C1 和 C2 上分别利用 Hash 索引和 BTree 索引执行点查询和范围查询,并比较执行时间。下面以导入了 40 万条数据的 memtable 表为例验证。

点查询:

```
select count(c1) from memtable use index(idx_c1h) where c1 = 366966 order by c1;
select count(c1) from memtable use index(idx_c1b) where c1 = 366966 order by c1;
select count(c2) from memtable use index(idx_c2h) where c2 = 16 order by c2;
select count(c2) from memtable use index(idx_c2b) where c2 = 16 order by c2;
```

首先,用 explain 命令查看查询计划,确认索引的使用情况如下:

```
mysql> explain select count(c1) from memtable use index(idx_c1h) where c1=366966 order by c1;
+----+-------------+----------+------------+------+---------------+---------+---------+-------+-------+----------+-------+
| id | select_type | table    | partitions | type | possible_keys | key     | key_len | ref   | rows  | filtered | Extra |
+----+-------------+----------+------------+------+---------------+---------+---------+-------+-------+----------+-------+
|  1 | SIMPLE      | memtable | NULL       | ref  | idx_c1h       | idx_c1h | 5       | const |     2 |   100.00 | NULL  |
+----+-------------+----------+------------+------+---------------+---------+---------+-------+-------+----------+-------+
1 row in set, 1 warning (0.00 sec)

mysql> explain select count(c1) from memtable use index(idx_c1b) where c1=366966 order by c1;
+----+-------------+----------+------------+------+---------------+---------+---------+-------+-------+----------+-------+
| id | select_type | table    | partitions | type | possible_keys | key     | key_len | ref   | rows  | filtered | Extra |
+----+-------------+----------+------------+------+---------------+---------+---------+-------+-------+----------+-------+
|  1 | SIMPLE      | memtable | NULL       | ref  | idx_c1b       | idx_c1b | 5       | const |     1 |   100.00 | NULL  |
+----+-------------+----------+------------+------+---------------+---------+---------+-------+-------+----------+-------+
1 row in set, 1 warning (0.00 sec)

mysql> explain select count(c2) from memtable use index(idx_c2h) where c2=16 order by c2;
+----+-------------+----------+------------+------+---------------+---------+---------+-------+-------+----------+-------+
| id | select_type | table    | partitions | type | possible_keys | key     | key_len | ref   | rows  | filtered | Extra |
+----+-------------+----------+------------+------+---------------+---------+---------+-------+-------+----------+-------+
|  1 | SIMPLE      | memtable | NULL       | ref  | idx_c2h       | idx_c2h | 5       | const | 20000 |   100.00 | NULL  |
+----+-------------+----------+------------+------+---------------+---------+---------+-------+-------+----------+-------+
1 row in set, 1 warning (0.00 sec)

mysql> explain select count(c2) from memtable use index(idx_c2b) where c2=16 order by c2;
+----+-------------+----------+------------+------+---------------+---------+---------+-------+-------+----------+-------+
| id | select_type | table    | partitions | type | possible_keys | key     | key_len | ref   | rows  | filtered | Extra |
+----+-------------+----------+------------+------+---------------+---------+---------+-------+-------+----------+-------+
|  1 | SIMPLE      | memtable | NULL       | ref  | idx_c2b       | idx_c2b | 5       | const | 20195 |   100.00 | NULL  |
+----+-------------+----------+------------+------+---------------+---------+---------+-------+-------+----------+-------+
1 row in set, 1 warning (0.00 sec)
```

查询的执行情况为(图中 Duration 表示 SQL 执行时间):

|  | # | Time | Action | Message | Duration / Fetch |
|---|---|---|---|---|---|
| ✔ | 1 | 19:38:24 | select count(c1) from memtable use index(idx_c1h) where c1=366966 order by c1 | 1 row(s) returned | 0.000 sec / 0.000 sec |
| ✔ | 2 | 19:38:26 | select count(c1) from memtable use index(idx_c1b) where c1=366966 order by c1 | 1 row(s) returned | 0.000 sec / 0.000 sec |
| ✔ | 3 | 19:38:29 | select count(c2) from memtable use index(idx_c2h) where c2=16 order by c2 | 1 row(s) returned | 0.000 sec / 0.000 sec |
| ✔ | 4 | 19:38:32 | select count(c2) from memtable use index(idx_c2b) where c2=16 order by c2 | 1 row(s) returned | 0.015 sec / 0.000 sec |

结果分析:由于 c1=366966 的记录只有一条,因此不论使用 BTree 索引还是 Hash 索引,执行速度都非常快,几乎没有差异。但 c2=16 的记录约有 2 万条且随机分布,因此使用 Hash 索引速度显著优于 BTree 的索引。

范围查询:

```
select c1, count( * ) from memtable use index(idx_c1h) where c1 > 1000 and c1 < 400000 group by
c1 order by c1;
select c1, count( * ) from memtable use index(idx_c1b) where c1 > 1000 and c1 < 400000 group by
c1 order by c1;
select c2, count( * ) from memtable use index(idx_c2h) where c2 > 15 and c2 < 20 group by c2 order by c2;
select c2, count( * ) from memtable use index(idx_c2b) where c2 > 15 and c2 < 20 group by c2 order by c2;
```

用 explain 命令查看查询计划，确认索引的使用情况如下：

```
mysql> explain select c1, count(*) from memtable use index(idx_c1h) where c1> 1000 and c1<400000 group by c1 order by c1;
+----+-------------+----------+------------+------+---------------+------+---------+------+--------+----------+----------------------------------------------+
| id | select_type | table    | partitions | type | possible_keys | key  | key_len | ref  | rows   | filtered | Extra                                        |
+----+-------------+----------+------------+------+---------------+------+---------+------+--------+----------+----------------------------------------------+
|  1 | SIMPLE      | memtable | NULL       | ALL  | idx_c1h       | NULL | NULL    | NULL | 400000 |    11.11 | Using where; Using temporary; Using filesort |
+----+-------------+----------+------------+------+---------------+------+---------+------+--------+----------+----------------------------------------------+
1 row in set, 1 warning (0.00 sec)
mysql> explain select c1, count(*) from memtable use index(idx_c1b) where c1> 1000 and c1<400000 group by c1 order by c1;
+----+-------------+----------+------------+-------+---------------+---------+---------+------+--------+----------+-------------+
| id | select_type | table    | partitions | type  | possible_keys | key     | key_len | ref  | rows   | filtered | Extra       |
+----+-------------+----------+------------+-------+---------------+---------+---------+------+--------+----------+-------------+
|  1 | SIMPLE      | memtable | NULL       | range | idx_c1b       | idx_c1b | 5       | NULL | 301823 |   100.00 | Using where |
+----+-------------+----------+------------+-------+---------------+---------+---------+------+--------+----------+-------------+
1 row in set, 1 warning (0.00 sec)
mysql> explain select c2, count(*)  from memtable use index(idx_c2h) where c2> 15 and c2<20 group by c2 order by c2;
+----+-------------+----------+------------+------+---------------+------+---------+------+--------+----------+----------------------------------------------+
| id | select_type | table    | partitions | type | possible_keys | key  | key_len | ref  | rows   | filtered | Extra                                        |
+----+-------------+----------+------------+------+---------------+------+---------+------+--------+----------+----------------------------------------------+
|  1 | SIMPLE      | memtable | NULL       | ALL  | idx_c2h       | NULL | NULL    | NULL | 400000 |    11.11 | Using where; Using temporary; Using filesort |
+----+-------------+----------+------------+------+---------------+------+---------+------+--------+----------+----------------------------------------------+
1 row in set, 1 warning (0.00 sec)
mysql> explain select c2, count(*)  from memtable use index(idx_c2b) where c2> 15 and c2<20 group by c2 order by c2;
+----+-------------+----------+------------+-------+---------------+---------+---------+------+-------+----------+-------------+
| id | select_type | table    | partitions | type  | possible_keys | key     | key_len | ref  | rows  | filtered | Extra       |
+----+-------------+----------+------------+-------+---------------+---------+---------+------+-------+----------+-------------+
|  1 | SIMPLE      | memtable | NULL       | range | idx_c2b       | idx_c2b | 5       | NULL | 88118 |   100.00 | Using where |
+----+-------------+----------+------------+-------+---------------+---------+---------+------+-------+----------+-------------+
1 row in set, 1 warning (0.00 sec)
```

查询的执行情况为(图中 Duration 表示 SQL 执行时间)：

| # | Time | Action | Message | Duration / Fetch |
|---|---|---|---|---|
| 1 | 18:56:38 | select c1, count(*) from memtable use index(idx_c1h) where c1> 1000 and c1<400000 group by c1 order by c1 | 199499 row(s) returned | 0.187 sec / 0.063 sec |
| 2 | 18:56:38 | select c1, count(*) from memtable use index(idx_c1b) where c1> 1000 and c1<400000 group by c1 order by c1 | 199499 row(s) returned | 0.000 sec / 0.062 sec |
| 3 | 18:56:39 | select c2, count(*) from memtable use index(idx_c2h) where c2> 15 and c2<20 group by c2 order by c2 | 4 row(s) returned | 0.031 sec / 0.000 sec |
| 4 | 18:56:39 | select c2, count(*) from memtable use index(idx_c2b) where c2> 15 and c2<20 group by c2 order by c2 | 4 row(s) returned | 0.016 sec / 0.000 sec |

结果分析：以上验证结果可知，使用基于 B＋树的 c1b/c2b 索引时查询速度比基于 Hash 的 c1h/c2h 索引更快。特别是对于顺序存储的 c1 列性能差异更加明显。

提示：

① 用 explain 命令分析查询计划是否使用了所创建的索引，基于此进行性能原因分析。

② 通常情况下，B 树索引适用于范围查询，Hash 索引适用于点查询。

③ 当读者试图生成一个含 20 万条记录的 memtable 表时，可能发现在导入过程中，系统返回“ERROR 1114 (HY000)：The table 'memt' is full”这样的错误。这是因为 memory 引擎默认表的大小为 16MB，该默认值是由变量 max_heap_table_size 和 tmp_table_size 共同决定。为了确保可以成功插入 20 万条或者更多数据，可以通过设置这两个变量的值，改变表的默认大小来实现。但这种设置对已创建的表无效。因此，需要在建表之前修改变量值，再执行建表、导入数据等操作。

例如，在某系统中用以下命令先查看系统当前默认的表大小：

```
show variables like 'max_heap_table_size';
show variables like 'tmp_table_size';
```

返回的结果如下：

```
mysql> show variables like 'max_heap_table_size';
+---------------------+----------+
| Variable_name       | Value    |
+---------------------+----------+
| max_heap_table_size | 16777216 |
+---------------------+----------+
1 row in set, 1 warning (0.00 sec)
mysql> show variables like 'tmp_table_size';
+----------------+----------+
| Variable_name  | Value    |
+----------------+----------+
| tmp_table_size | 72351744 |
+----------------+----------+
1 row in set, 1 warning (0.00 sec)
```

将默认值改为256MB,再建表并导入数据:

```
set max_heap_table_size = 1024 * 1024 * 256;
set tmp_table_size = 1024 * 1024 * 256;

create table memtable(
id1 int not null,
c1 int default null,
c2 int default null,
primary key (id1)
)engine = memory;

LOAD DATA INFILE 'C:/ProgramData/MySQL/MySQL Server 8.0/Uploads/memt400000.csv' INTO TABLE
memtable fields terminated by ',';
```

## 5.6 表的安全性控制

数据库中数据的安全性,对系统至关重要。与数据库相关的安全性问题,主要包括用户身份鉴定、存取控制、数据、视图以及加密等。本节主要完成用户授权等安全性控制相关的练习。

### 5.6.1 在GUI创建用户并赋权

#### 1. 创建两个可以访问当前数据库student的用户: WANGMING,LIYONG

操作:

(1) 在导航区选择Administration标签页中的Users and Privileges→Add Account→填写用户名,密码等信息→Apply完成用户创建,见图5-20。

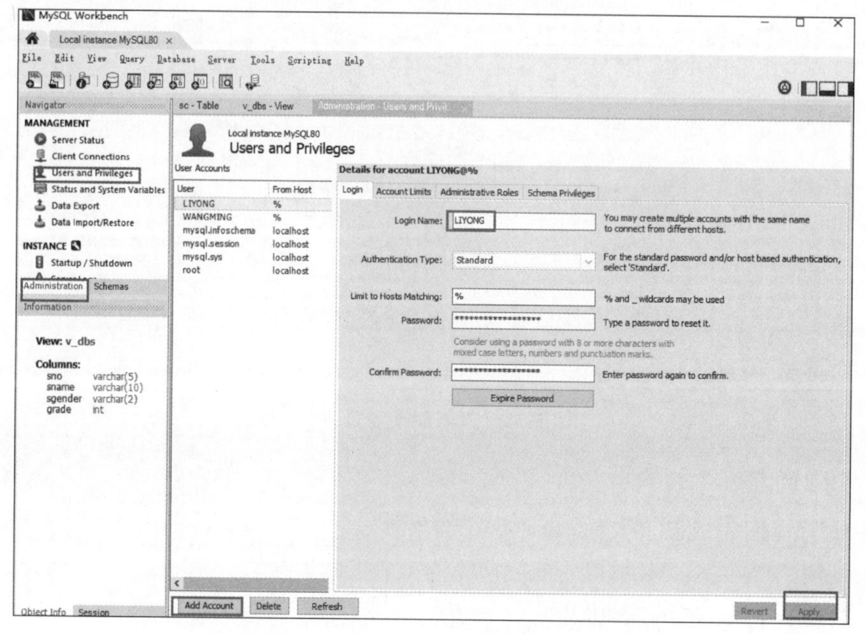


图5-20　在WorkBench中创建用户

(2) 设定某个用户可以访问的数据库。选中用户“WANGMING”→选择 Schema Privileges→Add Entry→选择需要赋予权限的数据库 student→单击 OK 按钮完成设定，见图 5-21。

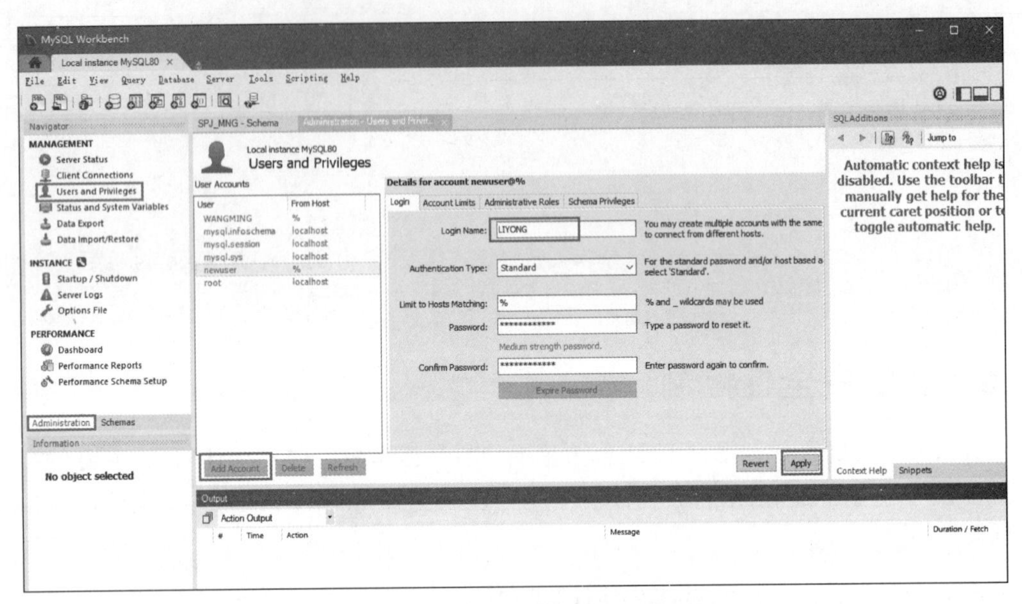


图 5-21　向指定用户授权目标数据库

## 2. 对库中表的具体操作权限授予

设定用户“WANGMING”对所有表均有 Select 和 Insert 的权限，见图 5-22。

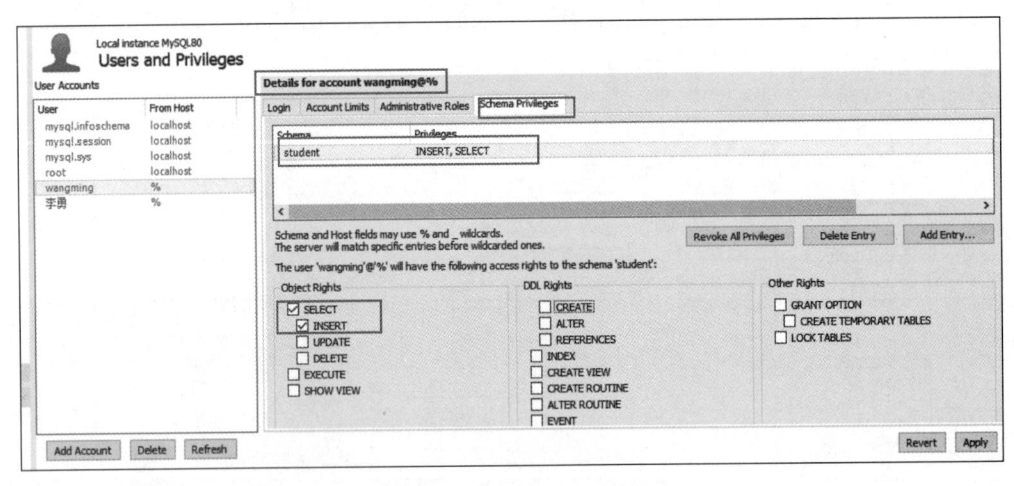


图 5-22　权限赋予验证操作

## 3. 权限验证

用命令行界面完成以下操作，验证赋权结果。

(1) 以用户“WANGMING”进行数据库连接：正常连接。

(2) 执行 use student：成功。

(3) 执行 use spj_mng(student 以外的数据库)：失败，拒绝访问。

（4）对 student 表执行 select，insert：成功。

（5）对 student 表执行 delete 操作：失败，拒绝操作。

执行结果如下。

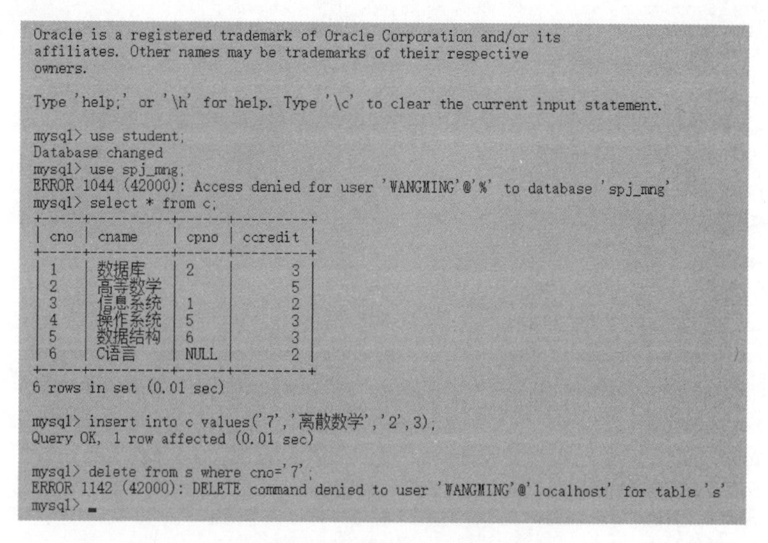

```
Oracle is a registered trademark of Oracle Corporation and/or its
affiliates. Other names may be trademarks of their respective
owners.

Type 'help;' or '\h' for help. Type '\c' to clear the current input statement.

mysql> use student;
Database changed
mysql> use spj_mng;
ERROR 1044 (42000): Access denied for user 'WANGMING'@'%' to database 'spj_mng'
mysql> select * from c;
+-----+----------+------+---------+
| cno | cname    | cpno | ccredit |
+-----+----------+------+---------+
| 1   | 数据库   | 2    |       3 |
| 2   | 高等数学 |      |       5 |
| 3   | 信息系统 | 1    |       2 |
| 4   | 操作系统 | 5    |       3 |
| 5   | 数据结构 | 6    |       3 |
| 6   | C语言    | NULL |       2 |
+-----+----------+------+---------+
6 rows in set (0.01 sec)

mysql> insert into c values('7','离散数学','2',3);
Query OK, 1 row affected (0.01 sec)

mysql> delete from s where cno='7';
ERROR 1142 (42000): DELETE command denied to user 'WANGMING'@'localhost' for table 's'
mysql>
```

## 5.6.2　用命令行进行权限的授予和回收

在数据库 university 中，创建相关用户和指定的数据库表，并按照要求进行授权并进行权限验证，然后再收回权限并进行权限验证。

### 1. 创建两个基本表：教师表 Instructors，院系表 Depts

（简化定义，不定义外键和索引）

```
create table Instructors
(       INO char(5),
        INAME varchar(50),
        DNO char(5),
        SALARY int,
        primary key(INO));
create table Depts
(       DNO char(5),
        DNAME varchar(50),
        BUILDING varchar(50),
        DEAN varchar(50),
        TEL char(13),
        primary key(DNO));
```

### 2. 插入若干数据

向基本表 Instructors 和 depts 插入部分示例数据，SQL 语句如下：

```
-- Insert values into table Instructors
insert into Instructors values('10001', '李勇', '06',5000);
insert into Instructors values('10002', '刘星', '09',7000);
```

```
insert into Instructors values('10003', '张新', '11',6000);
insert into Instructors values('10006', '王明', '03',12000);
insert into Instructors values('10007', '吴天', '06',13000);
insert into Instructors values('10008', '邱冉', '09',11000);
insert into Instructors values('10004', '周坤', '11',12000);

-- Insert values into table Depts
insert into Depts values('03', '航海学院', '航海大楼','王明','02978489765');
insert into Depts values('09', '航空学院', '航空楼','邱冉','02978489766');
insert into Depts values('06', '电子信息学院', '航空楼','吴天 ', '02978489767');
insert into Depts values('11', '计算机学院', '航空楼','周坤', '02978489768');
```

### 3. 创建用户

创建用户的基本语句如下：

```
CREATE USER user_name@host_name [ IDENTIFIED ] BY [ PASSWORD ] pass_wd
```

SQL 语句如下：

```
create user '王明'@'localhost' identified by '123456';
create user '李勇'@'localhost' identified by '123456';
create user '刘星'@'localhost' identified by '123456';
create user '张新'@'localhost' identified by '123456';
create user '周坤'@'localhost' identified by '123456';
create user '吴天'@'localhost' identified by '123456';
create user '杨兰'@'localhost' identified by '123456';
create user '张三'@'localhost' identified by '123456';
flush privileges; -- 刷新权限
```

在 MySQL 中用户信息保存在数据库 MySQL 中的 user 表中，可以用以下命令来查看刚刚创建的数据库：

```
select user, host from mysql.user;
```

### 4. 删除用户

删除用户可以用 drop，或者 delete 语句来完成。SQL 语句如下：

```
drop user 张三@localhost;
-- 或者
delete from mysql.user where user = '张三' and host = 'localhost';
```

### 5. 对用户对表的操作进行授权

在 SQL 语句权限的授予和收回的基本语法如下：

```
GRANT < authority >[,<
authority >]......[< col_name >,[col_name...]][ON < obj_type >< obj_name >]TO user_list......
[WITH GRANT OPTION]

REVOKE [IF EXISTS] priv_type[(column_list)][,priv_type[(column_list)]]......
ON[object_type]priv_level FROM user_or_role [,user_or_role]......
```

权限可以限制在属性列、视图、基本表和数据库这几种对象上，不同对象对应的授权的操作类型不尽相同，例如：

属性列：delete、insert、select、update、all privileges。

视图：delete、insert、select、update、all privileges。

基本表：delete、insert、select、update、alter、index、all privileges。

数据库：CREATE 建表权限，可由 DBA 授予普通用户。对象类型是数据库。

其中 all privileges 用于代表该对象可以授予的全部的操作类型。

将默认的数据库改为 university 后，进行以下操作：

（1）授予用户“王明”两个表查询权限。

```
grant select on depts to 王明@localhost;
grant select on instructors to 王明@localhost;
```

（2）授予李勇对两个表有 insert 和 delete 权限。

```
grant insert, delete on depts to 李勇@localhost;
grant insert, delete on instructors to 李勇@localhost;
```

（3）每个职工只对自己的记录有查询权限。

```
create view v_I as select * from Instructors
where concat(INAME,'@localhost') = user();
grant select on v_I to 王明@localhost, 李勇@localhost;
```

**注意**：MySQL 不支持 public 关键字，且函数 user()返回的是当前登录的用户名@主机名，即若当前是 root 登录 MySQL，那么，user()的返回值是 root@localhost。因此，视图 V_I 中仅会包含 INAME 值为‘root’的记录。

（用'王明'或者'李勇'连接数据库后执行 select * from v_I 进行验证）

（4）用户刘星对表 Instructors 有查询权限，对 salary 字段具有更新权限。

```
grant select,update(salary) on Instructors to 刘星@localhost;
```

（5）用户张新具有修改表 Instructors 的结构的权限。

```
grant alter on Instructors to 张新@localhost;
```

（6）用户周坤具有对数据库所有基本表操作的所有权限，并具有给其他用户授权的权限。

```
grant all on Instructors to 周坤@localhost with grant option;
grant all on Depts to 周坤@localhost with grant option;
-- 或者
grant all on university.* to 周坤@localhost with grant option;
```

（7）用户杨兰具有从每个部门职工中查询最高工资，最低工资，平均工资的权限，他不能查看每个人的工资。

```
create view v_salary as
  select DNO, max(SALARY) maxsal, min(SALARY) minsal, avg(SALARY) avgsal
```

```
from Instructors
group by DNO;
grant select on v_salary to 杨兰@localhost;
```

（8）撤销权限。

撤销用户王明和李勇的权限。若不清楚用户所被授权的情况，可以先做查询：

```
show grants for '王明'@'localhost';
```

其返回结果如下：

```
mysql > show grants for '王明'@'localhost';
+-----------------------------------------------------+
| Grants for 王明@localhost
|
+-----------------------------------------------------+
| GRANT USAGE ON *.* TO `王明`@`localhost`
|
| GRANT SELECT ON `university`.`depts` TO `王明`@`localhost`        |
| GRANT SELECT ON `university`.`instructors` TO `王明`@`localhost` |
+-----------------------------------------------------+
   3 rows in set (0.00 sec)
```

故可以执行 SQL 语句：

```
revoke select on depts from 王明@localhost;
revoke select on Instructors from 王明@localhost;
```

同理，可撤销李勇在两表上的权限，SQL 语句如下：

```
revoke insert, delete on depts from 李勇@localhost;
revoke insert, delete on instructors from 李勇@localhost;
```

撤销用户张新、周坤、杨兰的权限：

```
revoke alter on instructors from 张新@localhost;
revoke all, grant option from 周坤@localhost;
revoke select on v_salary from 杨兰@localhost;
```

提示总结：

① 创建用户 SQL：create user '王明'@'localhost' identified by '123456';。

② 用户名为王明@localhost，密码为 123456。

③ 可以使用 show grants for 用户名 查看每个用户的权限。

④ 部分小题可创建合适的视图，针对视图进行授权。

⑤ 系统当前用户：系统函数 user()。

# 5.7 视图的创建与管理

视图的创建和管理与基本表类似,可以 Web 界面,通过图形用户界面和命令行都可以完成,因为比较简单,本节仅以命令行创建和管理为例。

## 5.7.1 视图的创建

SQL 语句中视图创建用 create 语句,其基本语法如下:

```
CREATE VIEW view_name [col_name1,col_name2 … ] as
    < sql_expresssion >
 [WITH CHECK OPTION]
```

其中,sql_expression 可以是任何合法的 SQL 查询语句,注意其输出的属性必须与视图名后列名列表相一致。

在 Student 数据库中,用 SQL 语句完成以下操作。

(1) 创建一个选修了数据库课程并且是 2001 年出生的学生的视图 V_DBS,视图中包括学号、姓名、性别、成绩。

SQL 语句如下:

```
create view V_DBS as
  select s.sno, sname, sgender, grade
    from s,c,sc
    where s.sno = sc.sno and c.cno = sc.cno and
         c.cname = '数据库' and year(s.sbirth) = 2001;
```

(2) 为工程项目名是“三建”的工程项目建立一个供应情况的视图 V_SPJ,包括供应商代码(SNO)、零件代码(PNO)、供应数量(QTY)。

SQL 语句如下:

```
create view v_spj as select sno, pno, qty from spj, j
where spj.jno = j.jno and j.jname = '三建';
-- 或者
create view v_spj as select sno,pno,qty from spj
where jno in (select jno from j where j.jname = '三建') ;
```

## 5.7.2 视图的删除

### 1. 通过图形用户界面删除视图

删除数据库 student 中的视图 V_DBS。删除方法与删除基本表类似,在导航区 schemas 标签页 student→views v_dbs→右键 Drop View→execute 执行系统自动生成的 drop view V_DBS 语句。参见图 5-23 中所示。

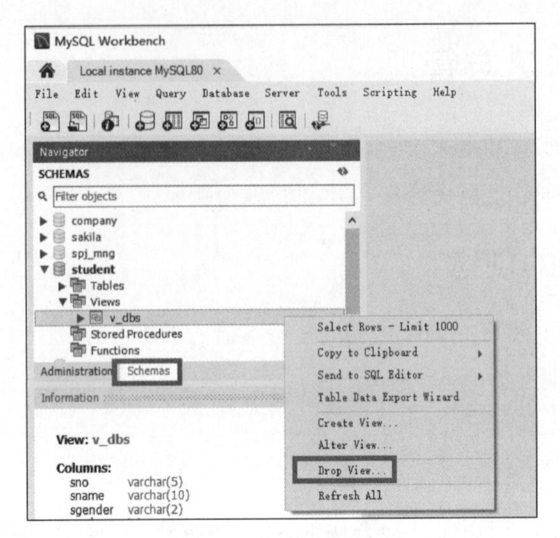


图 5-23 删除视图界面

### 2. 通过命令行删除视图

删除视图的命令与删除基本表一致，格式如下：

```
drop view V_DBS;
```

## 本章小结

本章讨论了如何通过不同的方式对数据库、基本表以及视图进行管理，主要包括创建和删除等基本操作，包括完整性、安全性和索引的设定和管理，从 SQL 语句的使用中，了解到基本表和视图的关联和差异。特别是通过实验理解了不同类型的索引给查询带来的性能差异。

# 第6章 数据的基本操作

## 6.1 实战目标与准备

**【实战目标】**

本章的目标是在掌握数据库及其基本表的创建和管理的基础上，学习如何通过一定的工具或 SQL 命令来对基本表中的数据进行增、删、改、查等基本操作。

(1) 熟练掌握对基本表进行数据插入、修改和删除的 SQL 语句。

(2) 熟练掌握数据查询的 SQL 语句(简单查询和复合查询)。

(3) 掌握对视图的数据操作，并了解其与基本表数据操作的关系。

(4) 掌握 SQL 语句查询性能分析的基本知识。

(5) 了解 TPC-C 数据库基准测试。

**【实战准备】**

本章的实战准备内容与第 3 章一致。

## 6.2 基本表数据插入

基本表的数据插入，一般指在基本表中增加一条或者若干条记录(元组)的操作，本节讨论使用 GUI 和 SQL 语句两种方式操作。

假设数据库 SPJ_MNG 中各表包含如表 6-1 所示的若干数据，数据库 student 中各表包含如表 6-2 所示的若干数据，基于这些数据，完成指定的操作。

**表 6-1 数据库 SPJ_MNG 中基本表的数据示例**

(a) 表 S

| SNO | SNAME | STATUS | CITY |
|---|---|---|---|
| S1 | 精益 | 20 | 天津 |
| S2 | 盛锡 | 10 | 北京 |
| S3 | 东方红 | 30 | 北京 |
| S4 | 丰泰盛 | 20 | 天津 |
| S5 | 为民 | 30 | 上海 |

(b) 表 P

| PNO | PNAME | COLOR | WEIGHT |
|---|---|---|---|
| P1 | 螺母 | 红 | 12 |
| P2 | 螺栓 | 绿 | 17 |
| P3 | 螺丝刀 | 蓝 | 14 |
| P4 | 螺丝刀 | 红 | 14 |
| P5 | 凸轮 | 蓝 | 40 |
| P6 | 齿轮 | 红 | 30 |

续表

(c) 表 J

| JNO | JNAME | CITY |
|---|---|---|
| J1 | 三建 | 北京 |
| J2 | 一汽 | 长春 |
| J3 | 弹簧厂 | 天津 |
| J4 | 造船厂 | 天津 |
| J5 | 机车厂 | 西安 |
| J6 | 无线电厂 | 常州 |
| J7 | 半导体厂 | 南京 |

(d) 表 SPJ

| | SNO | PNO | JNO | QTY |
|---|---|---|---|---|
| 1 | S1 | P1 | J1 | 200 |
| 2 | S1 | P1 | J3 | 100 |
| 3 | S1 | P1 | J4 | 700 |
| 4 | S1 | P2 | J2 | 100 |
| 5 | S2 | P3 | J1 | 400 |
| 6 | S2 | P3 | J2 | 200 |
| 7 | S2 | P3 | J4 | 500 |
| 8 | S2 | P3 | J5 | 400 |
| 9 | S2 | P5 | J1 | 400 |
| 10 | S2 | P5 | J2 | 100 |
| 11 | S3 | P1 | J1 | 200 |
| 12 | S3 | P3 | J1 | 200 |
| 13 | S4 | P5 | J1 | 200 |
| 14 | S4 | P6 | J3 | 100 |
| 15 | S4 | P6 | J4 | 300 |
| 16 | S5 | P2 | J4 | 100 |
| 17 | S5 | P3 | J1 | 200 |
| 18 | S5 | P6 | J2 | 200 |
| 19 | S5 | P6 | J4 | 500 |

**表 6-2 数据库 student 中表及部分数据**

(a) 表 S

| SNO | SNAME | SGENDER | SBIRTH | SDEPT |
|---|---|---|---|---|
| 2001 | 李勇 | 男 | 2000/01/01 | MA |
| 2002 | 刘晨 | 女 | 2001/02/01 | IS |
| 2003 | 王敏 | 女 | 1999/10/01 | CS |
| 2004 | 张立 | 男 | 2001/06/01 | IS |

(b) 表 SC

| SNO | CNO | GRADE |
|---|---|---|
| 2001 | 1 | 92 |
| 2001 | 2 | 85 |
| 2001 | 3 | 90 |
| 2002 | 2 | 78 |
| 2002 | 3 | 84 |
| 2003 | 6 | 91 |

(c) 表 P

| CNO | CNAME | CPNO | CREDIT |
|---|---|---|---|
| 1 | 数据库 | 2 | 3 |
| 2 | 高等数学 | | 5 |
| 3 | 信息系统 | 1 | 2 |
| 4 | 操作系统 | 5 | 3 |
| 5 | 数据结构 | 6 | 3 |
| 6 | C 语言 | | 2 |

## 6.2.1 用 SQL 语句插入数据

将表 6-1 中的数据插入对应的基本表中，对应 SQL 语句是 insert into，其基本语法如下：

```
INSERT [LOW_PRIORITY | DELAYED | HIGH_PRIORITY] [IGNORE]
  [INTO] tbl_name [(col_name,…)]
  VALUES ({expr | DEFAULT},…),(…),…
  [ ON DUPLICATE KEY UPDATE col_name=expr, … ]
```

可以一次插入一条记录,也可以插入多条。

SQL 语句如下:

```
insert into s values('S1', '精益', '20', '天津');
insert into s values('S2', '盛锡', '10', '北京');
insert into s values('S3', '东方红', '30', '北京');
insert into s values('S4', '丰泰盛', '20', '天津');
insert into s values('S5', '为民', '30', '上海');
-- 或者
insert into p values('P1', '螺母', '红', 12),('P2', '螺栓', '绿', 17), ('P3', '螺丝刀', '蓝', 14),
('P4', '螺丝刀', '红', 14), ('P5', '凸轮', '蓝', 40), ('P6', '齿轮', '红', 30);
```

### 6.2.2 用 GUI 插入数据

(1) 选择待插入数据的表 S,选择右键菜单 Select Rows…,如图 6-1 所示。

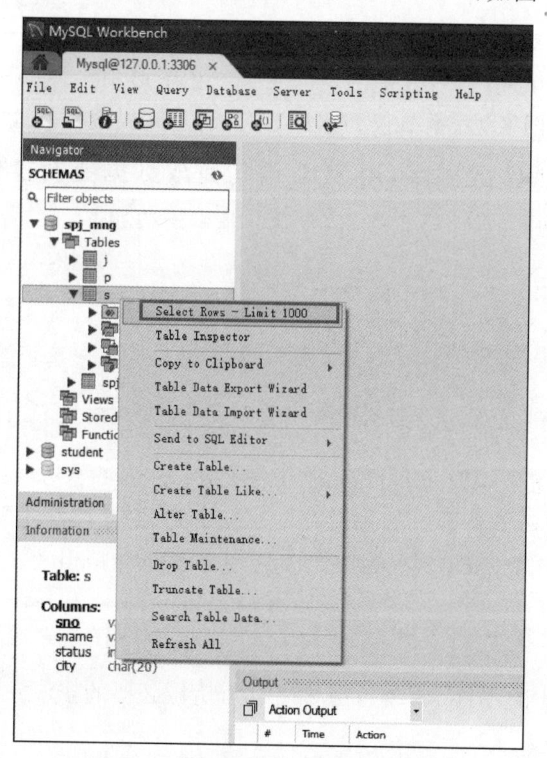


图 6-1　修改基本表数据的右键菜单

(2) 在数据编辑区域,输入需要插入的记录,或者编辑需要修改的属性值,单击 Apply 按钮,如图 6-2 所示。

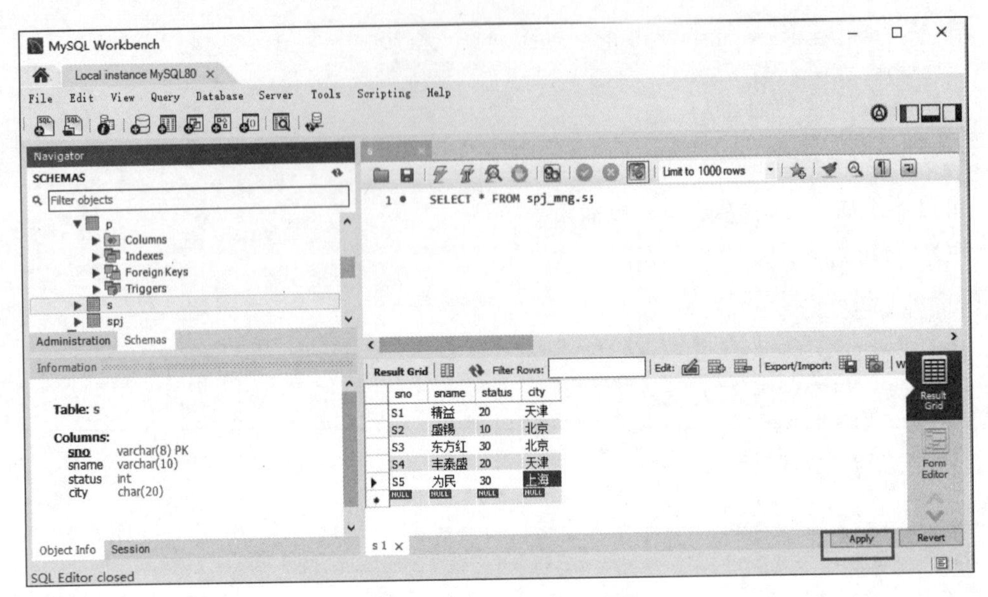


图 6-2 基本表中插入数据

## 6.3 基本表数据修改

修改基本表中的数据，一般是基于表中某个或者某些属性值的操作，可以指定修改条件，能够一次修改若干个元组，或表中的全部元组。在图形用户界面中修改数据，操作过程和数据插入类似(参见图 6-2)，本节仅介绍用 SQL 语句完成数据修改。

### 1. 针对 SPJ_MNG 数据库，用 SQL 语句完成数据更新操作

修改表中的数据，用 UPDATE 语句，更新的基本语法如下：

```
UPDATE [LOW_PRIORITY] [IGNORE] tbl_name
    SET col_name1 = expr1 [, col_name2 = expr2 … ]
    [WHERE where_definition]
    [ORDER BY … ]
    [LIMIT row_count]
```

其中，用 SET 子句可以设定待修改的属性或值；where 子句可以指定更新的行，最后可以用 LIMIT 设定更新的行数。如果没有 where 子句，则修改表中所有的元组。

(1) 将供应商表 S 中，城市为“天津”的供应商名改为“Tianjin”。SQL 语句如下：

```
update s set sname = 'Tianjin' where city = '天津';
```

(2) 由 S5 供给 J4 的零件 P6 改为由 S3 供应，请做必要的修改。SQL 语句如下：

```
update spj set sno = 'S3' where sno = 'S5'and jno = 'J4'and pno = 'P6';
```

### 2. 调整教师工资

给数据库 university 中所有的教师工资上调 20%，如果是系主任则上调 10%。

```
update Instructors set SALARY = case
        when INAME in (select DEAN from Depts) then SALARY * 1.1
        else SALARY * 1.2
      end;
```

**思考**：还可以用什么样的SQL语句完成这个数据更新？

**注意**：如果是在Workbench中执行以上update语句时，出现关于safe mode的错误提示消息而无法更新数据，可以进行如下设置以解决该问题：在菜单栏依次单击Edit→Preferences→Workbench Preferences→SQL Editor，取消选中Safe Updates…复选框，再单击OK按钮，然后重新连接数据库即可，见图6-3。

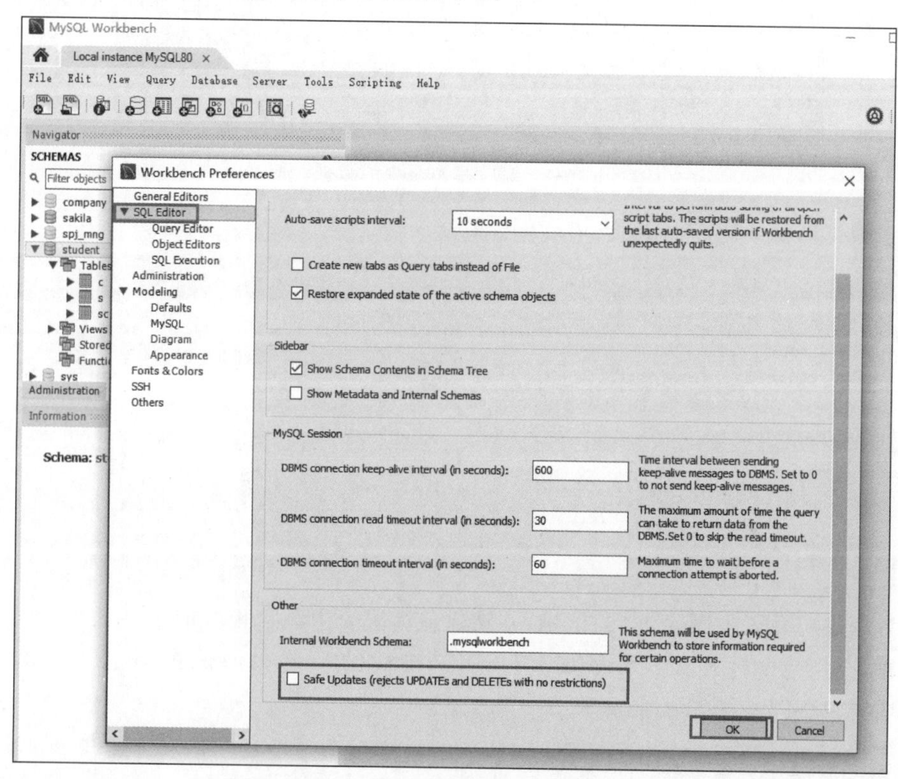


图6-3　修改安全更新模式设置

## 6.4　基本表数据删除

### 1. 用图形用户界面删除表中记录

与插入数据操作类似，在Workbench中对应的数据库中选中基本表，在右键菜单选择Select Row(s)，在数据显示区域进行编辑，选中需要删除的记录(一条或者多条)，右击Delete Row(s)(见图6-4)后单击Apply按钮，确认即可。

### 2. 用命令行界面删除表中的记录

SQL语句中的删除数据属于行操作，可以根据制定的条件删除数据，也可以逐条元组删除，还可以批量删除，并且可以同时操作一个或多个基本表。在不指定条件的情况下，可

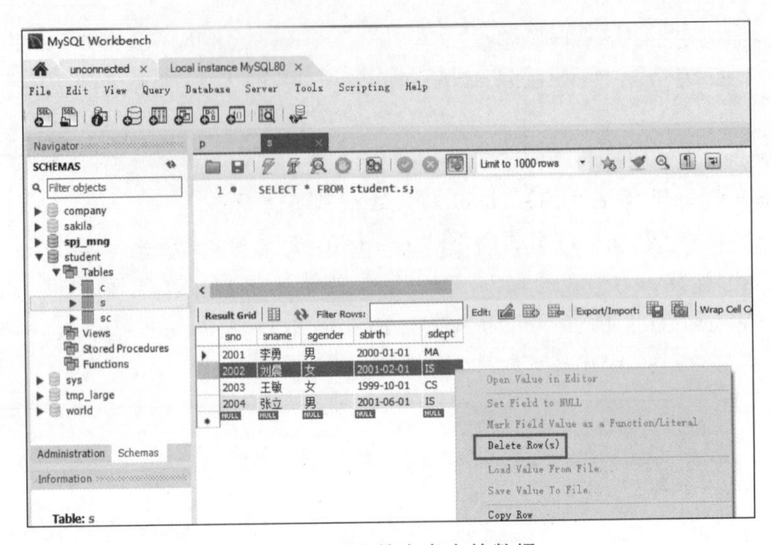


图 6-4 删除基本表中的数据

以将表中的数据整体删除，其基本语法如下：

```
-- 单表语法:
DELETE [LOW_PRIORITY] [QUICK] [IGNORE] FROM tbl_name
    [WHERE where_definition]
    [ORDER BY … ]
    [LIMIT row_count]
-- 多表语法:
DELETE [LOW_PRIORITY] [QUICK] [IGNORE]
    tbl_name[.*] [, tbl_name[.*] …]
    FROM table_references
[WHERE where_definition]
```

(1) 从供应商表中删除 S2 的记录，并从供应情况表中删除相应记录。

**注意**：由于 SNO 是表 S 的主键且是 SPJ 的外键（有关外键的设置，参见 5.3.2 小节内容），故需先从 SPJ 中删除才能从表 S 中删除。

```
delete from spj where sno = 'S2';
delete from s where sno = 'S2';
```

(2) 将(S2,J6,P4,200)插入供应情况表 SPJ。

由于 SNO 是表 S 的主键且是 SPJ 的外键，故需先在表 S 中插入 S2 的记录，再给表 SPJ 中插入数据。

```
insert into s(sno,sname,city) values('S2', '盛锡','北京');
insert into spj(sno,jno,pno,qty) values('S2','J6','P4',200);
```

## 6.5 基本表数据查询

基本表数据查询是数据库中使用频率最高的核心操作，其使用方法灵活而且功能也非常丰富。查看基本表中的数据，用 SELECT 语句完成，可以用于从一个或多个表中选择满足一定条件的行和某些列，并按照一定的规则返回给用户，同时可以加入UNION语句和子查询及聚合函数，其基本语法结构如下：

```
SELECT
    [ALL | DISTINCT | DISTINCTROW ] col_name[, col_name2 = expr2 … ]
    FROM table_references
    [WHERE where_definition]
    [GROUP BY {col_name | expr | position}
    [ASC | DESC], … [WITH ROLLUP]]
    [HAVING where_definition]
    [ORDER BY {col_name | expr | position}
    [ASC | DESC] , … ]
```

## 1. 针对数据库SPJ_MNG，完成以下查询

（1）求供应工程J1零件为红色的供应商号码。SQL语句如下：

```
select distinct sno from spj natural join p
where spj.jno = 'J1' and p.color = '红';
-- 或者
select distinct sno from spj,p
where spj.pno = p.pno and spj.jno = 'J1' and p.color = '红';
-- 或者
select distinct sno from spj join p on spj.pno = p.pno
where spj.jno = 'J1' and p.color = '红';
-- 或者
select distinct sno from spj
where jno = 'J1' and pno in (select pno from p where color = '红');
```

（2）查询每个供应商号码、供应商名及其供应零件的总个数。SQL语句如下：

```
select spj.sno,s.sname, sum(qty) from spj,s group by s.sno;
```

（3）求每个供应商号码、供应商名及其供应零件的种类数量。SQL语句如下：

```
select spj.sno, sname, count(distinct pno)
from spj, s where spj.sno  =  s.sno
group by sno;
```

（4）找出使用上海供应商的零件的工程名称。SQL语句如下：

```
select distinct jname from j,spj,s
where spj.sno = s.sno and spj.jno = j.jno and s.city = '上海';
-- 或者
select distinct jname from j
where jno in (select jno from spj,s where spj.sno = s.sno and s.city = '上海');
-- 或者
select distinct jname from j
where jno in (select jno from spj
            where spj.sno in (select sno from s where s.city = '上海'));
```

（5）求没有使用天津供应商生产的红色零件的工程号码。SQL语句如下：

```
select jno from j where not exists
(select * from spj where spj.jno = j.jno
    and sno in (select sno from s where city = '天津')
        and pno in (select pno from p where p.color = '红'));
-- 或者
select jno from j where not exists
(select * from spj, s, p where spj.jno = j.jno
    and spj.sno = s.sno and spj.pno = p.pno and s.city = '天津' and p.color = '红');
-- 或者(如果支持差集 except 操作)
select jno from j
except
(select distinct spj.jno from spj, j where spj.jno = j.jno
    and sno in (select sno from s where city = '天津')
                        and pno in (select pno from p where p.color = '红'));
```

(6) 求至少使用了供应商 S1 所供应的全部零件的工程号。

该问题可以描述为：不存在这样的零件 y，供应商 S1 供应了 y，而工程 x 没有选用 y。

```
select distinct jno
  from spj spjz
  where not exists
  (select * from spj spjx
    where sno = 'S1'
  AND not exists
  (select * from spj spjy
  where spjy.pno =  spjx.pno
  and spjy.jno =  spjz.jno));
```

或者

```
select jno from spj
  where pno in
      (select pno from spj where sno = 'S1')
  group by jno
  having count(distinct pno) =
              (select count(distinct pno)
               from spj where sno = 'S1');
```

(7) 查询这样的工程：供给该工程的零件 P1 的平均供应量大于供给工程 J1 的任何一种零件的最大供应量。SQL 语句如下：

```
select jno from spj spj1
where spj1.pno = 'P1'
group by jno
having avg(qty) > all(select qty from spj spj2 where spj2.jno = 'J1');
-- 或者
select jno from spj spj1
where spj1.pno = 'P1'
group by jno
having avg(qty) > (select max(qty) from spj spj2 where spj2.jno = 'J1');
```

### 2. 针对 student 数据库用 SQL 语句完成下面的数据查询

（1）查询每个学生已经获得的学分的总分（成绩及格表示获得该门课的学分），并按照所获学分由高到低的顺序输出学号、姓名、所获学分。SQL 语句如下：

```
select s.sno, sname, sum(credit) as 'TotalCredit'
from s, c, sc
where s.sno = sc.sno and c.cno = sc.cno and grade >= 60
group by s.sno
order by TotalCredit desc;
```

（2）查询这样的学生姓名：该学生选修了全部课程并且其中至少一门课在 90 分以上。SQL 语句如下：

```
select distinct sname from s,sc
where sc.sno = s.sno
        and sc.grade >= 90
        and
    not exists
    (select * from c
            where not exists
             (select * from sc
                    where sc.cno = c.cno and sc.sno = s.sno ));
```

或者

```
select distinct sname from s,sc
where s.sno = sc.sno
        and sc.grade >= 90
        and sc.sno in
      (select sno from sc
            group by sno having count( * ) =
(select count(cno) from c));
```

## 6.6 视图数据的操作

视图的操作与表的操作类似，可以进行增、删、改、查等操作，所用的 SQL 语句也是一致的。针对 5.7 节创建的视图 V_DBS、V_SPJ，完成以下操作。

（1）找出“三建”工程项目使用的各种零件代码及其数量。SQL 语句如下：

```
select sno, pno, qty from v_spj; 或 select * from v_spj;
```

（2）找出供应商 S1 的供应情况，要输出相应名称、零件代码、供应的零件名称和数量。SQL 语句如下：

```
select sname, p.pno, pname, qty from v_spj , s,p where v_spj.sno = 'S1' and
p.pno = v_spj.pno and s.sno = v_spj.sno;
```

（3）给视图 V_SPJ 中添加一条数据（'S3', 'P2', 100）。

若SPJ表中JNO允许为空，则以下SQL语句可以直接将数据插入基本表SPJ中，由于JNO为NULL而不是“三建”，所以视图中没有该条数据。

```
insert into v_spj(sno,pno,qty) values('S3', 'P2', 100);
```

**思考**：如果已经在表J中设置了JNO的默认值为非空，且JNO是表SPJ的外键，如何在视图上完成本条操作？

SPJ表中的JNO是主键的一部分，不能为空时，可以使用触发器实现。但由于MySQL视图上不支持创建触发器，以下给出SQL Server的参考方案。

```
create trigger trig_insert
on v_spj
instead of insert
as
begin
  declare @sno char(2)
  declare @pno char(2)
  declare @qty int
  select @sno = sno,@pno = pno,@qty = qty from inserted
  insert into spj(sno,pno,jno,qty) values(@sno,@pno,'J1',@qty)
end
```

(4) 修改视图V_DBS中的任意一条数据的分数。SQL语句如下：

```
update v_dbs set grade = 87 where sno = '2004';
```

(5) 删除视图V_SPJ中的任意一条数据。SQL语句如下：

```
delete from v_spj where sno = 'S3';
```

提示：所创建视图可以视图消解(即视图是基于单一表，而不是通过连接多个表创建的)时，才能正常删除，否则会删除失败。

## 6.7 数据查询性能分析

从6.5节的内容可以看到，SQL语句中的查询语句语法选项比较多，因此在使用时非常灵活，可以用各种不同的组合。因此，对于一个数据的查询需求，可以写出多种不同查询语句，而事实上，查询中的选择、投影和连接操作的顺序不同，查询处理的时间可能存在很大的差异。本节通过一个练习题简单讨论数据查询中的性能分析问题。感兴趣的同学可以在实验的基础上做一些定量的分析。

**【实战练习6-1】** 针对student数据库用至少3种不同的SQL语句进行查询：查询选修了课程名为“数据库”的学生学号和姓名，然后设计实验，用数据比较分析3种查询的效率，并分析原因。

以下给出查询结果相同的几种不同的SQL查询语句。

```
-- (1)
select s.sno, sname from s,c,sc
```

```
where sc.sno = s.sno and sc.cno = c.cno and cname = '数据库';
-- (2)
select s.sno, sname from s natural join sc natural join c
where cname = '数据库';
-- (3)
select sno, sname from s
where sno in(select sno from c,sc where c.cno = sc.cno and cname = '数据库');
-- (4)
select sno, sname from s
where sno in(select sno from sc
        where cno in(select cno from c where cname = '数据库'));
```

提示：该查询可以用自然连接、集合操作等多种 SQL 语句来完成。为了观察不同 SQL 语句的查询效率差异，需要保证表中的数据足够多，从而使用户在 SQL 语句执行结果的信息中，可以明显地观察到执行时间的差异。

因此，需要通过一定的方式构造大量数据。假设数据库中包含 1000 个学生、100 门课、1 万或者 10 万条选课记录。注意，构造的选修“数据库”课程的人要足够多(可以是不同的课程编号，但课程名都是“数据库”)。构造方法很多，例如：

(1) 用 Excel 表手动生成数据。

(2) 用 SQL 中的存储过程生成数据。

(3) 通过高级程序设计语言编写程序生成 CSV 格式文件生成数据。

现在，分别介绍如何用第(2)和第(3)种方法来完成该实战任务。

在本节，为了简化在生成数据时对主键的处理，此处的例子程序重新定义一个基本表，将主键的内容设为整型(读者可以根据例题中的方法，结合数据库 student 的各个基本表设计自己的程序或存储过程)。该基本表的定义如下：

```
create table userinfo
(   user_id int primary key,
    username varchar(10),
    gender char(1),
    age int,
    c_id int)
```

### 1. 用存储过程生成数据

如果用存储过程生成数据，需要分别完成随机生成字符串、随机生成性别、随机生成元组的几个功能后，直接将满足要求的随机数据插入对应的表中(有关存储过程和函数的详细内容，参见本书 7.3～7.5 节内容)。

(1) 随机生成指定长度的字符串。

```
-- 用循环方式根据输入参数 n,随机生成长度为 n 的仅包含字母的字符串
DELIMITER $ $
create function random_string(n int)
returns varchar(255)
no sql
begin
 declare chars_str varchar(100) default
```

```
'abcdefghijklmnopqrstuvwxyzABCDEFJHIJKLMNOPQRSTUVWXYZ';
 declare return_str varchar(255) default '';
 declare i int default 0;
 while i < n do
    set return_str = concat(return_str, substring(chars_str, floor(1 + rand() * 52),1));
    set i = i + 1;
 end while;
 return return_str;
end $ $
```

(2) 随机生成性别值。

```
-- 随机生成一个字符,字符的取值范围中仅包含 F 和 M 两个字符
DELIMITER $ $
create function random_gender( )
returns char(1)
no sql
begin
 declare chars_str varchar(10) default 'FM';
 declare return_str char(1) default '';
 set return_str = substring(chars_str, ROUND(rand() + 1), 1);
 return return_str;
end $ $
```

(3) 随机生成在一定范围内的数值。

```
-- 随机生成一个数,用于表示年龄,因此指定该数值的范围[min, max]
DELIMITER $ $
create function random_num(min int, max int)
returns int
no sql
begin
      declare i int default 0;
      set i = floor(rand() * (max - min) + min);
return i;
end $ $
```

(4) 随机生成基本表中的元组。

```
-- 定义存储过程,用随机生成的字符串、性别、年龄等函数,
-- 作为插入基本表 userinfo 的字段.调用该过程,批量插入元组.
delimiter $ $
create procedure insert_user(in id_start int, in id_end int)
begin
    declare i int default 0;
    declare sname char(10) default '';
    set i = id_start;
    while i <= id_end do
      set sname = concat('name', i );
      insert into userinfo values(i, sname, random_gender(),
                          random_num(18, 23), random_num(1, 20));
      set i = i + 1;
```

```
    end while;
end $ $
delimiter ;

call insert_user(1,100000);
select count( * ) from userinfo;
```

### 2. 用 Python 语言写程序生成数据

用 Python 语言写程序，生成一个对应基本表 userinfo 结构的 CSV 格式文件，然后导入。这里给出一个 Python 语言描述的数据生成示例程序：

```
import random
gender = ['F', 'M']
with open('userinfo.csv', 'w', encoding = 'utf - 8') as f:
   for i in range(200000):
        print(i + 1, 'name' + str(i + 1), gender[random.randint(0, 1)],
 random.randint(20, 30), i + 1, sep = ',', file = f)
```

将生成的数据文件复制到相应目录中（目录 C:/ProgramData/MySQL/MySQL Server 8.0/Uploads 之下，这是系统认为安全的目录，可以通过命令 SHOW VARIABLES LIKE "secure_file_priv"；来查询该目录的具体路径），用 load data 进行导入。

```
LOAD DATA INFILE 'C:/ProgramData/MySQL/MySQL Server 8.0/Uploads/userinfo.csv' INTO TABLE
userinfo fields terminated by ',';
```

执行结果如下：

```
mysql> LOAD DATA INFILE 'C:/ProgramData/MySQL/MySQL Server 8.0/Uploads/userinfo.csv' INTO TABLE userinfo fields terminated by ',';
Query OK, 200000 rows affected (4.62 sec)
Records: 200000  Deleted: 0  Skipped: 0  Warnings: 0

mysql> select count(*) from userinfo;
+----------+
| count(*) |
+----------+
|   200000 |
+----------+
1 row in set (11.85 sec)
```

### 3. 查看查询计划

为了分析不同查询的效率，用 EXPLAIN 命令查看 SQL 的查询计划。EXPLAIN 的语法具体如下：

```
EXPLAIN tbl_name
-- 或者
EXPLAIN [EXTENDED] SELECT select_options
```

EXPLAIN 语句执行的结果，输出若干字段，具体的含义参见表 6-3。

表 6-3　EXPLAIN 命令返回内容说明

| 序号 | 字 段 名 | 说　　明 |
|---|---|---|
| 1 | id | 选择标识符，标识 select 语句的编号 |
| 2 | select_type | 查询的类型，包含 SIMPLE、SUBQUERY、UNION 等多种类型 |

续表

| 序号 | 字 段 名 | 说 明 |
|---|---|---|
| 3 | table | 输出结果集的表 |
| 4 | partitions | 匹配的分区 |
| 5 | type | 表的连接类型 |
| 6 | possible_keys | 查询时可能使用的索引(索引名) |
| 7 | key | 实际使用的索引(索引名) |
| 8 | key_len | 索引字段的长度 |
| 9 | ref | 列与索引的比较 |
| 10 | rows | 扫描出的行数(估算的行数) |
| 11 | filter ed | 按表条件过滤的行百分比 |
| 12 | Extra | 执行情况的描述和说明 |

EXTENDED 这个关键字如果包含在命令中,会显示更多的信息,在本例中,仅使用 EXPLAIN 关键字即可。

```
-- (1)
explain select s.sno, sname from s,c,sc
where sc.sno = s.sno and sc.cno = c.cno and cname = '数据库';
-- (2)
explain select s.sno, sname from s natural join sc natural join c
where cname = '数据库';
-- (3)
explain select sno, sname from s
where sno in( select sno from c,sc where c.cno = sc.cno and cname = '数据库');
-- (4)
explain select sno, sname from s
where sno in( select sno from sc
        where cno in( select cno from c where cname = '数据库'));
```

查询 1 和查询 2 的查询计划相同:

Result Grid | Filter Rows: | Export: | Wrap Cell Content:

| id | select_type | table | partitions | type | possible_keys | key | key_len | ref | rows | filtered | Extra |
|---|---|---|---|---|---|---|---|---|---|---|---|
| 1 | SIMPLE | c | NULL | ALL | PRIMARY | NULL | NULL | NULL | 6 | 16.67 | Using where |
| 1 | SIMPLE | sc | NULL | ALL | sc_fk_cno,sc_ibfk_1 | NULL | NULL | NULL | 6 | 25.00 | Using where; Using join buffer (hash join) |
| 1 | SIMPLE | s | NULL | eq_ref | PRIMARY | PRIMARY | 22 | student.sc.sno | 1 | 100.00 | Using where |

查询 3 和查询 4 的查询计划相同:

Result Grid | Filter Rows: | Export: | Wrap Cell Content:

| id | select_type | table | partitions | type | possible_keys | key | key_len | ref | rows | filtered | Extra |
|---|---|---|---|---|---|---|---|---|---|---|---|
| 1 | SIMPLE | c | NULL | ALL | PRIMARY | NULL | NULL | NULL | 106 | 10.00 | Using where; Start temporary |
| 1 | SIMPLE | sc | NULL | ref | PRIMARY,sc_ibfk_2 | sc_ibfk_2 | 22 | student.c.cno | 1 | 100.00 | Using index |
| 1 | SIMPLE | s | NULL | eq_ref | PRIMARY | PRIMARY | 22 | student.sc.sno | 1 | 100.00 | End temporary |

在 Workbench 的 Output 区域,可以查看 Duration/Fetch, Duration Time 表示的是 SQL 语句执行的时间,而 Fetch time 是传输获取结果所用的时间,依赖网络连接的快慢可能与网络等有关,不能用来判断 SQL 优化的时间。

为了对比 4 种查询计划的性能差异,读者可以根据本节给出的存储过程或 Python 程序的方法,构造 S、C、SC 几个表中的数据,对比 select 语句的执行时间(Duration Time),可以看到第 3 个和第 4 个查询的执行时间明显小于前两个查询。

## 6.8 数据查询综合实战

本节以数据库基准性能测试中经常被使用的应用场景展开数据查询的综合实战练习。

在数据库管理系统的性能评测中，常常采用基准测试程序集对目标系统进行测试评分。TPC(Transaction Processing Performance Council，事务处理性能委员会)是目前最著名的数据库管理系统基准测试的非盈利组织，成立于 1988 年。该组织为数据库产品生产厂商提供了开发和监视产品性能的基准测试程序级和相关评分标准，同时也为数据库产品用户提供服务，使用户能够根据需要选择更适合的产品。该组织中目前有多家知名 IT 企业和高校，早期提供的基准测试程序集包括 TPC-A、TPC-B(已经废弃)、TPC-C 等，用于测试在线事务处理(On-line Transaction Processing，OLTP)和在线分析处理(On-Line Analysis Processing，OLAP)等相关性能等。

目前，该组织提供的基准测试有多个基准测试集，详见表 6-4。

**表 6-4 基准测试集(参考 2022 年上半年官网信息)**

| 名　称 | 当前版本 | 说　明 |
|---|---|---|
| TPC-C | 5.11.0 | 在线事务处理基准测试 |
| TPC-DI | 1.1.0 | 数据集成基准测试 |
| TPC-DS | 3.2.0 | 决策支持系统基准测试 |
| TPC-E | 1.14.0 | 复杂的在线事务处理基准测试 |
| TPC-H | 3.0.0 | 在线分析处理基准测试 |
| TPCX-AI | 1.0.1 | 端到端的 AI 基准测试 |
| TPCX-BB | 1.5.2 | 大数据基准测试(基于 Hadoop) |
| TPCX-HCI | 1.1.9 | 超融合基础架构集群的基准测试 |
| TPCX-HS | 2.0.3 | 大数据系统基准测试(Spark、Hadoop) |
| TPCX-IOT | 2.0.1 | 物联网网关系统基准测试 |
| TPCX-V | 2.1.9 | 虚拟化服务器平台基准测试 |

如果希望了解更多 TPC 和基准测试的信息，可以访问 TPC 官方网站 https://www.tpc.org/获取详细内容。

本节选用 TCP-C 作为数据查询综合实战的对象。它是一个面向在线事务处理的基准测试。TPC-C 的基准测试中包含五个不同类型和复杂度的并发事务，这些并发事务要么在线执行，要么排队等待延迟执行。TPC-C 以每分钟执行的事务量(tpmC)度量性能优劣。TPC-C 测试模拟了一个比较复杂并具有代表性的商品批发仓储零售的 OLTP 场景。

(1) 某个批发商拥有若干个分布在不同区域的商品仓库；

(2) 每个仓库负责为 10 个区域的销售点供货；

(3) 每个区域的销售点为 3000 个客户提供服务；

(4) 每个客户平均一个订单有 5～15 项产品；

(5) 所有订单中约 1%的产品在其直接所属的仓库中没有库存，需由其他区域仓库供货。

该系统需要处理的交易为以下几种：

(1) New-Order：客户输入一笔新的订货交易；

(2) Payment：更新客户账户余额以反映其支付状况；

(3) Delivery：发货(模拟批处理交易)；

(4) Order-Status：查询客户最近交易的状态；

(5) Stock-Level：查询仓库库存状况，以便能够及时补货。

这里引用 TPC 官网中的文档 tpc-c_v5.11.0，简单介绍 TCP-C 数据库。其数据库 E-R 图如图 6-5 所示。

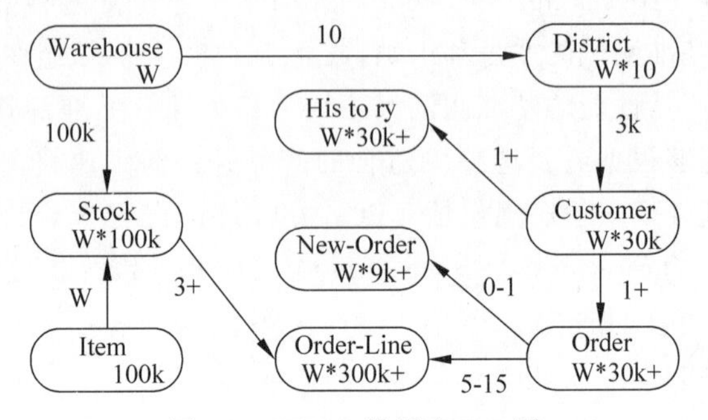


**图 6-5　TPC-C 数据库 E-R 图**

该数据库模拟了一个关于商品销售的订单创建和订单支付等过程，数据库中定义了 9 个基本表，包括用户信息、仓库信息、订单等数据。各表定义参见附录 A 中的相关内容。

BenchmarkSQL[①] 是使用 Java 语言的 JDBC 接口实现的开源 TPC-C 基准测试程序。默认支持的数据库包括 PostgreSQL、Oracle 等。若用于测试其他非默认的数据库产品，需要对 BenchmarkSQL 源码进行少量修改。可以通过修改 BenchmarkSQL 源码，增加相关的 MySQL 选项，使其可以针对 MySQL 进行性能测试。在进行 TPC-C 测试的过程中，需要调整程序执行的场景参数，详见表 6-5。BenchmarkSQL 5.0 中一共包含 33 条 SQL(查询类 17 条、更新类 16 条)。

**表 6-5　程序执行的场景参数**

| 编号 | 参　数 | 说　明 |
|---|---|---|
| 1 | terminals | 终端数量，指同时有多少终端并发执行，表示并发程度。遍历值 1000、3000 |
| 2 | runTxnsPerTerminal | 每分钟每个终端执行的事务数 |
| 3 | runMins | 执行多少分钟，例如 15min。与 terminals 配合使用 |
| 4 | limitTnxsPermin | 每分钟执行的事务最大限制 |
| 5 | terminalWarehouseFixed | 用于指定终端和仓库的绑定模式，设置为 true 时可以运行 4.x 兼容模式，意思为每个终端都有一个固定的仓库。设置为 false 时可以均匀地使用数据库整体配置 |
| 6 | newOrderWeight | 订货交易权重 |
| 7 | paymentWeight | 更新客户账户余额以反映其支付状况权重 |
| 8 | orderStatusWeight | 查询客户最近交易的状态权重 |
| 9 | deliveryWeight | 发货(批处理交易)权重 |
| 10 | stockLevelWeight | 查询仓库库存状况权重 |

① 可以从 https://sourceforge.net/projects/benchmarksql/处下载源码。

**注意**：表中项目第6项～第10项中的5种交易的权重总和必须等于100，一般默认值为：45、43、4、4、4，这与TPC-C测试定义的比例一致。

**【实战练习6-2】** 基于TPC-C提供的数据库，按照要求设计查询并用数据进行验证。

(1) 单表查询语句(实现投影和选择操作)。

(2) 分组统计查询语句(不带分组过滤条件或带分组过滤条件)。

(3) 单表自身的链接查询。

(4) 多个表的链接查询语句。

(5) IN嵌套查询。

(6) EXISTS嵌套查询。

(7) FROM中加入嵌套的查询。

(8) 集合查询(交、并、差)。

此外，读者也可以选用TPC-H中的数据库进行上述实战练习。TPC-H数据库设计如图6-6所示。

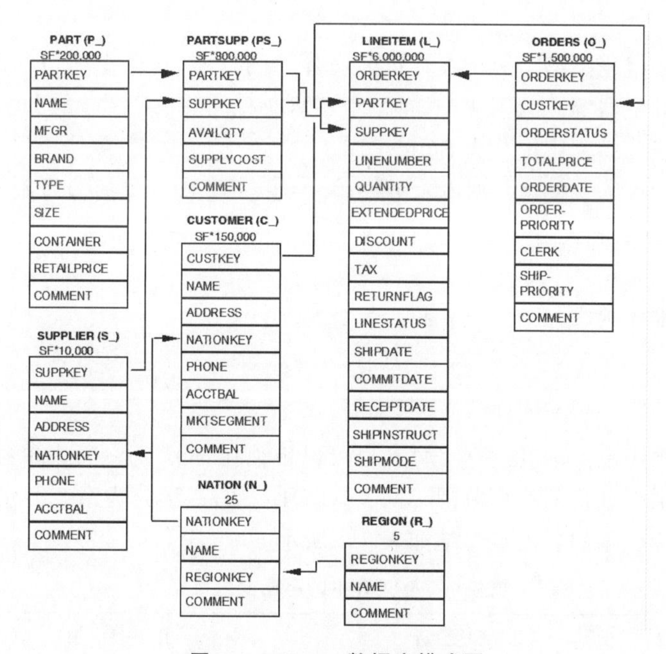


**图6-6　TPC-H数据库模式图**

该数据库模拟了一个典型企业中的零件、顾客、供应商、产品、订单等数据。每个表名下方的数字或者"SF(Scale factor) * 数字"表示每个表的预估元组最大个数。其详细的表定义参见附录A.2的相关内容。更详细的场景等信息，请参考TPC的官方文档tcp-ds-v2.17.3.pdf。

# 本章小结

本章主要学习了如何针对数据库中的数据进行操作，包括查询、插入、删除和修改表中的数据。在查询数据方面，通过实战练习，读者需要了解和掌握各种类型的查询操作，包括单表、多表查询，嵌套查询，包含集合操作或聚合函数的查询等；通过对查询性能分析的实战练习，了解SQL查询优化的重要性。

# 第7章 数据库服务端编程

## 7.1 实战目标与准备

**【实战目标】**

数据库服务端编程指编写运行在数据库服务端的程序，具体主要包括服务端的存储过程、自定义函数、触发器等。为了便于描述，本书将存储过程、用户自定义函数、触发器等不同形式的数据库服务端程序统称为 SQL 程序。

本章目标是掌握 MySQL 数据库服务端编程的基本知识，包括编写服务端程序需要的变量、控制流程语句、游标、存储过程、自定义函数、触发器、事件等。

**【实战准备】**

本章的实战准备内容与第 3 章一致。

## 7.2 变量

变量可以在服务端 SQL 程序中使用，也可以单独在 SQL 命令行中单独使用，其作用是用来存储数据。根据变量的作用范围不同，MySQL 中的变量分为系统变量、会话变量和局部变量。具体各种变量的异同点总结如表 7-1 所示。

表 7-1 MySQL 中的不同变量类型

| 操作类型 | 系统变量 | | 用户变量 | 局部变量 |
|---|---|---|---|---|
| 作用域 | 全局 | 会话（连接） | 会话（连接） | 函数、存储过程 |
| 英文名称 | global variables | session variables | user variables | local variables |
| 出现位置 | 命令行及 SQL 程序（函数、存储过程等） | | | SQL 程序 |
| 生命周期 | 服务重启时恢复默认 | 断开连接时，该变量失效 | | SQL 程序内部 |
| 定义方式 | 只能查看修改，用户不能定义（数据库内核定义），@@var 开头 | | 无须定义，@var 开头 | declare count int; |
| 使用场景 | 设置系统级的变量，控制数据库的整体设置，需要 SUPER 权限 | 设置某个连接上的变量，仅影响该连接上的设置，不影响其他连接 | 可用于在不同语句之间传递值 | 用于函数、存储过程内部传递数据 |
| 查看所有 | show global variables; | show session variables; | — | — |

续表

| 操作类型 | 系统变量 | | 用户变量 | 局部变量 |
| --- | --- | --- | --- | --- |
| 查看部分 | show global variables like '%timeout%'; | show global variables like '%timeout%'; | — | — |
| 查看特定 | select @@global. autocommit; | select @@session. autocommit; | select @id; | select count; |
| 设置特定 | set @@global. autocommit =1; | set @@session. autocommit =0;<br>set autocommit=0; | set @id=1;<br>set @id:=10;<br>select 10 into @id; | set count=1;<br>set count:=10;<br>select 10 into count; |

**注意**：(1) SELECT 或者 SET 系统变量和会话变量时，当不指定 global 或 session 时，默认为影响范围相对较小的 session 变量，若该变量仅有 global 时，读取或者设置 global 变量。例如 set autocommit =1 表示设置 session 级别的 autocommit 。每个变量的作用域是支持 global 或者 session，或两者都支持，可参考 MySQL 官方文档：https://dev. mysql. com/doc/refman/8. 0/en/server-system-variables. html。

(2) 对于 SET，可以使用"="或者":="作为通配符。设置的值可以是整数、实数、字符串或者 NULL 值，例如命令行示例如下：

```
mysql> set @t1 = 0, @t2 = 0, @t3 = 0;
Query OK, 0 rows affected (0.01 sec)
mysql> set @my_name = 'dbtest';
Query OK, 0 rows affected (0.00 sec)

mysql> select @t1,@t2,@t3, @my_name;
+------+------+------+----------+
| @t1  | @t2  | @t3  | @my_name |
+------+------+------+----------+
|    0 |    0 |    0 | dbtest   |
+------+------+------+----------+
```

(3) 用户变量可以用于不同语句之间的数据传递，示例如下：

```
set @count = 1;
select count(id) into @count from items where price < 99;
select @count;
```

(4) 用于自定义变量时，尽可能不使用 MySQL 的关键字和保留字，避免出现一些失败或者隐患。MySQL 的完整关键字和保留字请参考如下官网：https://dev. mysql. com/doc/refman/8. 0/en/keywords. html。

## 7.3 函数

与其他编程语言中的函数类似，MySQL 中的函数指一段用于完成某个特定功能的 SQL 代码。MySQL 中的函数包括系统内置函数和用户在某个数据库中自定义函数，通过 select 语句调用，例如 select count( * ) from user，此处的 count()函数就是一个系统内置的聚集函数，可以统计 user 表中记录的个数。

## 7.3.1 系统内置函数

MySQL 中的内置函数也称为系统函数。包括了流程控制函数、数学函数、数据类型转换函数、字符串函数、时间日期函数、加密函数、信息函数、聚集函数、JSON 函数、窗口函数等。本节给出一些常见函数,完整系统函数列表可查阅 MySQL 官网:https://dev.mysql.com/doc/refman/8.0/en/functions.html。

### 1. 流程控制函数

MySQL 提供了 4 个流程控制函数,如表 7-2 所示。注意这些流程控制函数与 7.5.1 小节的条件判断语句虽然都可以进行流程控制,但是流程控制语句的语法更加复杂,能完成的功能更加强大。

表 7-2 流程控制函数

| 函数名称 | 函数功能 |
|---|---|
| IF(expr1,expr2,expr3) | 若 expr1 为 TRUE,返回 expr2,否则返回 expr3 |
| IFNULL(expr1,expr2) | 若 expr1 不是 NULL,返回 expr1,否则返回 expr2 |
| NULLIF(expr1,expr2) | 若 expr1=expr2,返回 NULL,否则返回 expr1 |
| CASE | CASE value WHEN compare_value THEN result [WHEN compare_value THEN result …] [ELSE result] END<br>若 value=compare_value,返回 result,若没有匹配的 compare_value,返回 ELSE 分支的 result |
| | CASE WHEN condition THEN result [WHEN condition THEN result …] [ELSE result] END<br>若 condition 为 true,返回 result,若没有匹配的 compare_value,返回 ELSE 分支的 result |

【实战练习 7-1】

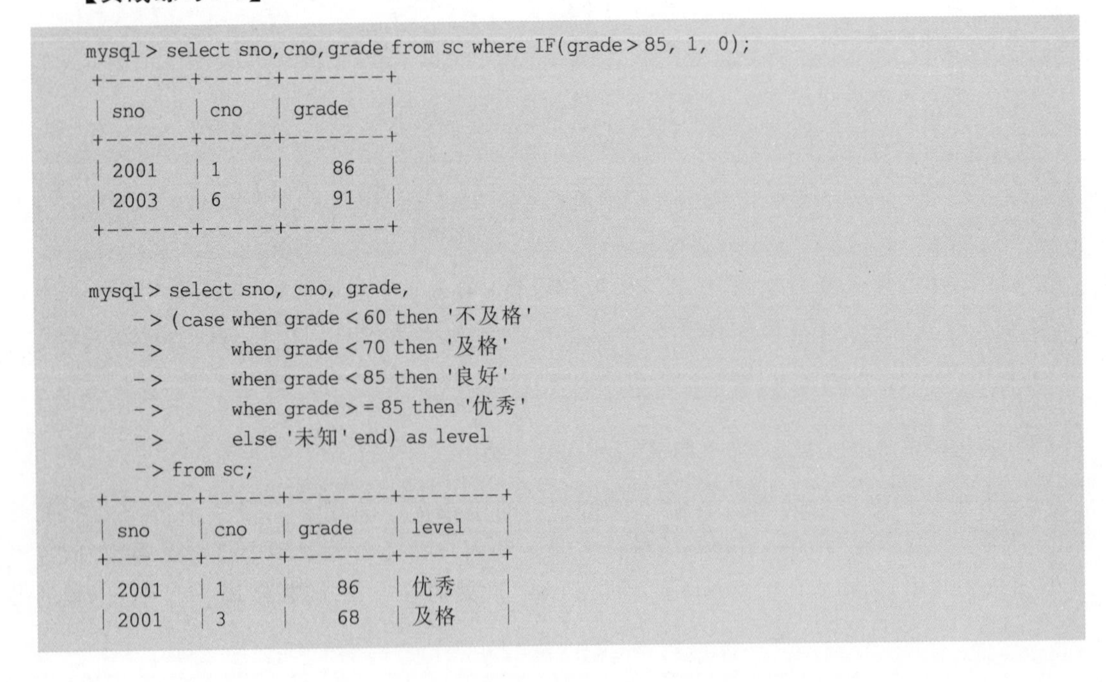

```
mysql > select sno,cno,grade from sc where IF(grade > 85, 1, 0);
+-------+------+--------+
| sno   | cno  | grade  |
+-------+------+--------+
| 2001  | 1    |    86  |
| 2003  | 6    |    91  |
+-------+------+--------+

mysql > select sno, cno, grade,
    -> (case when grade < 60 then '不及格'
    ->       when grade < 70 then '及格'
    ->       when grade < 85 then '良好'
    ->       when grade > = 85 then '优秀'
    ->       else '未知' end) as level
    -> from sc;
+-------+------+--------+--------+
| sno   | cno  | grade  | level  |
+-------+------+--------+--------+
| 2001  | 1    |    86  | 优秀   |
| 2001  | 3    |    68  | 及格   |
```

```
| 2002   | 3     |     84   | 良好    |
| 2003   | 6     |     91   | 优秀    |
| 2004   | 2     |   NULL   | 未知    |
+------+-----+-------+-------+
```

### 2. 数学函数

常用数学函数如表 7-3 所示。

表 7-3 常用数学函数

| 函数名称 | 函数功能 |
|---|---|
| ABS(x) | 求绝对值 |
| SQRT(x) | 求二次方根 |
| MOD(x) | 求余数 |
| CEIL(x) | 向上取整,返回大于或等于 x 的最小整数 |
| FLOOR(x) | 向下取整,返回小于或等于 x 的最大整数 |
| RAND() | 生成一个[0,1]的随机数 |
| SIGN(x) | 返回参数的符号 |
| POW(x) | 幂运算,计算 x 的 y 次方 |
| SIN(x) | 求正弦值 |
| ASIN(x) | 求反正弦值 |
| LOG(x) | 计算 x 的自然对数 |
| LOG10(x) | 计算以 10 为底的 x 的对数 |
| HEX(x) | 返回 x 的十六进制数 |

### 3. 数据类型转换函数

数据类型转换函数如表 7-4 所示。

表 7-4 数据类型转换函数

| 函数名称 | 函数功能 |
|---|---|
| CAST(x AS type) | 将 x 转成指定类型 type,例如:CAST(2/3 as unsigned) |
| CONVERT(x, type) | 将 x 转成 type 类型并返回 |

### 4. 字符串函数

字符串函数如表 7-5 所示。

表 7-5 字符串函数

| 函数名称 | 函数功能 |
|---|---|
| LENGTH() | 获取字符串占用的字节数,例如一个汉字在 GBK 字符集是两字节,在 UTF-8 是三字节 |
| CHAR_LENGTH() | 获取字符串的长度 |
| CONCAT() | 将指定的一个或者多个参数连接成一个字符串 |
| LOWER() | 将字符串中的字母转换为小写 |
| UPPER() | 将字符串中的字母转换为大写 |
| LEFT() | 从左侧截取字符串,返回字符串左边的若干个字符 |
| RIGHT() | 从右侧截取字符串,返回字符串右边的若干个字符 |

续表

| 函数名称 | 函数功能 |
| --- | --- |
| SBUSTRING() | 获取字符串中的一个子串 |
| REPLACE() | 字符串替换函数,返回替换后的新字符串 |
| SUBSTRING() | 截取字符串,返回从指定位置开始的指定长度的字符串 |
| STRCMP() | 比较两个字符串的大小 |
| INSTR() | 返回子串在一个字符串中第一次出现的位置 |
| TRIM() | 删除字符串左右两侧的空格 |

### 5. 时间日期函数

时间日期函数如表 7-6 所示。

表 7-6 时间日期函数

| 函数名称 | 函数功能 |
| --- | --- |
| CURDATE | 和 CURRENT_DATE 函数作用相同,返回当前系统的日期值 |
| CURTIME | 和 CURRENT_TIME 函数作用相同,返回当前系统的时间值 |
| NOW | 和 SYSDATE 函数作用相同,返回当前系统的日期和时间值 |
| DAYOFWEEK | 返回指定日期对应的星期几,例如 1=SUNDAY |
| MONTH | 获取指定日期中的月份 |
| MONTHNAME | 获取指定日期中的月份英文名称 |
| DAYNAME | 获取指定日期对应的星期几的英文名称 |
| DAYOFWEEK | 获取指定日期对应的一周的索引位置值 |
| DATE_ADD | 在指定日期上添加一个日期时间 |

### 6. 聚集函数

聚集函数如表 7-7 所示。

表 7-7 聚集函数

| 函数名称 | 函数功能 | 函数名称 | 函数功能 |
| --- | --- | --- | --- |
| MIN() | 计算最小值 | SUM() | 计算和 |
| MAX() | 计算最大值 | AVG() | 计算平均值 |
| COUNT() | 计算个数 | | |

### 7. 加密解密函数

加密解密函数如表 7-8 所示。

表 7-8 加密解密函数

| 函数名称 | 函数功能 |
| --- | --- |
| MD5() | 使用 MD5 计算并返回一个 32 位的散列字符串 |
| SHA2() | 利用安全散列算法 SHA-2 计算字符串 |
| ENCODE() | 使用密钥对字符串进行编码,默认返回一个二进制数 |
| DECODE() | 使用密钥对字符串进行解码,默认返回一个二进制数 |

### 8. 其他函数

其他函数如表 7-9 所示。

表 7-9 其他函数

| 函数名称 | 函数功能 |
|---|---|
| VERSION() | 显示当前 MySQL 服务实例使用的版本号 |
| USER() | 显示登录服务器的主机地址及用户名，例如 test@192.168.203.132 |
| CURRENT_USER() | 显示当前登录用户对应的 MySQL 账户表中用户和主机，该用户用于进行权限控制，例如 test@192.168.%.% |
| CONNECTION_ID() | 显示当前 MySQL 服务器的连接 ID |
| SLEEP() | 延迟语句执行的时间，单位为秒 |

## 7.3.2 用户自定义函数

除了系统函数，MySQL 也可以由用户在某个数据库中按照自己的需求创建自定义函数。特别注意的是用户自定义函数一定属于某个数据库。当自定义函数较复杂时，可能会使用 7.5 节的 SQL 控制流程语句、7.6 节的游标等。

### 1. 函数创建

用户自定义函数创建的语法如下：

```
DELIMITER 新结束符
CREATE FUNCTION <函数名> ( [<参数 1><类型 1> [ , <参数 2><类型 2>] ] … )
RETURNS <类型>
[BEGIN]
<函数主体>
RETURN 返回值数据
[END]
新结束符
DELIMITER;
```

函数创建语法说明：

(1) DELIMITER：自定义一个分号以外的结束符用于标识函数结束。函数结束后，再将结束符设置为默认的分号。

(2) <函数名>：自定义函数的名称。注意自定义函数不能与系统函数、存储过程同名。关于存储过程的内容参考 7.4 节。

(3) <参数><类型>：自定义函数的参数名称和类型。注意函数的参数都是输入参数，不能类似存储过程指定关键字 IN、OUT 和 INOUT。

(4) RETURNS <类型>：用于声明自定义函数返回值的数据类型。

(5) <函数主体>：所有在存储过程中使用的 SQL 语句在自定义函数中同样适用。自定义函数体还必须包含一个 RETURN <值> 语句。

(6) 在 RETURN <返回值数据>中包含 SELECT 语句时，SELECT 语句的返回结果只能是一行且只能有一列值。

**【实战练习 7-2】** 某气象站有一张 temperature 表，每天在 2 点、8 点、14 点、20 点自动采集温度，表定义和表中示例数据如下。

```
mysql> desc temperature;
+-------+---------+------+-----+---------+-------+
| Field | Type    | Null | Key | Default | Extra |
+-------+---------+------+-----+---------+-------+
| Year  | smallint | NO  |     | NULL    |       |
| Month | smallint | NO  |     | NULL    |       |
| Day   | smallint | NO  |     | NULL    |       |
| T02   | float   | YES  |     | NULL    |       |
| T08   | float   | YES  |     | NULL    |       |
| T14   | float   | YES  |     | NULL    |       |
| T20   | float   | YES  |     | NULL    |       |
+-------+---------+------+-----+---------+-------+
mysql> select * from temperature;
+------+------+-----+------+-----+-----+-----+
| Year | Month | Day | T02 | T08 | T14 | T20 |
+------+------+-----+------+-----+-----+-----+
| 2022 | 5    | 1   | 15   | 20  | 25  | 18  |
| 2022 | 5    | 2   | 14   | 21  | 25  | 18  |
| 2022 | 5    | 3   | 15   | 22  | 26  | 20  |
| 2022 | 5    | 4   | NULL | 16  | 25  | 18  |
| 2022 | 5    | 5   | NULL | 20  | 24  | 16  |
```

根据以上关系，请完成自定义函数：计算指定年月的平均气温，参考如下：

```
DELIMITER $
CREATE FUNCTION avg_temp(my_year int, my_month int)
RETURNS real
BEGIN
  DECLARE temp real DEFAULT 0;
  SELECT (SUM(T02) + SUM(T08) + SUM(T14) + SUM(T20))/
        (Count(T02) + Count(T08) + Count(T14) + Count(T20)) INTO temp
  FROM Temperature WHERE Year = my_year AND Month = my_month;
  return temp;
END $
```

**注意**：如果以上创建函数时发生了 ERROR 1418 的错误消息，是由于 MySQL 默认安全设置引起，可以执行 set global log_bin_trust_function_creators=1。

## 2. 函数调用

假设表中有 2022 年 05 月的记录数据，可以利用 select 调用该函数。

```
mysql> select format(avg_temp(2022, 5) , 2) as average_temperature;
+---------------------+
| average_temperature |
+---------------------+
| 20.81               |
+---------------------+
1 row in set (0.00 sec)
```

## 3. 函数查看

(1) 使用 SHOW FUNCTION STATUS LIKE 'avg_temp%'查看某个具体函数的

状态。

```
mysql > SHOW FUNCTION STATUS LIKE '%avg_temp%'\G
*************************** 1. row ***************************
                  Db: test
                Name: avg_temp
                Type: FUNCTION
             Definer: root@localhost
            Modified: 2022-04-14 19:08:42
             Created: 2022-04-14 19:08:42
       Security_type: DEFINER
             Comment:
character_set_client: utf8mb4
collation_connection: utf8mb4_0900_ai_ci
  Database Collation: utf8mb4_0900_ai_ci
```

(2) 使用 SHOW CREATE FUNCTION <函数名> 语句查看某个函数的创建语句。

```
mysql > show create function avg_temp\G
*************************** 1. row ***************************
            Function: avg_temp
            sql_mode: STRICT_TRANS_TABLES,NO_ENGINE_SUBSTITUTION
     Create Function: CREATE DEFINER = `root`@`localhost` FUNCTION `avg_temp`(my_year int, my_
month int) RETURNS double
BEGIN
  DECLARE temp real DEFAULT 0;
  SELECT (SUM(T02) + SUM(T08) + SUM(T14) + SUM(T20))/
         (Count(T02) + Count(T08) + Count(T14) + Count(T20)) INTO temp
  FROM temperature WHERE Year = my_year AND Month = my_month;
  return temp;
END
 character_set_client: utf8mb4
 collation_connection: utf8mb4_0900_ai_ci
 Database Collation: utf8mb4_0900_ai_ci
```

### 4. 函数修改

函数修改只能使用以下语句修改函数的属性,不能修改函数内部逻辑。表 7-10 列出了 ALTER 语句可以修改的函数属性特征。

```
ALTER FUNCTION 函数名[特征]
```

表 7-10 ALTER 语句可修改的属性特征

| 特征选项 | 说明 |
| --- | --- |
| COMMENT '注释内容' | 为程序体设置注释信息 |
| LANGUAGE SQL | 程序体是 SQL 语言 |
| CONTAINS SQL | 表示程序体不包含读或写数据的 SQL 语句 |
| NO SQL | 表示程序体不包含 SQL 语句 |
| READS SQL DATA | 表示程序体包含读数据的 SQL 语句 |
| MODIFIES SQL DATA | 表示程序体包含写数据的 SQL 语句 |
| SQL SECURITY DEFINER | 表示只有定义者有权执行程序体 |
| SQL SECURITY INVOKER | 表示调用者有权执行程序体 |

示例如下：

```
ALTER FUNCTION avg_temp READS SQL DATA COMMENT '计算平均温度';
```

使用 SHOW CREATE FUNCTION 查看修改结果：

```
mysql > show create function avg_temp\G;
*************************** 1. row ***************************
            Function: avg_temp
            sql_mode: STRICT_TRANS_TABLES,NO_ENGINE_SUBSTITUTION
     Create Function: CREATE DEFINER = `root`@`localhost` FUNCTION `avg_temp`(my_year int, my_
month int) RETURNS double
    READS SQL DATA
    COMMENT '计算平均温度'
BEGIN
  DECLARE temp real DEFAULT 0;
  SELECT (SUM(T02) + SUM(T08) + SUM(T14) + SUM(T20))/
         (Count(T02) + Count(T08) + Count(T14) + Count(T20)) INTO temp
  FROM temperature WHERE Year = my_year AND Month = my_month;
  return temp;
END
character_set_client: utf8mb4
collation_connection: utf8mb4_0900_ai_ci
Database Collation: utf8mb4_0900_ai_ci
```

**5. 函数删除**

```
DROP FUNCTION [IF EXISTS] 函数名;
```

例如删除 test 数据库中的 avg_temp 函数。

```
mysql > DROP FUNCTION avg_temp;
Query OK, 0 rows affected (0.01 sec)
```

## 7.4 存储过程

### 7.4.1 存储过程的概念

在数据库服务端 SQL 编程，除了函数之外，还可以利用存储过程完成一系列复杂的操作。与 SQL 处理放在应用程序侧处理相比，在服务端使用存储过程的优点有：可以减少网络流量，充分利用服务端的强大计算能力；存储过程在服务端经过了预编译，执行效率高；增强代码的共享性、重用性和安全性。虽然存储过程有以上优点，但是使用中也需要注意以下的问题：

(1) 代码与应用程序独立存放，版本不容易控制，调试不方便；

(2) 将复杂的核心业务放在存储过程中，如果业务经常发生变化，存储过程就需要重新编写、调试，花费代价较高。

MySQL 的存储过程与用户自定义函数相比的异同点总结如表 7-11 所示。

表 7-11 存储过程与用户自定义函数的异同点

| 异 同 点 | | 存储过程 PROCEDURE | 用户自定义函数 FUNCTION |
|---|---|---|---|
| 相同点 | 功能 | 都可以完成一系列复杂的 SQL 操作，可以被重复执行。都是经过一次编译后，后面再次需要时直接执行 | |
| | 范围 | 存储过程与用户自定义函数都是属于某个数据库的对象 | |
| 不同点 | 调用方式 | CALL | SELECT |
| | 参数 | 有输入、输出、输入输出 3 种不同类型参数 | 只有输入参数 |
| | 返回值 | 无返回值(返回值无数据类型) | 必须有一个返回值(返回值有数据类型) |
| | 互相调用 | 存储过程内可调用函数 | 函数内不可调用存储过程 |

## 7.4.2 存储过程的创建与调用

### 1. 存储过程创建

```
DELIMITER 新结束符
CREATE PROCEDURE <存储过程名> ( [[IN |OUT| INOUT] 参数名称 参数类型 ]… )
[BEGIN]
<存储过程体>
[END]
新结束符
DELIMITER;
```

存储过程创建语法与函数基本相同，主要差异点在支持多种输入参数的类型，而函数所有的参数都是输入类型。

(1) IN：输入参数，传入合适的值，供存储过程处理。

(2) OUT：输出参数，初始值为 NULL。用于将存储过程中的值保持到 OUT 类型的参数，返回给调用者。

(3) INOUT：输入输出参数，即参数传入存储过程中，同时在存储过程处理之后的值也通过该变量返回给用户。

**【实战练习 7-3】** 利用无参的存储过程实现：返回 SPJ_MNG 数据库中 S 表中所有'北京'供应商的信息。

```
DELIMITER $ $
CREATE PROCEDURE get_sInfo()
BEGIN
    select * from s where city = '北京';
END $ $
DELIMITER ;
```

调用该存储过程示例如下：

```
mysql > call get_sInfo();
+------+---------+---------+-------+
| sno  | sname   | status  | city  |
+------+---------+---------+-------+
| S2   | 盛锡    | 30      | 北京  |
```

```
| S3    | 东方红    | 30        | 北京    |
+-----+--------+--------+------+
2 rows in set (0.01 sec)
```

【实战练习 7-4】 利用带有输入参数的存储过程,计算小于某个数 n 的所有正整数之和。

```
DELIMITER $ $
CREATE PROCEDURE up_getsum(in n int)
BEGIN
    declare total int default 0;
    declare num int default 0;
    while num < n do
        set num = num + 1;
        set total = total + num;
    end while;
    select total;
END $ $
DELIMITER;
```

在该例子中,由于没有返回类型的参数,只能通过在存储过程结束前查看 total 中的计算结果。调用该存储过程示例如下:

```
mysql > call up_getsum(6);
+-------+
| total  |
+-------+
|   21   |
+-------+
1 row in set (0.00 sec)
```

【实战练习 7-5】 查询指定学号学生的姓名。

```
DELIMITER $ $
CREATE PROCEDURE up_getsname(in u_sno varchar(5), out u_sname varchar(10))
BEGIN
    set u_sname = (select sname from s where sno = u_sno);
    if (u_sname is NULL) then
        set u_sname = '姓名不存在';
    end if;
END $ $
DELIMITER;
```

调用该存储过程示例如下:

```
mysql > call up_getsname('2001', @sname);
Query OK, 0 rows affected, 4 warnings (0.00 sec)

mysql > select @sname;
+--------+
| @sname  |
+--------+
| 李白     |
+--------+
1 row in set (0.00 sec)
```

思考题：如果在本例中涉及的学生信息S表中，sname允许为NULL，如何区分输入的学号不存在和学号存在但姓名为空两种不同的情况？

**【实战练习7-6】** 使用INOUT参数实现给一个数n加10。

```
DELIMITER $ $
CREATE PROCEDURE up_add10(inout total int)
BEGIN
    set total = total + 10;
END $ $
DELIMITER;
```

由于该例子中的total同时作为输入和输出参数，调用时需要提前准备好一个局部变量作为实参传递。

```
mysql > set @curCnt = 5;
Query OK, 0 rows affected (0.00 sec)

mysql > call up_add10(@curCnt);
Query OK, 0 rows affected (0.00 sec)

mysql > select @curCnt;
+---------+
| @curCnt  |
+---------+
|    15    |
+---------+
```

**2. 存储过程查看**

(1) 使用SHOW PROCEDURE STATUS LIKE语句查看某个具体存储过程的状态。

```
mysql > SHOW PROCEDURE STATUS LIKE 'up_add10'\G;
*************************** 1. row ***************************
                  Db: student
                Name: up_add10
                Type: PROCEDURE
             Definer: root@localhost
            Modified: 2022 - 04 - 16 15:03:11
             Created: 2022 - 04 - 16 15:03:11
       Security_type: DEFINER
             Comment:
character_set_client: utf8mb4
collation_connection: utf8mb4_0900_ai_ci
  Database Collation: utf8_unicode_ci
1 row in set (0.00 sec)
```

此处状态里的Type表明是一个存储过程，在查看函数时该类型是FUNCTION。

(2) 使用SHOW CREATEPROCEDURE <存储过程名>语句查看某个存储过程的内容。

```
mysql> SHOW CREATE PROCEDURE up_add10\G
*************************** 1. row ***************************
           Procedure: up_add10
            sql_mode: STRICT_TRANS_TABLES,NO_ENGINE_SUBSTITUTION
    Create Procedure: CREATE DEFINER=`root`@`localhost` PROCEDURE `up_add10`(inout total int)
begin
        set total = total + 10;
end
character_set_client: utf8mb4
collation_connection: utf8mb4_0900_ai_ci
  Database Collation: utf8_unicode_ci
```

## 7.4.3 存储过程的修改与删除

### 1. 存储过程修改

```
ALTER PROCEDURE 存储过程名[特征]
```

存储过程的修改与函数的修改一样,也仅能修改表7-10所列的存储过程的属性特征。具体示例如下:

```
ALTER PROCEDUR up_add10 COMMENT '给一个数 n 加 10';
```

使用SHOW PROCEDURE STATUS LIKE 查看修改结果:

```
mysql> SHOW PROCEDURE STATUS LIKE 'up_add10'\G;
*************************** 1. row ***************************
                  Db: student
                Name: up_add10
                Type: PROCEDURE
             Definer: root@localhost
            Modified: 2022-04-16 15:37:26
             Created: 2022-04-16 15:03:11
       Security_type: DEFINER
             Comment: 给一个数 n 加 10
character_set_client: utf8mb4
collation_connection: utf8mb4_0900_ai_ci
  Database Collation: utf8_unicode_ci
```

### 2. 存储过程删除

```
DROP PROCEDURE [IF EXISTS] 存储过程名;
```

例如删除test数据库的存储过程up_add10。

```
mysql> DROP PROCEDURE IF EXISTS test.up_add10;
Query OK, 0 rows affected (0.01 sec)
```

## 7.4.4 存储过程的错误处理

存储过程执行时,可以对某些错误异常进行专门处理,例如,当发生某种错误的时候从当前程序块退出或者继续。本节详细讲述存储过程中的错误处理。

### 1. 自定义错误码与 SIGNAL 触发函数

在编译存储过程时,可使用 DECLARE 语句为特定的错误声明一个名称,其基本语法如下:

```
DECLARE condition_name CONDITION FOR condition_value
condition_value: {
      mysql_error_code
      | SQLSTATE [VALUE] sqlstate_value
}
```

mysql_error_code 是一个数值类型的错误代码,SQLSTATE 是一个 5 位字符长度的代码,其开头两个数字含义如表 7-12 所示。

表 7-12　SQLSTATE 说明

| 范　围 | 含　义 | 详细说明 |
| --- | --- | --- |
| ='00' | success | 成功。如果 SQLSTATE 的状态码以'00'开头表示无异常,不会触发 SIGNAL |
| ='01' | warning | 系统的 warning 个数会累加 1,SQLWARNING 会捕获该错误 |
| ='02' | not found | NOT FOUND 将捕获这个错误。如果不处理该消息,则结束。该错误对游标没有任何影响 |
| >'02' | exception | SQLEXCEPTION 将捕获这个错误 |
| ='40' | | 按照一个普通的 exception 处理 |

返回/触发一个错误码使用 SIGNAL 函数,示例如下:

```
DELIMITER $ $
CREATE PROCEDURE error_test(pval INT)
BEGIN
  DECLARE special_err CONDITION FOR SQLSTATE '40002';
  IF pval = 0 THEN
    SIGNAL SQLSTATE '01000';
  ELSEIF pval = 1 THEN
    SIGNAL SQLSTATE '40001'
    SET MESSAGE_TEXT = 'An error occurred', MYSQL_ERRNO = 4001;
  ELSEIF pval = 2 THEN
    SIGNAL special_err
    SET MESSAGE_TEXT = 'Special error occurred', MYSQL_ERRNO = 4002;
  ELSE
    SIGNAL SQLSTATE '40005'
    SET MESSAGE_TEXT = 'New error occurred', MYSQL_ERRNO = 4005;
  END IF;
  END;
$ $
DELIMITER;
```

测试结果如下:

```
mysql > call error_test(0);
Query OK, 0 rows affected, 1 warning (0.00 sec)
```

```
mysql> call error_test(1);
ERROR 4001 (40001): An error occurred
mysql> call error_test(2);
ERROR 4002 (40002): Special error occurred
mysql> call error_test(3);
ERROR 4005 (40005): New error occurred
```

对以上测试结果,解释如下:

(1) 当输入参数为 0 时,触发'01000'的错误,这是一个警告级别的,因此程序正常执行结束,只是 warning 的个数加 1。

(2) 当输入参数为 1 时,触发'40001'的错误,由于没有定义特别的异常处理程序,存储过程调用报错,输出信息的格式:ERROR mysql_error_code (SQLSTATE ):MESSAGE_TEXT,即 ERROR 4001 (40001):An error occurred。

(3) 当输入参数为 2 时,触发实现定义的 special_err 的错误(SQLSTATE ='40002'),输出消息机制同(2)。

(4) 当输入参数为 3 时,触发'40005'的错误,输出消息机制同(2)。

**2. 异常处理程序**

当自定义了状态码后,可以使用 MySQL 提供的 DECLARE …HANDLER 语句为其设置处理程序,含义为针对某种异常执行什么样的动作。语法如下:

```
DECLARE handler_action HANDLER
    FOR condition_value [, condition_value] …
    statement

handler_action: {
    CONTINUE | EXIT | UNDO
}

condition_value: {
   mysql_error_code | SQLSTATE [VALUE] sqlstate_value
  | condition_name
  | SQLWARNING   | NOT FOUND   | SQLEXCEPTION
}
```

假设数据库 test 中创建 t 表,主键为 s1,插入重复数据会报'23000'的错误。

```
mysql> CREATE TABLE test.t (s1 INT, PRIMARY KEY (s1));
Query OK, 0 rows affected (0.04 sec)

mysql> INSERT INTO test.t VALUES (1);
Query OK, 1 row affected (0.01 sec)

mysql> INSERT INTO test.t VALUES (1);
ERROR 1062 (23000): Duplicate entry '1' for key 't.PRIMARY'
```

若希望发生'23000'错误时不报错,执行 SET @d =1 后继续执行,可用以下的方式实现:

```
DELIMITER $ $
CREATE PROCEDURE handler_demo ()
   BEGIN
         DECLARE CONTINUE HANDLER FOR SQLSTATE '23000' SET @d = 1;
         SET @next = 1;
         INSERT INTO test.t VALUES (1);
         SET @next = 2;
         INSERT INTO test.t VALUES (1);
         SET @next = 3;
   END;
$ $
DELIMITER;
```

测试结果如下：

```
mysql > call handler_demo();
Query OK, 0 rows affected (0.00 sec)

mysql > select @d;
+------+
| @d   |
+------+
|    1 |
+------+
1 row in set (0.00 sec)

mysql > select @next;
+-------+
| @next |
+-------+
|    3  |
+-------+
1 row in set (0.00 sec)
```

以上结果中，@d 为 1，表示的确发生了'23000'的重复插入错误，@next 为 3 表示该存储过程完整执行完了。

# 7.5 SQL 控制流程语句

## 7.5.1 条件判断语句

MySQL 所支持的条件判断语句包括 IF 语句和 CASE 语句，其语义与普通编程语言中的语义相同。

**1. IF 语句**

IF 语句与系统流程控制函数 IF()并不相同。IF 语句可以有 THEN、ELSE 及 ELSEIF 子句，以 END IF 为结束符标志。IF()函数仅用在单独 SQL 语句中。

IF 语句的语法如下：

```
IF search_condition THEN statement_list
    [ELSEIF search_condition THEN statement_list] …
```

```
    [ELSE statement_list]
END IF
```

【实战练习 7-7】 根据 m 和 n 的大小关系,用文本输出比较结果。

```
DELIMITER //
CREATE FUNCTION IntCompare (n INT, m INT)
  RETURNS VARCHAR(50)
  BEGIN
    DECLARE s VARCHAR(50);
    IF n = m THEN SET s = '等于';
    ELSE
      IF n > m THEN SET s = '大于';
      ELSE SET s = '小于';
      END IF;
    END IF;
    SET s = CONCAT(n, '', s, '', m);
    RETURN s;
  END //
DELIMITER;
```

## 2. CASE 语句

CASE 语句与系统流程控制函数 CASE 不同,以 END CASE 结束且不能是 ELSE NULL 子句。语法如下:

```
CASE case_value
    WHEN when_value THEN statement_list
    [WHEN when_value THEN statement_list] …
    [ELSE statement_list]
END CASE
```

或者

```
CASE
    WHEN search_condition THEN statement_list
    [WHEN search_condition THEN statement_list] …
    [ELSE statement_list]
END CASE
```

【实战练习 7-8】 根据情况分别输出比指定成绩低、高、相等的选课成绩信息。

```
DELIMITER $ $
CREATE PROCEDURE case_info(in cgrade int, in flag int)
  BEGIN
    CASE flag
      WHEN 1 THEN select sno, cno, grade from sc where grade < cgrade;
      WHEN 2 THEN select sno, cno, grade from sc where grade >= cgrade;
      ELSE
        BEGIN
            select sno, cno, grade from sc where grade = cgrade;
        END;
    END CASE;
```

```
  END;
$ $
DELIMITER;
```

测试结果如下：

```
mysql > call case_info(90, 1);
+------+-----+-------+
| sno   | cno  | grade   |
+------+-----+-------+
| 2001  | 2   |   85    |
| 2002  | 2   |   78    |
| 2002  | 3   |   84    |
+------+-----+-------+
3 rows in set (0.00 sec)
Query OK, 0 rows affected (0.01 sec)
```

## 7.5.2 循环语句

### 1. REPEAT 循环

```
[begin_label:] REPEAT
    statement_list
UNTIL search_condition
END REPEAT [end_label]
```

**【实战练习 7-9】** 使用 REPEAT 控制循环，计算 1～n 的数字之和。

```
DELIMITER //
CREATE PROCEDURE sum_repeat(n INT)
BEGIN
    declare i, sum int default 0;
    REPEAT
       SET i = i + 1;
       SET sum = sum + i;
    UNTIL i >= n END REPEAT;
    select i, sum;
END //
DELIMITER;
```

### 2. WHILE 循环

```
[begin_label:] WHILE search_condition DO
    statement_list
END WHILE [end_label]
```

**【实战练习 7-10】** 使用 WHILE 控制循环，计算 1～n 的数字之和。

```
DELIMITER //
CREATE PROCEDURE sum_while(n INT)
BEGIN
```

```
    declare i, sum int default 0;
    WHILE i < n DO
       SET i = i + 1;
       SET sum = sum + i;
    END WHILE;
    select i, sum;
END //
DELIMITER;
```

### 3. LOOP 循环

```
[begin_label:] LOOP
    statement_list
END LOOP [end_label]
```

在 LOOP 的语句列表中必须给出循环结束的条件，否则会出现死循环。通常，使用判断语句进行判断，使用 LEAVE 语句退出循环，或者使用 ITERATE 语句跳转到指定语句。

**【实战练习 7-11】** 使用 LOOP 控制循环，计算 1～n 的数字之和。

```
DELIMITER //
CREATE PROCEDURE sum_loop(in max_value int)
BEGIN
  declare i, sum int default 0;
  label: LOOP
  IF i >= max_value THEN
     select i, sum;
     LEAVE label;
  ELSE
    set i = i + 1;
    set sum = sum + i;
    END IF;
  END LOOP label;
END//
DELIMITER;
```

## 7.6 游标

### 7.6.1 游标的概念与操作

SELECT 语句返回的结果有可能是一条记录也可能是多条记录，当期望对返回的结果集中的多条数据进行逐条处理时，需要使用 MySQL 提供的游标机制。游标相当于一个记录指针，可以逐条获取数据。

MySQL 的游标主要应用于存储过程与函数中，一般的使用流程包含 4 个步骤。

(1) 定义游标 DECLARE。游标在使用之前，需要将其与指定的 SELECT 语句相关联，处理的数据就是 SELECT 得到的结果集。但是定义游标时，并未真正执行该查询语句。语法如下：

```
DECLARE cursor_name CURSOR FOR select_statement
```

(2) 打开游标OPEN。打开游标时,会执行SELECT语句,将检索结果集存储在内存中供后续程序使用。语法如下:

```
OPEN cursor_name
```

(3) 使用游标FETCH。每访问一次FETCH语句获取一行记录,然后通过与REPEAT循环配合使用,记录指针会向前移动到下一条记录,直到将所有数据都处理完。当到达最后一条记录后,再执行FETCH会出现SQLSTATE '02000'的错误,因此在使用游标时通常利用DECLARE…HANDLER语句处理该错误,从而结束游标的遍历过程。语法如下:

```
FETCH [[NEXT] FROM] cursor_name INTO var_name [, var_name] …
```

(4) 关闭游标CLOSE。游标使用完之后,必须关闭游标,释放游标占用的内存等资源。

```
CLOSE cursor_name
```

## 7.6.2 游标示例

本节通过两个实战练习展示游标的使用方法。

### 1. 自动逐行拼接返回字符串

**【实战练习7-12】** 针对SPJ_MNG数据库,创建一个使用游标的存储过程:当输入一个工程号JNO时,将返回供应该工程零件的所有供应商的名称(SNAME),这些供应商名要求拼接成一个字符串,并用逗号(,)分隔。例如:输入J2,输出'精益,盛锡,为民'。

示例程序如下:

```
DELIMITER $ $
CREATE PROCEDURE jname_search(in p_jno varchar(5))
BEGIN
    declare names_line varchar(100) default '';
    declare tempName, oneName varchar(20) default '';
    declare done boolean default 0;
    declare i int default 0;
    declare cursor_name cursor for
        select distinct(s.sname) from s, spj
        where s.sno = spj.sno and spj.jno = p_jno;
    declare continue handler for sqlstate '02000' set done = 1;
    -- 用于处理 sqlstate 02000 (ER_SP_FETCH_NO_DATA)错误,结束游标遍历
    open cursor_name;
    repeat
        if (i!= 0) then
            set tempName = concat(oneName ,', ');
            set names_line = concat(names_line, tempName);
        end if;
        fetch cursor_name into oneName;
        set i = i + 1;
    until done
    end repeat;
    close cursor_name;
```

```
    select left(names_line, CHAR_LENGTH(names_line) - 2) as jnames;
END $ $
DELIMITER;
```

测试结果如下：

```
mysql > call jname_search('J2');
+-------------------+
| jnames            |
+-------------------+
| 精益，盛锡，为民    |
+-------------------+
1 row in set (0.00 sec)
```

## 2. 自动逐行进行 SQL 处理

**【实战练习 7-13】** 假设一个员工表 employee(eID, eName, salary),该表中有 1000 条员工数据。该公司计划为员工按照一定的规则调整一次工资,请使用游标创建一个存储过程,执行该存储过程完成本次工资调整。工资增长规则如下：

(1) 月工资在 7000 元以下,月工资涨 500 元；

(2) 月工资为 7000(含)～10000(不含)元,月工资涨 300 元；

(3) 月工资高于或者等于 10000 元,月工资涨 200 元。

示例程序如下：

```
DELIMITER //
CREATE PROCEDURE update_salary()
BEGIN
    declare t_eid, t_salary int default 0;
    declare done int default 0;
    declare cur_eid cursor for select eID from employee;
    declare continue handler for sqlstate '02000' set done = 1;
    -- 02000 (ER_SP_FETCH_NO_DATA)

    open cur_eid;
    fetch cur_eid into t_eid;
    while done = 0 do
        select salary into t_salary from employee where eid = t_eid;

        if(t_salary < 7000) then
            update employee set salary = t_salary + 500 where eid = t_eid;
        elseif(t_salary > = 7000 AND t_salary < 10000) then
            update employee set salary = t_salary + 300 where eid = t_eid;
        elseif(t_salary > = 10000) then
            update employee set salary = t_salary + 200 where eid = t_eid;
        end if;

        fetch cur_eid into t_eid;
    end while;
    close cur_eid;
end //
DELIMITER;
```

测试结果如下，可随机挑选部分数据验证更新是否正确。

```
mysql > call update_salary();
Query OK, 0 rows affected (5.16 sec)
```

# 7.7　触发器

## 7.7.1　触发器的概念

触发器是一种特殊的存储过程，由预先定义好的事件(表的增删改)发生时自动调用相关的触发器代码段，而存储过程需要用 call 显式调用。

触发器是依附于表的数据库对象，常见的用途如下：

(1) 用于完成比 CHECK 约束更复杂的限制。

(2) 对数据库进行级联修改。

(3) 检测到数据变化后，触发一些自定义的功能，如回滚、审计等。

## 7.7.2　触发器的创建与触发

触发器创建的语法如下：

```
CREATE TRIGGER trigger_name trigger_time trigger_event
    ON tbl_name FOR EACH ROW [trigger_order]
    trigger_body
trigger_time: { BEFORE | AFTER }
trigger_event: { INSERT | UPDATE | DELETE }
trigger_order: { FOLLOWS | PRECEDES } other_trigger_name
```

根据触发器的定义，可知针对数据库的某张表的 INSERT、UPDATE 或 DELETE 操作之前(BEFORE )或者之后(AFTER )定义一个触发器。FOR EACH ROW 表明该触发器 MySQL 仅支持行级触发器。其他 DBMS，有的会支持语句级别的触发器。一个表上最多有 6 个触发器，触发器顺序可根据 FOLLOWS(新触发器在现有触发器之后激活)或者 PRECEDES(新触发器在现有触发器之前激活)确定。

在定义了触发器的某张表上发生修改操作时，会自动为触发器的运行而生成该表的两张虚拟表：

(1) Old 表，存放修改前的记录(delete，update)；

(2) New 表，存放修改后的记录(insert，update)。这两个虚拟表经常被用在触发器的过程体里。

此外，MySQL 支持 create event 按照时间定时触发执行 SQL 的机制。这个定时事件与本节的触发器机制不同，读者有兴趣可以自行查阅 MySQL 官网。

**【实战练习 7-14】** 假设有一张银行账户表，创建一个触发器，当插入数据时，自动累计每笔交易的金额。

```
CREATE TABLE account (acct_num INT, amount DECIMAL(10,2));

CREATE TRIGGER ins_sum
```

```
BEFORE INSERT ON account
FOR EACH ROW
SET @sum = @sum + NEW.amount;
```

给该表中插入一些记录，触发 ins_sum 触发器，进行验证：

```
mysql> SET @sum = 0;
Query OK, 0 rows affected (0.00 sec)

mysql> INSERT INTO account VALUES(1, 15.00),(2, 2010.50),(3, -100.00);
Query OK, 3 rows affected (0.01 sec)
Records: 3 Duplicates: 0 Warnings: 0

mysql> SELECT @sum AS 'Total amount inserted';
+--------------------+
| Total amount inserted |
+--------------------+
|            1925.50 |
+--------------------+
1 row in set (0.00 sec)
```

**【实战练习 7-15】** 创建一个触发器实现级联删除的功能：当删除学生表 S 的一条记录时，从选课表 SC 中自动删除该学生的选课信息。

```
DELIMITER $ $
CREATE TRIGGER del_s AFTER DELETE ON s
FOR EACH ROW
BEGIN
  set @sno = OLD.sno;
    delete from sc where sno = @sno;
END $ $
DELIMITER;
```

删除表 S 一条记录，触发 del_s 触发器，进行验证：

```
mysql> select * from sc where sno = '2001';
+------+-----+-------+
| sno  | cno | grade |
+------+-----+-------+
| 2001 | 1   |  92   |
| 2001 | 2   |  85   |
| 2001 | 3   |  90   |
+------+-----+-------+
3 rows in set (0.00 sec)

mysql> delete from s where sno = '2001';
Query OK, 1 row affected (0.01 sec)

mysql> select * from sc where sno = '2001';
Empty set (0.00 sec)
```

**【实战练习 7-16】** 利用触发器实现外键约束：针对表 SC 创建一个名为 insert_sc 的 INSERT 触发器。该触发器功能：向表 SC 中插入记录时，如果插入的 cno 值不是表 C 中 cno

的已有值，则提示用户“不能插入表 C 中没有的数据”，并阻止该数据的插入；如果插入的 sno 值不是表 S 中的 sno 的已有值，则提示用户“不能插入表 S 中没有的数据”，并阻止该数据的插入。

```
DELIMITER //
CREATE TRIGGER insert_sc
BEFORE INSERT ON sc
FOR each row
BEGIN
    if(NEW.cno not in (select cno from c)) then
        signal sqlstate '31000'
        set MESSAGE_TEXT = '不能插入 C 表中没有的数据';
    elseif (NEW.sno not in (select sno from s)) then
        signal sqlstate '32000'
        set MESSAGE_TEXT = '不能插入 S 表中没有的数据';
    end if;
END //
DELIMITER;
```

给表 SC 中插入一些记录，触发 insert_sc 触发器，进行验证：

```
mysql> insert sc values('11',2,80);
ERROR 1644 (32000): 不能插入 S 表中没有的数据

mysql> insert sc values('2002',8, 80);
ERROR 1644 (31000): 不能插入 C 表中没有的数据
```

## 7.7.3　触发器的查看与删除

### 1. 触发器查看

```
SHOW TRIGGERS [{FROM | IN} db_name] [LIKE 'pattern' | WHERE expr]
```

以上语法中，需要注意 like 后面的模式匹配的是表名，不是触发器名。

具体例子如下：

```
mysql> show triggers like 's'\G
*************************** 1. row ***************************
             Trigger: del_s
               Event: DELETE
               Table: s
           Statement: begin
        set @sno = OLD.sno;
    delete from sc where sno = @sno;
    end
              Timing: AFTER
             Created: 2022-04-16 22:48:40.33
            sql_mode: STRICT_TRANS_TABLES,NO_ENGINE_SUBSTITUTION
             Definer: root@localhost
character_set_client: utf8mb4
collation_connection: utf8mb4_0900_ai_ci
  Database Collation: utf8_unicode_ci
1 row in set (0.00 sec)
```

**2. 触发器删除**

```
DROP TRIGGER [IF EXISTS] [schema_name.]trigger_name
```

删除表 S 一条记录，触发 del_s 触发器，用 select 语句验证表 SC 中数据。删除该触发器后，再做一次类似验证。

```
DROP TRIGGER del_s;
```

## 7.7.4 复杂触发器程序示例

**【实战练习 7-17】** 在 student 数据库中创建一个新的课程成绩统计表 CAvgGrade (Cno, Snum, examSNum, avgGrade)，分别表示课号、选该课程的学生人数、参加考试人数、该门课程的平均成绩。利用触发器实现如下的功能：当表 SC 中插入、删除或者更新某个人的成绩时，自动更新表 CAvgGrade。注意表 SC 中的 grade 为 NULL 时表明该学生还未参加考试，计算平均成绩时不需要计算该成绩，但是 grade 为 0 即考试成绩为 0 时，计算平均成绩时需要计算该学生成绩。

提示：需要针对插入、更新、删除动作分别创建 3 个触发器。可以先设计并实现一个公共的存储过程，然后在 3 个触发器中调用该存储过程。

```
USE student;
CREATE TABLE CAvgGrade(Cno char(2), Snum int, examSNum int,avgGrade int);
CREATE TABLE tmp( r_cno char(2), r_numnull int);

DELIMITER //
CREATE PROCEDURE updateAvgGrade()
BEGIN
  declare r_cno, r_numnull int default 0;
  declare done int default 0;
  declare cur_nullgrade cursor for
          select cno, count(sno) as num_nullgrade from sc
          where grade is null group by cno;
  declare continue handler for sqlstate '02000' set done = 1;
  -- 02000 (ER_SP_FETCH_NO_DATA)

  -- 初始化清除原有数据
  delete from CAvgGrade;
  delete from tmp;
  insert into CAvgGrade(Cno, Snum, examSNum, avgGrade)
           select cno, count(sno), count(sno), avg(grade) from sc group by cno;

  open cur_nullgrade;
  fetch cur_nullgrade into r_cno, r_numnull;
  while done = 0 do
    insert into tmp values(r_cno, r_numnull);
    update CAvgGrade set examSNum = examSNum - r_numnull where cno = r_cno;
    fetch cur_nullgrade into r_cno, r_numnull;
  end while;
  close cur_nullgrade;
END //
```

```
CREATE TRIGGER u_sc_updateAvgGrade after update on sc for each row
BEGIN
    call updateAvgGrade();
END//

CREATE TRIGGER d_sc_updateAvgGrade after delete on sc for each row
BEGIN
    call updateAvgGrade();
END//

CREATE TRIGGER i_sc_updateAvgGrade after insert on sc for each row
BEGIN
    call updateAvgGrade();
END//
DELIMITER;
```

变更表SC中一些记录，触发insert_sc触发器，进行验证：

```
mysql> select * from sc;
+------+-----+-------+
| sno  | cno | grade |
+------+-----+-------+
| 2001 | 3   |    95 |
| 2002 | 2   |    78 |
| 2002 | 3   |    84 |
| 2002 | 4   |    80 |
| 2003 | 6   |    91 |
| 2004 | 1   |  NULL |
| 2004 | 2   |  NULL |
+------+-----+-------+

mysql> insert into sc values('2001', 1, NULL);
Query OK, 1 row affected (0.01 sec)
mysql> select * from sc;
+------+-----+-------+
| sno  | cno | grade |
+------+-----+-------+
| 2001 | 1   |  NULL |
| 2001 | 3   |    95 |
| 2002 | 2   |    78 |
| 2002 | 3   |    84 |
| 2002 | 4   |    80 |
| 2003 | 6   |    91 |
| 2004 | 1   |  NULL |
| 2004 | 2   |  NULL |
+------+-----+-------+
8 rows in set (0.00 sec)

mysql> select * from CAvgGrade order by Cno;
+-----+------+----------+----------+
| Cno | Snum | examSNum | avgGrade |
+-----+------+----------+----------+
| 1   |    2 |        0 |     NULL |
```

```
|2      |    2 |      1     |       78     |
|3      |    2 |      2     |       90     |
|4      |    1 |      1     |       80     |
|6      |    1 |      1     |       91     |
+-------+------+------------+--------------+
5 rows in set (0.00 sec)
```

## 7.8 预处理 SQL 语句

DBMS 系统中，每条 SQL 语句的执行都需要经过词法语法分析、查询计划生成、查询计划优化及查询执行等步骤。对于只是参数不同、其他均相同的 SQL 语句，它们执行时间不同但词法语法分析及查询计划生成的时间是相同的，特别是对于执行时间较短的 SQL，这部分分析与查询计划生成的代价占比较高。如果某个 SQL 语句多次反复执行，显然对这些 SQL 语句的重复分析与查询计划生成等是一种资源浪费，因此引入了 PREPARE 的预处理机制。预处理是指将 SQL 语句中的关键字和数据分离，对固定 SQL 语句中只进行一次分析或查询计划生成，这样在参数值不同但 SQL 语句相同的情况下，执行性能会显著提升。

MySQL 中采用预处理方式进行查询包括以下步骤：

（1）定义预处理 SQL：定义中 FROM 后的参数 preparable_stmt 使用'?'作为占位符，代替动态传入数据的符号。

```
PREPARE stmt_name FROM preparable_stmt
```

（2）执行预处理语句。

```
EXECUTE stmt_name [USING @var_name [, @var_name] …]
```

（3）释放预处理语句。

```
{DEALLOCATE | DROP} PREPARE stmt_name
```

完整的使用示例如下（查询成绩大于某个分数的学生考试信息）：

```
mysql > set @sql = 'select * from sc where grade >?';
Query OK, 0 rows affected (0.00 sec)

mysql > prepare stmt from @sql;
Query OK, 0 rows affected (0.00 sec)
Statement prepared

mysql > set @g = 80;
Query OK, 0 rows affected (0.00 sec)

mysql > execute stmt using @g;
+-----+----+------+
```

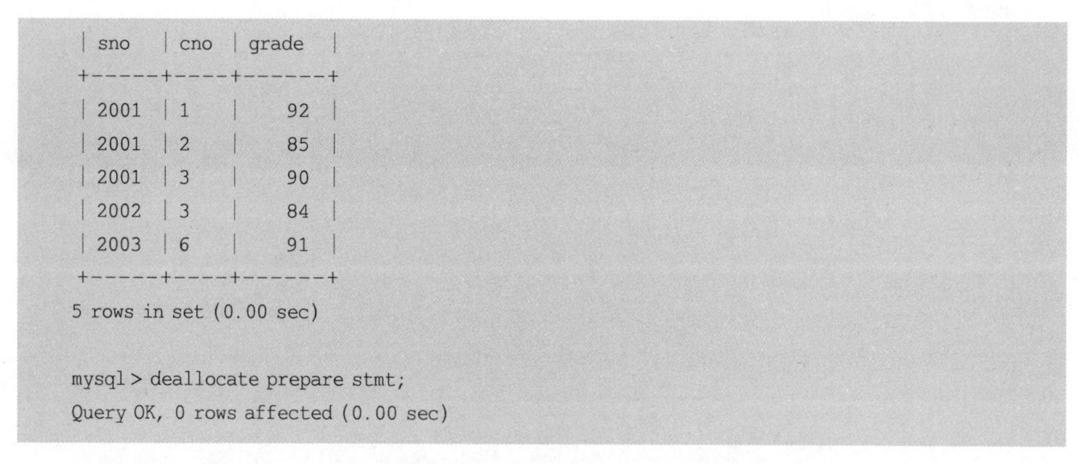

```
| sno  | cno | grade  |
+-----+----+------+
| 2001 | 1   |    92 |
| 2001 | 2   |    85 |
| 2001 | 3   |    90 |
| 2002 | 3   |    84 |
| 2003 | 6   |    91 |
+-----+----+------+
5 rows in set (0.00 sec)

mysql > deallocate prepare stmt;
Query OK, 0 rows affected (0.00 sec)
```

PREPARE 语句在 MYSQL 数据库服务器端的执行过程如下：

(1) PREPARE：DBMS 接收客户端带"?"的 SQL，将词法语法解析得到语法树(stmt->Lex)，缓存在 preparestatement 的 cache 中。

(2) EXECUTE：DBMS 接收客户端 SQL 语句 ID 和参数等信息。注意这里客户端不需要再发 SQL 过来。服务器根据 SQL 语句 ID 在 preparestatement cache 中查找得到语法树，并设置参数，就可以继续后续的查询。

不同 DBMS 实现 PREPARE 的机制不同，有些数据库会缓存执行计划，性能提升更加显著。

## 7.9　银行场景化综合实战

### 7.9.1　场景描述

首先描述本节中将用到的银行场景的需求：假设针对 X 银行的业务，存在客户、银行卡、理财产品、保险和基金 5 个基本的实体。针对这些实体，假设 X 银行存在着以下业务，基于该业务背景完成本节的后续实战问题。

(1) 一个客户可以办理多张银行卡，可以进行存取款和转账业务。

(2) 一个客户可以购买多个理财产品，同一类理财产品可由多个客户购买。

(3) 一个客户可以购买多个基金，同一类基金可由多个客户购买。

(4) 一个客户可以购买多个保险，同一类保险可由多个客户购买。

### 7.9.2　实体联系分析与 E-R 图

X 银行中的实体完整描述如下：

客户：客户编号，客户名称，客户身份证，客户手机号，客户登录密码
银行卡：银行卡号，银行卡类型，所属客户编号，余额
理财产品：产品编号，产品名称，产品描述，销售开始日，封闭开始日，产品价格，理财年限，产品状态
保险：保险编号，保险名称，保险价格，适用人群，保险年限，产品状态
基金：基金编号，名称，类型，价格，基金风险度，基金经理，产品状态

X 银行中的不同实体之间的关系描述如下：

理财产品购买：客户编号，理财产品编号，购买理财产品时间，购买数量，投入金额，收益，总资产，支付银行卡号

保险购买：客户编号，保险编号，购买保险时间，购买数量，投入金额，收益，总资产，支付银行卡号
基金购买：客户编号，基金编号，购买基金时间，购买数量，投入金额，收益，总资产，支付银行卡号
客户与银行卡：一个客户可以办理多张银行卡；一个客户可以多次给某张银行卡进行存取款；不同的银行卡之间可以进行互相转账。

根据以上描述，可知理财产品、基金、保险存在一些共性，都属于某一种大金融产品，因此设计了具有父类与子类关系的实体。整体的E-R图设计如图7-1。

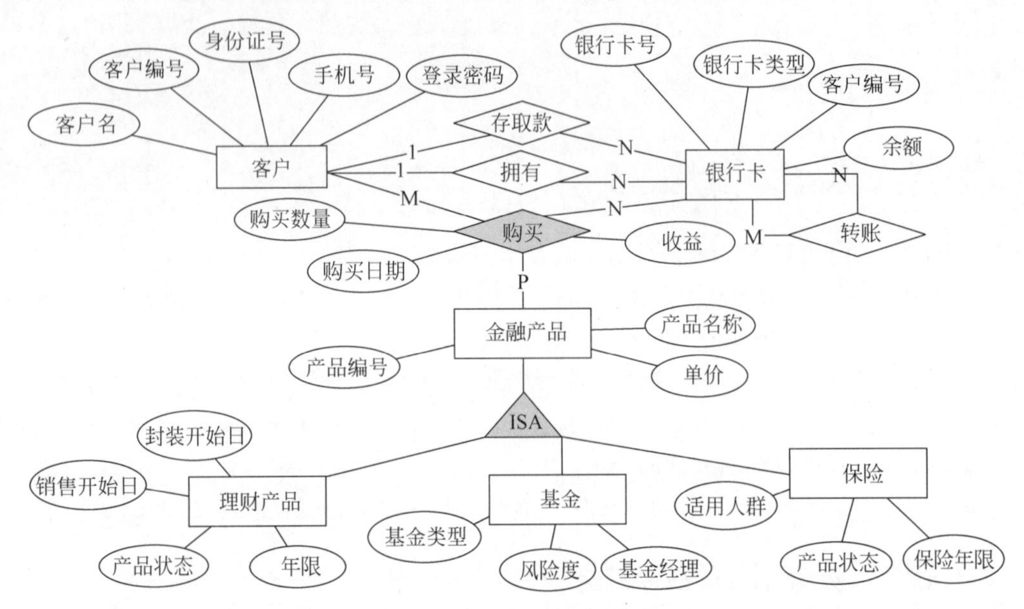


**图7-1 银行综合场景E-R图**

## 7.9.3 综合实战

### 1. 建表与加载数据

根据该数据库DDL文件及初始数据，按照如下所示初始化数据库。

```
CREATE TABLE customer(
    c_id int,
    c_name varchar(100) not null,
    c_id_card char(20) unique not null,
    c_phone char(20) unique not null,
    c_password char(20) not null,
    primary key(c_id));
CREATE TABLE bank_card
(
    b_number char(30),
    b_type char(20),
    b_c_id int not null,
    b_balance decimal(10,2),
    primary key(b_number)
);
```

```
CREATE TABLE fund
(
    f_id int primary key,
    f_name varchar(100) not null,
    f_type char(20),
    f_price decimal(10,2),
    risk_level char(20) not null,
    f_manager int not null,
    f_status tinyint
);

CREATE TABLE c_fund
(
    c_id int,
    f_id int,
```

```
    f_time datetime,
    f_quantity int ,
    f_purchase_money decimal(10,2),
    f_income decimal(10,2),
    f_total decimal(10,2),
    b_number char(30),
    primary key(c_id, f_id, f_time)
);

CREATE TABLE finances_product(
    p_id int primary key,
    p_name varchar(100) not null,
    p_description varchar(100),
    p_sale_start_date date,
    p_excu_start_date date,
    p_price decimal(10,2),
    p_year int,
    p_status tinyint
);

CREATE TABLE insurance(
    i_id int primary key,
    i_name varchar(100) not null,
    i_price decimal(10,2),
    i_person char(20),
    i_year int,
    i_status tinyint
);

CREATE TABLE c_finances(
    c_id int,
    p_id int,
    p_time datetime,
    p_quantity int ,
    p_purchase_money decimal(10,2),
    p_income decimal(10,2),
    p_total decimal(10,2),
    b_number char(30),
    primary key(c_id, p_id, p_time)
);

CREATE TABLE c_insurance (
    c_id int,
    i_id int,
    i_time datetime,
    i_quantity int ,
    i_purchase_money decimal(10,2),
    i_income decimal(10,2),
    i_total decimal(10,2),
    b_number char(30),
    primary key(c_id, i_id, i_time)
);
```

示例数据如下：

mysql> select * from fund;

| f_id | f_name | f_type | f_price | risk_level | f_manager | f_status |
|---|---|---|---|---|---|---|
| 1 | 广发汽车指数 | 股票型 | 1.10 | 高 | 1 | 0 |
| 2 | 广发债券 | 债券型 | 0.89 | 中 | 2 | 0 |
| 3 | 广发货币 | 货币型 | 1.78 | 低 | 3 | 0 |
| 4 | 广发沪深300指数 | 指数型 | 2.09 | 中 | 4 | 0 |

4 rows in set (0.00 sec)

mysql> select * from insurance;

| i_id | i_name | i_price | i_person | i_year | i_status |
|---|---|---|---|---|---|
| 1 | 平安健康保险 | 100.00 | 老人 | 30 | 0 |
| 2 | 平安人寿保险 | 200.00 | 老人 | 30 | 0 |
| 3 | 平安意外保险 | 50.00 | 所有人 | 30 | 0 |
| 4 | 平安医疗保险 | 300.00 | 所有人 | 30 | 1 |
| 5 | 平安财产损失保险 | 100.00 | 中年人 | 30 | 0 |

5 rows in set (0.03 sec)

mysql> select * from customer;

| c_id | c_name | c_id_card | c_phone | c_password |
|---|---|---|---|---|
| 1 | 张一 | 610123199901010001 | 18815650001 | gaussdb |
| 2 | 张二 | 610123199901010002 | 18815650002 | gaussdb |
| 3 | 张三 | 610123199901010003 | 18815650003 | gaussdb |
| 4 | 张四 | 610123199901010004 | 18815650004 | gaussdb |
| 5 | 张五 | 610123199901010005 | 18815650005 | gaussdb |
| 6 | 张六 | 610123199901010006 | 18815650006 | gaussdb |
| 7 | 张七 | 610123199901010007 | 18815650007 | gaussdb |
| 8 | 张八 | 610123199901010008 | 18815650008 | gaussdb |
| 9 | 张九 | 610123199901010009 | 18815650009 | gaussdb |
| 10 | 张十 | 610123199901010010 | 18815650000 | gaussdb |
| 11 | 李一 | 610123199901010011 | 18815650011 | gaussdb |
| 12 | 李二 | 610123199901010012 | 18815650012 | gaussdb |
| 13 | 李三 | 610123199901010013 | 18815650013 | gaussdb |
| 14 | 李四 | 610123199901010014 | 18815650014 | gaussdb |
| 15 | 李五 | 610123199901010015 | 18815650015 | gaussdb |
| 16 | 李六 | 610123199901010016 | 18815650016 | gaussdb |
| 17 | 李七 | 610123199901010017 | 18815650017 | gaussdb |
| 18 | 李八 | 610123199901010018 | 18815650018 | gaussdb |
| 19 | 李九 | 610123199901010019 | 18815650019 | gaussdb |
| 20 | 李十 | 610123199901010020 | 18815650020 | gaussdb |
| 21 | 王一 | 610123199901010021 | 18815650021 | gaussdb |
| 22 | 王二 | 610123199901010022 | 18815650022 | gaussdb |
| 23 | 王三 | 610123199901010023 | 18815650023 | gaussdb |
| 24 | 王四 | 610123199901010024 | 18815650024 | gaussdb |
| 25 | 王五 | 610123199901010025 | 18815650025 | gaussdb |
| 26 | 王六 | 610123199901010026 | 18815650026 | gaussdb |
| 27 | 王七 | 610123199901010027 | 18815650027 | gaussdb |
| 28 | 王八 | 610123199901010028 | 18815650028 | gaussdb |
| 29 | 王九 | 610123199901010029 | 18815650029 | gaussdb |
| 30 | 王十 | 610123199901010030 | 18815650030 | gaussdb |

30 rows in set (0.00 sec)

mysql> select * from bank_card;

| b_number | b_type | b_c_id | b_balance |
|---|---|---|---|
| 6222021302020000001 | 信用卡 | 1 | 0.00 |
| 6222021302020000002 | 信用卡 | 3 | 0.00 |
| 6222021302020000003 | 信用卡 | 5 | 0.00 |
| 6222021302020000004 | 信用卡 | 7 | 0.00 |
| 6222021302020000005 | 信用卡 | 9 | 0.00 |
| 6222021302020000006 | 信用卡 | 10 | 0.00 |
| 6222021302020000007 | 信用卡 | 12 | 0.00 |
| 6222021302020000008 | 信用卡 | 14 | 0.00 |
| 6222021302020000009 | 信用卡 | 16 | 0.00 |
| 6222021302020000010 | 信用卡 | 18 | 0.00 |
| 6222021302020000011 | 储蓄卡 | 3 | 5000.00 |
| 6222021302020000012 | 储蓄卡 | 3 | 10000.00 |
| 6222021302020000013 | 储蓄卡 | 7 | 100.00 |
| 6222021302020000014 | 储蓄卡 | 23 | 100.00 |
| 6222021302020000015 | 储蓄卡 | 24 | 100.00 |
| 6222021302020000016 | 储蓄卡 | 3 | 50000.00 |
| 6222021302020000017 | 储蓄卡 | 26 | 100.00 |
| 6222021302020000018 | 信用卡 | 7 | 100.00 |
| 6222021302020000019 | 储蓄卡 | 12 | 100.00 |
| 6222021302020000020 | 储蓄卡 | 29 | 100.00 |

20 rows in set (0.01 sec)

```
mysql> select * from finances_product;
+------+--------------+----------------------------------------------+-------------------+-------------------+---------+--------+----------+
| p_id | p_name       | p_description                                | p_sale_start_date | p_excu_start_date | p_price | p_year | p_status |
+------+--------------+----------------------------------------------+-------------------+-------------------+---------+--------+----------+
|    1 | 交银债券     | 以国债金融债为主要投资方向的银行理财产品     | 2022-05-15        | 2022-06-15        |  100.00 |      6 |        0 |
|    2 | 交银信贷资产 | 将信托资产购买理财产品发售银行或第三方信贷资产 | 2022-05-15      | 2023-05-14        | 1070.80 |      5 |        0 |
|    3 | 交银大宗商品 | 与大宗商品期货挂钩的理财产品                 | 2023-03-15        | 2023-04-15        |   30.10 |      5 |        0 |
+------+--------------+----------------------------------------------+-------------------+-------------------+---------+--------+----------+
3 rows in set (0.00 sec)
```

### 2. 完善 DML

在初始化数据完成的状态下，完成以下功能：

(1) 身份证号为“610103123456781234”的人在 X 银行注册了一个新客户，并且申请办理了一张新的信用卡。在客户表和银行卡表中插入该客户记录。

```
insert into customer(c_id,c_name,c_id_card,c_phone,c_password) values
(31, '刘一',610103123456781234,'18815650031','gaussdb');
insert into bank_card(b_number,b_type,b_c_id,b_balance) values
('6222021302020000031','信用卡', 31, 1000);
```

(2) 根据业务需要添加表约束，约束添加成功后进行验证：

① 在银行卡表、理财产品购买表、保险购买表、基金购买表中，添加正确的外键约束：客户编号设置为外键，参照客户表的客户编号；理财产品编号、保险编号、基金编号分别参照对应的表中的编号；支付银行卡号参考银行卡表的卡号。

```
-- 银行卡表
alter table bank_card add constraint fk_bc_cid foreign key(b_c_id) references customer(c_id);
-- 理财产品购买表
alter table c_finances add constraint fk_cf_cid foreign key(c_id) references customer(c_id);
alter table c_finances add constraint fk_cf_pid foreign key(p_id) references finances_product
(p_id);
alter table c_finances add constraint fk_cf_bcid foreign key(b_number) references bank_card(b
_number);
-- 保险购买表
alter table c_insurance add constraint fk_ci_cid foreign key(c_id) references customer(c_id);
alter table c_insurance add constraint fk_ci_iid foreign key(i_id) references insurance(i_id);
alter table c_insurance add constraint fk_ci_bcid foreign key(b_number) references bank_card(b
_number);
-- 基金购买表
alter table c_fund add constraint fk_cfn_cid foreign key(c_id) references customer(c_id);
alter table c_fund add constraint fk_cfn_pid foreign key(f_id) references fund(f_id);
alter table c_fund add constraint fk_cfn_bcid foreign key(b_number) references bank_card(b_
number);
```

可以用以下命令分别查看：

```
show create table bank_card;
show create table c_finances;
show create table c_insurance;
show create table c_fund;
```

② 在以上基本表中，存在金额或者价格相关的 6 个属性。在现实生活中，金额或者价

格不会出现负数。因此针对这些属性，添加其值大于0的约束条件。注意，对于银行卡是“信用卡”的情况余额可以为负，所以不要设定余额大于0的约束。

```
alter table finances_product add constraint ck_pp_gzero check(p_price >= 0);
alter table insurance add constraint ck_ip_gzero check(i_price >= 0);
alter table fund add constraint ck_fp_gzero check(f_price >= 0);

alter table c_finances add constraint ck_pi_gzero check(p_income >= 0);
alter table c_insurance add constraint ck_ii_gzero check(i_income >= 0);
alter table c_fund add constraint ck_fi_gzero check(f_income >= 0);
```

(3) 模拟以下的业务写出SQL查询语句进行查询：

① 查询X银行所有银行卡的卡号和类型信息。

```
select b_number, b_type from bank_card;
```

② 查询X银行拥有的客户数量。

```
select count(distinct(b_c_id)) from bank_card;
```

③ 查询拥有银行卡的所有客户编号、姓名和身份证号。

```
select distinct(b_c_id), c_name, c_id_card
from bank_card join customer on bank_card.b_c_id = customer.c_id;
```

④ 统计所有的银行卡中储蓄卡和信用卡的各自数量。

```
select b_type, count(b_number) from bank_card group by b_type;
```

⑤ 查询保险表中保险价格的平均值。

```
select avg(i_price) from insurance;
```

⑥ 查询保险表中保险价格的最大值和最小值所对应的险种和价格。

```
select i_name, i_price from insurance where i_price in (select max(i_price) from
insurance) union
select i_name,i_price from insurance where i_price in (select min(i_price) from insurance);
```

⑦ 某人捡到一张卡，希望查询该卡号是'6222021302020000006'的客户姓名和联系电话。

```
select c_name,c_phone from customer where c_id in
(select b_c_id from bank_card where b_number = '6222021302020000006')
```

⑧ 查询保险产品中保险价格大于平均值的保险名称和适用人群。

```
select i1.i_name,i1.i_price, i1.i_person from insurance i1
where i_price > (select avg(i_price) from insurance i2);
```

⑨ 查询 X 银行发布的理财产品总数，按照 p_year 分组。

```
select p_year, count( * ) from finances_product group by p_year;
```

⑩ 查询适用于老人的保险编号、保险名称、保险年限。

```
select i_id, i_name, i_price, i_year from insurance where i_person = '老人';
```

(4) 模拟以下的业务创建视图并基于视图进行查询：

① 创建视图：包含所有拥有银行卡的客户编号、姓名、身份证号、拥有的银行卡个数。

```
create view card_customer (c_bankid, c_name, c_id, num_card) as
select b_c_id, c_name, c_id_card, count(b_number)
from bank_card join customer on bank_card.b_c_id = customer.c_id
group by b_c_id;
```

② 修改视图：在原有视图的基础上，仅包含拥有信用卡的用户。

```
alter view card_customer (c_bankid, c_name, c_id, num_card) as
select b_c_id, c_name, c_id_card, count(b_number)
from bank_card join customer on bank_card.b_c_id = customer.c_id
where b_type = '信用卡'
group by b_c_id;
```

(5) 模拟业务变化：由于人们对基金查询的需求大幅度增加，请在基金购买表上创建复合索引：c_id ASC、f_id ASC、f_quantity DESC。

```
create index IX_ciq on c_fund(c_id asc, f_id asc, f_quantity desc);
```

执行结果如下：

mysql> show index from c_fund;

| Table | Non_unique | Key_name | Seq_in_index | Column_name | Collation | Cardinality | Sub_part | Packed | Null | Index_type | Comment | Index_comment | Visible | Expression |
|---|---|---|---|---|---|---|---|---|---|---|---|---|---|---|
| c_fund | 0 | PRIMARY | 1 | c_id | A | 0 | NULL | NULL | | BTREE | | | YES | NULL |
| c_fund | 0 | PRIMARY | 2 | f_id | A | 0 | NULL | NULL | | BTREE | | | YES | NULL |
| c_fund | 0 | PRIMARY | 3 | f_time | A | 0 | NULL | NULL | | BTREE | | | YES | NULL |
| c_fund | 1 | IX_ciq | 1 | c_id | A | 0 | NULL | NULL | | BTREE | | | YES | NULL |
| c_fund | 1 | IX_ciq | 2 | f_id | A | 0 | NULL | NULL | | BTREE | | | YES | NULL |
| c_fund | 1 | IX_ciq | 3 | f_quantity | D | 0 | NULL | NULL | YES | BTREE | | | YES | NULL |

6 rows in set (0.03 sec)

(6) 模拟业务需求，增删改数据。

① 客户编号为 2 的客户，申请更新自己的手机号码为'13312345678'。

```
update customer set c_phone = '13312345678' where c_id = 2;
```

② 模拟 4 号理财产品的发售、购买、结算、停止产品的简化过程。

第一步：银行发售新的理财产品。

2021 年 12 月 21 日银行发售周期为 90 天的理财产品，编号为 4，开始封闭时间为 2022 年 1 月 16 日，价格为 8.0 元，状态为 0(0 表示正常)。

```
insert into finances_product(p_id, p_name, p_description, p_sale_start_date, p_excu_start_
date, p_price, p_year, p_status) values
(4, '交银理财 4 号', '与期货挂钩的理财产品.', '2021/12/21', '2022/1/16', 8.0, 1, 0,90);
```

第二步：客户购买 4 号理财产品(购买并从对应的银行卡扣钱)。假设有 5 笔交易：

a. 2022/1/15 14:00 客户 3 用银行卡 6222021302020000011 购买 1000 份 4 号理财产品(余额不足,交易失败)。

b. 2022/1/15 13:00 客户 3 用银行卡 6222021302020000012 购买 1000 份 4 号理财产品。

c. 2022/1/15 14:00 客户 5 用银行卡 6222021302020000003 购买 1000 份 4 号理财产品(信用卡不能支付,交易失败)。

d. 2022/1/15 14:01 客户 5 用银行卡 6222021302020000016 购买 1000 份 4 号理财产品。

e. 2022/1/15 15:00 客户 5 用银行卡 6222021302020000016 又购买 500 份 4 号理财产品。

提示：需要给 c_finances 表插入合适的购买记录,并且根据购买数量、单价计算购买总金额,并从银行卡(假设仅允许储蓄卡购买)中扣除相应的金额。注意考虑储蓄卡余额不足的情况,可能会导致购买失败。整体会涉及多张表,可以考虑用存储过程封装整个处理过程。此外,更新银行卡的余额,如果是储蓄卡,余额不足时应该更新失败。

用户存储过程实现：

```
DELIMITER $ $
CREATE PROCEDURE buy_fp(cid int, pid int, qty int, buytime datetime, cardnumber char(30))
BEGIN
  declare l_price decimal(10,2);
  declare l_balance decimal(10,2);
  declare card_type varchar(20);
  select p_price into l_price from finances_product where p_id = pid;
  select b_balance, b_type into l_balance, card_type from bank_card
  where b_number = cardnumber;
  if card_type = '储蓄卡' then
     if l_balance >= l_price * qty then
        begin
        insert into c_finances(c_id, p_id, p_time, p_quantity,
                               p_purchase_money, p_income, p_total, b_number)
              values (cid, pid, buytime, qty, qty * l_price, 0, 0, cardnumber);
        update bank_card set b_balance = b_balance - l_price * qty
                             where b_number = cardnumber;
        end
    else
        signal sqlstate '03100' set message_text = '该笔交易支付的银行卡余额不足';
    end if;
  else
        signal sqlstate '03100' set message_text = '该交易仅允许使用储蓄卡支付';
  end if;
END $ $
DELIMITER;
```

调用购买理财产品存储过程的执行结果如下：

```
mysql> call buy_fp(3, 4, 1000, '2022/01/15 13:00:00', '6222021302020000011');
ERROR 1644 (03100): 该笔交易支付的银行卡余额不足
mysql> call buy_fp(3, 4, 1000, '2022/01/15 13:00:00', '6222021302020000012');
Query OK, 1 row affected (0.01 sec)

mysql> call buy_fp(5, 4, 1000, '2022/01/15 14:00:00', '6222021302020000003');
ERROR 1644 (03100): 该交易仅允许使用储蓄卡支付
mysql> call buy_fp(5, 4, 1000, '2022/01/15 14:01:00', '6222021302020000016');
Query OK, 1 row affected (0.02 sec)

mysql> call buy_fp(5, 4, 500, '2022/01/15 15:00:00', '6222021302020000016');
Query OK, 1 row affected (0.02 sec)

mysql> select * from c_finances;
+------+------+---------------------+------------+------------------+----------+---------+---------------------+
| c_id | p_id | p_time              | p_quantity | p_purchase_money | p_income | p_total | b_number            |
+------+------+---------------------+------------+------------------+----------+---------+---------------------+
|    3 |    4 | 2022-01-15 13:00:00 |       1000 |          8000.00 |     0.00 |    0.00 | 6222021302020000012 |
|    5 |    4 | 2022-01-15 14:01:00 |       1000 |          8000.00 |     0.00 |    0.00 | 6222021302020000016 |
|    5 |    4 | 2022-01-15 15:00:00 |        500 |          4000.00 |     0.00 |    0.00 | 6222021302020000016 |
+------+------+---------------------+------------+------------------+----------+---------+---------------------+
3 rows in set (0.00 sec)
```

第三步：银行进行收益兑现。

假设 2022 年 4 月 16 日该理财产品到期，假设总收益为 5%。2022 年 4 月 16 日，银行给所有购买 4 号理财产品的用户进行收益兑现：计算所有购买客户的收益，将其本金加收益的总金额累计增加到购买该产品的银行卡余额中。

提示：根据指定的收益率，计算每笔 4 号理财产品的购买交易到期后的余额（收益金额+本金）；然后将该交易的收益含额累加到支付该交易的银行卡余额中。

用存储过程实现如图 7-2 所示。

```
1  USE finance;
2  DROP PROCEDURE IF EXISTS pay_income;
3  DELIMITER $$
4  CREATE PROCEDURE pay_income(pm_id int, rate decimal(5,2))
5  BEGIN
6      declare l_p_total decimal(10, 2);
7      declare l_card_number char(30) default '';
8      declare done boolean default 0;
9      declare cur_finances cursor for
10         select p_total, b_number from c_finances where p_id=pm_id;
11     declare continue handler for sqlstate '02000' set done = 1; -- 02000 (ER_SP_FETCH_NO_DATA)
12 
13     start transaction;
14     update c_finances set p_income= p_purchase_money * rate where p_id=pm_id;
15     update c_finances set p_total= p_purchase_money + p_income where p_id=pm_id;
16 
17     open cur_finances;
18     fetch cur_finances into l_p_total, l_card_number;
19     repeat
20         update bank_card set b_balance = b_balance + l_p_total where b_number= l_card_number;
21         fetch cur_finances into l_p_total, l_card_number;
22     until done
23     end repeat;
24     close cur_finances;
25     commit;
```

图 7-2　创建银行理财产品收益兑现的存储过程

执行结果如下：

```
mysql> call pay_income(4, 0.05);
Query OK, 0 rows affected (0.02 sec)

mysql> select * from c_finances;
+------+------+---------------------+------------+------------------+----------+---------+---------------------+
| c_id | p_id | p_time              | p_quantity | p_purchase_money | p_income | p_total | b_number            |
+------+------+---------------------+------------+------------------+----------+---------+---------------------+
|    3 |    4 | 2022-01-15 13:00:00 |       1000 |          8000.00 |   400.00 | 8400.00 | 6222021302020000012 |
|    5 |    4 | 2022-01-15 14:01:00 |       1000 |          8000.00 |   400.00 | 8400.00 | 6222021302020000016 |
|    5 |    4 | 2022-01-15 15:00:00 |        500 |          4000.00 |   200.00 | 4200.00 | 6222021302020000016 |
+------+------+---------------------+------------+------------------+----------+---------+---------------------+
3 rows in set (0.00 sec)
```

第四步：银行停止 4 号理财产品。

假设银行已经处理完了 4 号理财产品的收益兑现。现在银行要下架该理财产品。注意删除该理财产品记录时，需考虑外键约束。

提示：删除数据时尽量考虑备份，例如将 4 号理财产品的历史购买记录数据保存到一张单独的历史表中，然后再从 c_finances 表中删除 4 号理财产品的相关数据。从 finances_product 表中删除 4 号理财产品时，需要考虑外键约束，先删除 4 号产品的购买记录。也可以考虑给 finances_product 增加一个字段，将该产品设置为无效，而不是彻底删除。

示例 SQL 语句如下所示。

```
-- 备份
create table c_finances_old like c_finances;
insert into c_finances_old select * from c_finances where p_id = 4;

-- 方案 1:备份后删除
delete from c_finances where p_id = 4;
delete from finances_product where p_id = 4;

-- 方案 2
-- 考虑给 finances_product 增加一个字段,将该产品设置为无效,而不是彻底删除
update finances_product set p_status = 1 where p_id = 4;
```

## 本章小结

本章详细介绍了数据库服务端编程涉及的知识，包括变量、函数、存储过程、SQL 控制流程语句、游标、触发器及预处理 SQL 语句。针对每个知识点给出了相关的定义、查看、删除等语法，并用丰富的实战示例展示了各个知识点的具体应用。本章最后以一个银行场景设计了一个综合实战示例，引导读者学习在复杂场景中综合利用第 4 章到第 7 章的知识。

# 第8章 数据库应用程序开发

## 8.1 实战目标与准备

【实战目标】

本章目标是掌握数据库应用程序中的数据库访问技术，期望读者能独立开发一个基本的数据库应用程序，特别是其中的数据库访问部分。由于本书重点讲述数据库相关技术，因此数据库应用程序中涉及的 Web 编程、Windows 编程等非数据库技术的内容需要读者自学其他相关书籍。

【实战准备】

本章的应用程序开发，需要根据自己选择的编程语言提前安装好以下软件：

(1) JDBC：Java 开发环境。

(2) ODBC：C++或者 C# 开发环境或者 Python 开发环境。

(3) 其他访问数据库方式：C++或者 Python 开发环境。

## 8.2 数据库应用软件开发的概念

数据库应用是为了实现某种类型的应用业务，底层使用数据库进行数据管理的软件，通常包括业务程序和数据库两部分，如常见的银行交易系统、学生教务管理系统、图书管理系统、在线购物系统等，典型架构如图 8-1 所示。

数据库应用程序的开发环境变化多样，而且随着编程语言、编程框架等技术的发展，更新迭代速度快，不可能面面俱到，因此本章重点介绍基础的数据库访问技术，如 JDBC、ODBC、libmysql 等。与此同时，考虑到真实业务场景中各种数据库访问新技术的广泛应用，本章也选择了当前比较流行的 Java 语言的 Mybatis 框架作为代表进行介绍。

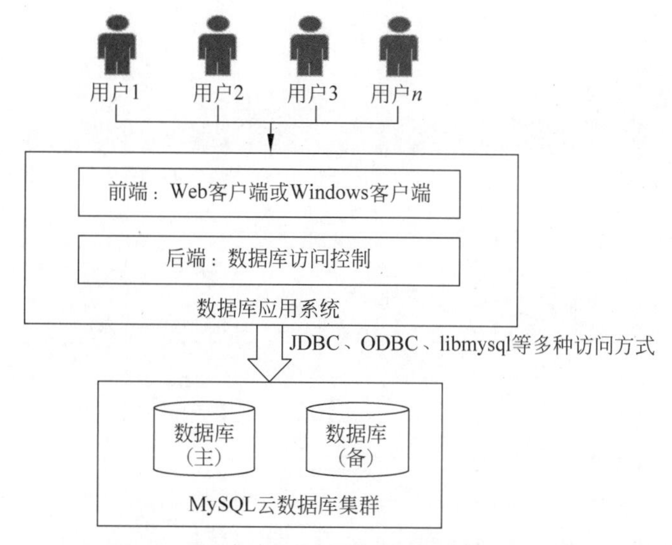


图 8-1　数据库应用系统架构

## 8.3 JDBC 编程实战

JDBC(Java Database Connectivity)是 Java 语言中用来规范客户端应用程序如何访问数据库的一套应用程序接口。JDBC 是面向对象的接口标准，也是目前使用最广泛的一种应用程序访问数据库的方式。每个数据库厂商独立提供自己产品的 JDBC 驱动，例如本书使用云库数据 MySQL8.0，则需根据 MySQL 服务版本下载对应的 JDBC 驱动程序 mysql-connector-java-8.0.21.jar。其主要功能是管理存放在数据库中的数据，通过对象定义了一系列与数据库系统进行交互的类和接口。通过接口对象，应用程序可以完成关于数据库的连接、执行 SQL 语句、从数据库中获取结果，获取状态及错误信息、终止事务和连接等。

**【实战练习 8-1】** 以下是一个简单的 JDBC 示例程序（本例的前提是下载 MySQL 的 JDBC 驱动，并将其导入示例程序的 Java 工程）：

```
import java.sql.*;
public void JDBCAccessMySQL()
{
    Connection conn = null;
    Statement stat;                         //Statement 对象将查询发送到数据库
    ResultSet ret;                          //查询结果集的对象，用于 Statement 返回的结果
    String driver = "com.mysql.cj.jdbc.Driver";         //驱动
    String url = "jdbc:mysql://124.70.89.26:3306/test?useSSL = false&serverTimezone = UTC";
    String user = "user1";                  //用户名
    String passwd = "NWPU@2022";            //密码
    try{
        Class.forName(driver);              //与数据库建立连接
        conn = DriverManager.getConnection(url, user, passwd);
    }
    catch(Exception e) {
        e.printStackTrace();
    }
```

```
        try{
            stat = conn.createStatement() ;
            ret = stat.executeQuery("select * from s");
            while(ret.next()) {
                for(int i = 1; i <= 4; i++)
                 System.out.print(ret.getString(i) + " " + "\n");
            }
            conn.close() ;
        }
        catch(SQLException e) {
            e.printStackTrace();
        }
    }
```

运行结果如下(查询表 S 中的所有数据):

```
JDBC for MySQL
2002  李清照  女  2005-02-01
2003  关羽    男  2011-10-04
2004  张飞    男  2006-06-08
```

# 8.4 ODBC 编程实战

## 8.4.1 ODBC 的概念

ODBC 是微软公司推出的开放数据库公共访问接口,架构如图 8-2,其目的是方便应用程序使用统一的 ODBC 驱动管理器访问不同的 DBMS 系统,或者在不同数据库间进行移植。每个 DBMS 厂商会发布自己产品的 ODBC 驱动,使用时需要用户自行下载安装和配置。

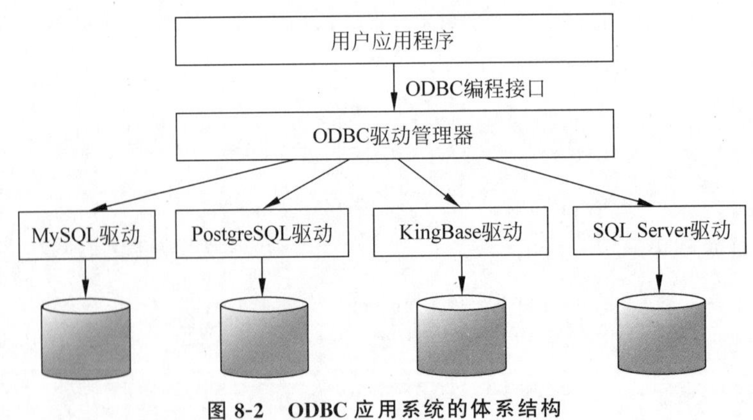


图 8-2 ODBC 应用系统的体系结构

## 8.4.2 ODBC 数据源配置

在基于 ODBC 机制连接数据库之前,首先需要进行数据源的配置。本书以 Windows 系统为例讲解云数据库 MySQL 的 ODBC 数据源的配置。Windows 10 操作系统中自带了 64 位和 32 位的 ODBC 驱动管理器(如图 8-3 所示为 64 位的 ODBC 数据源管理程序),可以在控制面板的管理工具中找到“数据源(ODBC)”工具进行数据源的配置。

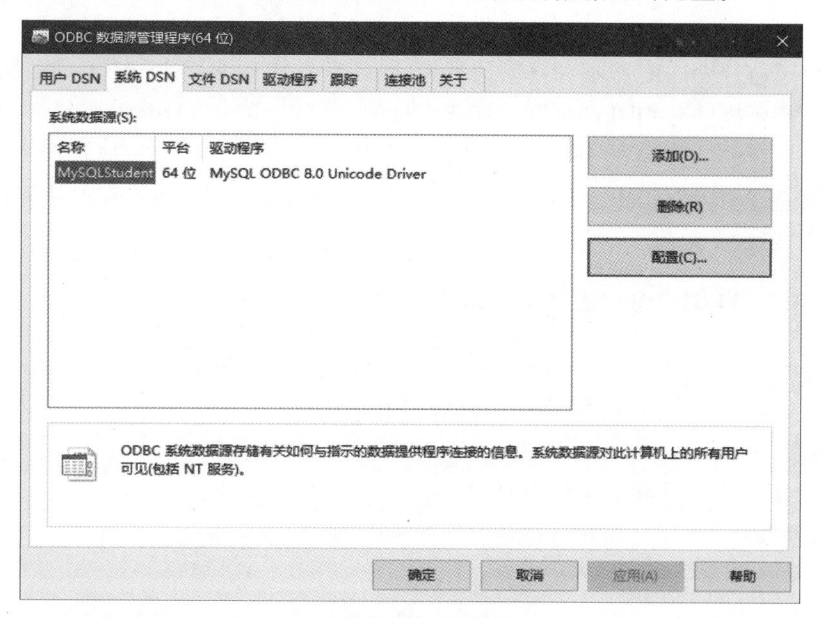


图 8-3 ODBC 数据库配置

ODBC 数据源管理工具的具体配置步骤如下：

(1) 根据 MySQL 数据库的版本和 CPU，在官网下载并安装 MySQL 的 ODBC 驱动，例如本书选择安装 mysql-connector-odbc-8.0.21-winx64.msi。

(2) 启动 ODBC 数据源管理程序，选择系统 DSN 页面，单击“添加”按钮后，在图 8-4(a) 所示的驱动列表中选择 MySQL ODBC 相关驱动，单击完成后会弹出该图右侧的界面。

注意，此处若没有安装 MySQL 的 ODBC 驱动，则列表中没有 MySQL 相关的驱动。

(3) 在图 8-4(b)所示的配置界面中，设置连接云数据库 MySQL 的基本信息，包括 Data Source Name、IP、端口、用户名、密码、默认访问数据库等。其中 Data Source Name(DSN) 是 ODBC 应用程序中将要使用的连接数据源标识符，此处设为“CloudMySQL”。配置完成后，可以单击 Database 右侧的 Test 按钮，验证配置是否成功。

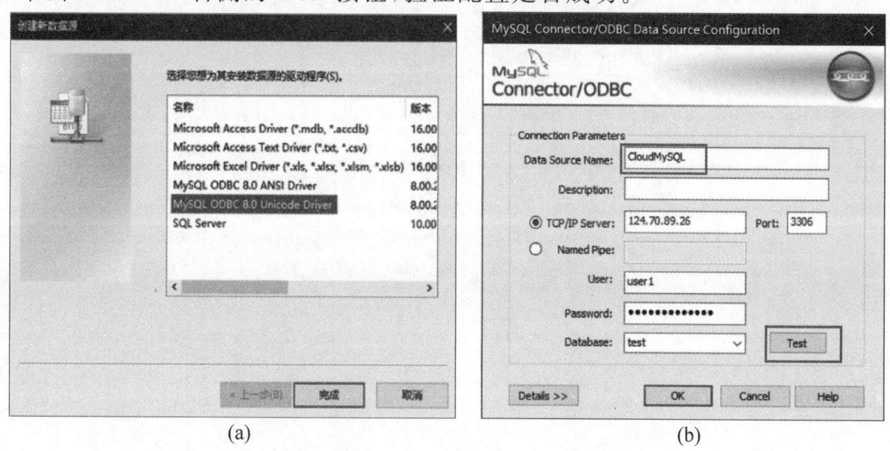


(a) (b)

图 8-4 MySQL 的 ODBC 驱动选择与配置

除了以上通过ODBC数据源管理工具手动配置之外，也可以编写程序调用API：SQLConfigDataSource等实现ODBC数据源自动配置。

应用程序通过ODBC数据源访问数据库，除了数据库厂商提供ODBC驱动，所使用的编程语言也需要提供对ODBC机制的支持。目前，C、C++、C＃、Python等语言都提供了对ODBC的支持，所有语言都将使用提前配置好的DSN连接数据库。需要说明的是，Java语言早期提供通过JDBC-ODBC桥的方式访问ODBC数据源，但从JDK 1.8之后不再支持该方式，故本书不做介绍。

### 8.4.3 ODBC编程之C实战

C语言通常使用ODBC相关的系列API完成数据库访问，ODBC 3.0标准提供了76个函数接口，其中主要API及基本使用流程如下：

(1) 初始化ODBC：SQLAllocEnv。

(2) 与ODBC数据源建立连接：SQLAllocConnect、SQLConnect。

(3) 存取数据：SQLAllocStmt、SQLExecDirect。

(4) 检索结果集：SQLFetch、SQLGetData。

(5) 结束应用程序：SQLFreeStmt、SQLDisconnect、SQLFreeConnect、SQLFreeEnv。

**【实战练习8-2】** 利用以上API访问数据库的参考示例片段。

```
SQLAllocEnv(&henv);                                          /* 分配环境句柄 */
SQLAllocConnect(henv, &hdbc);                                /* 分配连接句柄 */
//连接数据库
// szDSN中初值为配置的DSN名:CloudMySQL
retcode = SQLConnectW(hdbc, (SQLWCHAR *)szDSN, wcslen(szDSN), L"", 100, L"", 100);
if ((retcode == SQL_SUCCESS) || (retcode == SQL_SUCCESS_WITH_INFO))
{
    SQLAllocStmt(hdbc, &hstmt);                              /* 分配语句句柄 */
    retcode = SQLExecDirect(hstmt, szSelect, SQL_NTS);       /* 执行SQL语句 */
    if (retcode == SQL_SUCCESS)
    {
        int iCount = 0;
        while (TRUE)                                         /* 结果集处理 */
        {
            retcode = SQLFetch(hstmt);
            if (retcode == SQL_SUCCESS || retcode == SQL_SUCCESS_WITH_INFO)
            {
                iCount++;
                /* Get data for columns 1, 2 */
                SQLGetData(hstmt, 1, SQL_C_ULONG, &sNo, 0, &cbNo);
                SQLGetData(hstmt, 2, SQL_C_WCHAR, szName, 50, &cbName);
            }
            else
            {  break;  }
        }
    }
    else
    {                                                        /* 异常处理 */
    }
```

```
    SQLFreeStmt(hstmt, SQL_DROP);                          /*释放语句句柄*/
    SQLDisconnect(hdbc);                                   /*断开数据源*/
    SQLFreeConnect(hdbc);                                  /*释放连接句柄*/
    SQLFreeEnv(henv);                                      /*当完成应用后,释放环境句柄*/
}
```

### 8.4.4 ODBC 编程之 C++实战

C++中提供了 CDatabase、CRecordset 相关的类实现 ODBC 数据源的访问。CDatabase 类主要用于数据库的连接管理,CRecordset 类主要用于 SQL 执行及数据结果集的处理。

**【实战练习 8-3】** C++中使用以上类访问 ODBC 数据源的参考代码片段如下。

```
CDatabase database;
CRecordset recordSet;

CString strDSN(_T("CloudMySQL"));                          //设置 DSN 名
if (!database.IsOpen())
{
    database.Open(strDSN);                                 //连接数据库
    recordSet.m_pDatabase = &database;
}
CString strSQL(_T("select * from s;"));                    //执行 SQL
recordSet.Open(CRecordset::forwardOnly, strSQL);
//逐条处理 SQL 执行的返回结果
for (int i = 0; i < recordSet.GetRecordCount(); i++)
{
    CString sno, sname, strMsg;
    //获取每条记录中的不同字段
    recordSet.GetFieldValue(L"SNO", sno);
    recordSet.GetFieldValue(L"SNAME", sname);
     //确认获取到的信息
    strMsg.Format(L"CDatabase record %s: %s\n", sno.Trim(), sname.Trim());
    TRACE0(strMsg);
    //移动到下一条记录
    recordSet.MoveNext();
}
recordSet.Close();                                         //关闭释放 recordSet
database.Close();                                          //关闭释放 database
```

### 8.4.5 ODBC 编程之 C#实战

C#语言提供了 OdbcConnection、OdbcCommand 等相关的类实现 ODBC 数据源的访问。OdbcConnection 类主要用于数据库的连接管理,OdbcCommand 类主要用于 SQL 执行、数据记录集合的处理等。

**【实战练习 8-4】** C# 访问 ODBC 数据源的参考代码片段如下。

```
using System.Data.Odbc;

string conString = "DSN = CloudMySQL";                    //待连接的 ODBC 的数据源名
OdbcConnection con = null;

try
{   //建立与云数据库 MySQL 的连接
    con = new OdbcConnection(conString);
    con.Open();
    Console.WriteLine(String.Format("Connecction success"));

    //构造并执行 SQL
    string sql = "select count( * ) from s";
    OdbcCommand com = new OdbcCommand(sql, con);
    int i = Convert.ToInt32(com.ExecuteScalar());

    Console.WriteLine(string.Format("The count of tuples in table s : {0}", i));
}
catch (Exception e)
{
    Console.WriteLine(e.Message);
}
finally
{
    Console.ReadLine();                                   //使得命令行执行完后处于等待状态
    con.Close();
}
```

## 8.4.6 ODBC 编程之 Python 实战

Python 中目前有 pyodbc 和 pypyodbc 两个库可以用来连接 ODBC 数据源。pyodbc 是基于已编译的 C 代码组件实现的 ODBC 访问库，执行速度会比较快，而 pypyodbc 是 pyodbc 的纯 python 版本，移植性、跨平台性等方面更好一点。两者使用方法基本相同。

**【实战练习 8-5】** 基于 pypyodbc 的 Python 访问 ODBC 数据源参考代码片段。

```
import pypyodbc

def mysql_query_odbc():
    db = pypyodbc.connect('DSN = CloudMySQL')           # 通过 DSN 连接数据库
    cursor = db.cursor()
    cursor.execute("select * from s")                   # 执行 SQL
    # 使用 fetchall() 方法获取数据
    data = cursor.fetchall()
    for t in data:
        print(t)

    db.close()                                          # 关闭数据库连接
```

# 8.5 数据库连接池应用实战

仔细阅读前几节的示例程序，读者会发现：对数据库进行操作时，必须要先建立连接，在该连接上进行操作，使用完毕后要关闭连接。数据库连接是一种关键的、有限的、昂贵的资源，这一点在多用户的网页应用程序中体现得尤为突出，如第3章图3-2所示购买云数据库资源时的连接数就被列为重要的资源之一。因此对数据库连接的管理能力会显著影响到整个应用程序的性能指标。数据库连接池技术即为了解决这个问题而诞生。

数据库连接池负责分配、管理和释放数据库连接。数据库连接池在初始化时将创建一定数量的数据库连接放到连接池中，当应用程序需要连接数据库服务器的时候，只需去池中取出一条空闲的连接，而不是新建一条连接。由于反复建立和释放与数据库的物理连接是非常耗时耗资源的操作，因此直接使用空闲的连接将有效提升数据库访问性能。另外，数据库连接池通常有一个最大连接的参数限制这个连接池能占有的最大连接数，在本书中申请的云数据库资源中，当应用程序向连接池请求的连接数超过最大连接数量时，这些请求将被加入等待队列中。

Python里的DBUtils是一个数据库连接池包，提供PersistentDB(提供线程专用的数据库连接，并自动管理连接)和PooledDB(提供线程间可共享的数据库连接，并自动管理连接)两种对外接口。

以下以Python语言为例，分别展示使用了连接池与不使用连接池的数据库访问示例程序。通常应用程序应使用连接池技术，避免不必要的性能损失。

(1) 不使用连接池连接MySQL：该例子中每次调用mysql_query函数执行一条SQL，都会建立连接、执行操作、关闭连接全过程执行一遍，比较耗费资源。

**【实战练习8-6】** 不使用连接池连接MySQL。

```
import pymysql

def mysql_query(sql):
    if sql == "":                               # 空SQL语句异常判断
        return

    # 建立一个数据库连接
    conn = pymysql.connect(host = "localhost", user = "user1", password = "123456",
                           database = "student")
    cursor = conn.cursor()                      # 使用cursor()方法创建一个游标对象cursor
    cursor.execute(sql)                         # 使用execute()方法执行SQL查询
    data = cursor.fetchall()                    # 使用fetchall()方法获取数据
    for t in data:
        print(t)
    cursor.close()                              # 关闭游标
    conn.close()                                # 关闭数据库连接

if __name__ == '__main__':
    mysql_query("select * from s")
    mysql_query("select * from c")
```

以上mysql_query()函数中，pymysql.connect语句会创建一个新连接，conn.close()

会关闭并释放该连接。可以在 MySQL 客户端使用 show processlist 命令进行活跃连接信息的确认。

(2) 使用连接池：该例子中调用 mysql_query_pool()函数,会在初始化的时候就建立 5 个连接,不会创建新连接,是从连接池中直接获取建立好的空闲连接。

**【实战练习 8-7】** 使用连接池连接 MySQL。

```
def mysql_query_pool(sql):
    # 建立一个数据库池,池中创建好 5 个(mincached)数据库连接
    pool = PooledDB(pymysql, mincached = 5, maxconnections = 100,
                    host = 'localhost', user = 'user1', passwd = '123456', db = 'student', port = 3306)
    conn = pool.connection()                    # 从连接池中获取一个事先已经建立好的连接
    cursor = conn.cursor()                      # 使用 cursor() 方法创建一个游标对象 cursor
    cursor.execute("select * from s")           # 使用 execute()方法执行 SQL 查询
    data = cursor.fetchall()                    # 使用 fetchall() 方法获取数据
    for t in data:
        print(t)

    cursor.close()                              # 关闭游标
    conn.close()                                # 关闭数据库连接
    print("Finish.")
```

以上 mysql_query_pool()函数中,PooledDB 语句会在创建连接池时,在池中创建好 5 个数据库连接, pool. connection()函数仅仅是从连接池中的空闲列表中获取一个可用连接,conn. close()并不会真正关闭连接,只是将该连接放回到连接池的可用空闲连接列表中。直到该函数结束(pool 变量生命周期结束)时,5 个连接会被同时关闭掉。在该程序的 pool. connection()处设置断点时,查看到存在 user1 用户在 student 数据库上的 5 个活跃连接信息如下,也验证了以上说明。

```
mysql> show processlist;
+----+-----------------+----------------+---------+---------+--------+------------------------+------------------+
| Id | User            | Host           | db      | Command | Time   | State                  | Info             |
+----+-----------------+----------------+---------+---------+--------+------------------------+------------------+
|  5 | event_scheduler | localhost      | NULL    | Daemon  | 116142 | Waiting on empty queue | NULL             |
| 30 | root            | localhost:7590 | test    | Sleep   |    315 |                        | NULL             |
| 31 | root            | localhost:7591 | student | Sleep   |    315 |                        | NULL             |
| 52 | root            | localhost:8642 | NULL    | Query   |      0 | starting               | show processlist |
| 71 | user1           | localhost:9649 | student | Sleep   |     23 |                        | NULL             |
| 72 | user1           | localhost:9650 | student | Sleep   |     23 |                        | NULL             |
| 73 | user1           | localhost:9651 | student | Sleep   |     23 |                        | NULL             |
| 74 | user1           | localhost:9652 | student | Sleep   |     23 |                        | NULL             |
| 75 | user1           | localhost:9653 | student | Sleep   |      3 |                        | NULL             |
+----+-----------------+----------------+---------+---------+--------+------------------------+------------------+
9 rows in set (0.00 sec)
```

Java 中常见的开源数据库连接池技术如表 8-1,读者可根据情况自行选择,也可以基于一些基础类或开源连接池实现更加符合自己的连接池管理。不论选择哪个连接池技术,通常都提供一些可供用户自定义的参数,例如最小连接数、初始化连接数、最大连接数、最大等待时间等。

**表 8-1 Java 中常见的开源数据库连接池对比**

| 名　称 | 代　码 | 特　点 | 连接池管理 | 扩展性 |
| --- | --- | --- | --- | --- |
| DBCP | 简单 | 依赖于 common-pool | nkedBlockingDeque 没有自动回收空闲连接的功能 | 弱 |
| Druid | 中等 | 阿里开源,功能全面 | 数组 | 好 |

续表

| 名　　称 | 代　码 | 特　　点 | 连接池管理 | 扩展性 |
|---|---|---|---|---|
| C3P0 | 复杂 | 历史久远,代码逻辑复杂不易维护 | 有自动回收空闲连接功能 | 弱 |
| Tomcat-JDBC | 简单 | 可在 Tomcat 中使用,也可独立使用 | FairBlockingQueue | 弱 |
| HikariCP | 简单 | 优化力度大,功能简单,起源于 boneCP | threadlocal+CopyOnWriteArrayList | 弱 |

## 8.6 ADO. NET——Windows 窗口程序实战

Windows 应用与 Web 应用是目前常见的两种应用程序类型。C# 编写的 Windows 应用程序易学易用,本节将介绍基于 C# 中的 Windows 数据库应用程序实战方法。由于 ADO. NET 是 C# 中访问数据库的接口,本节先介绍 ADO. NET,然后再介绍具体的 Windows 数据库应用程序编程。

### 8.6.1 ADO. NET 的概念

ADO. NET 是微软公司开发的一组用于和数据源进行交互的面向对象类库。通常情况下,数据源是数据库,但它同样也能够是文本文件、Excel 表格或者 XML 文件。ADO. NET 允许和不同类型的数据源及数据库进行交互,是在. NET 编程环境中推荐优先使用的数据访问接口。本节以 MySQL 数据库为例讲解。

如图 8-5 所示的 ADO. NET 架构,该架构主要包含的类及说明如下:

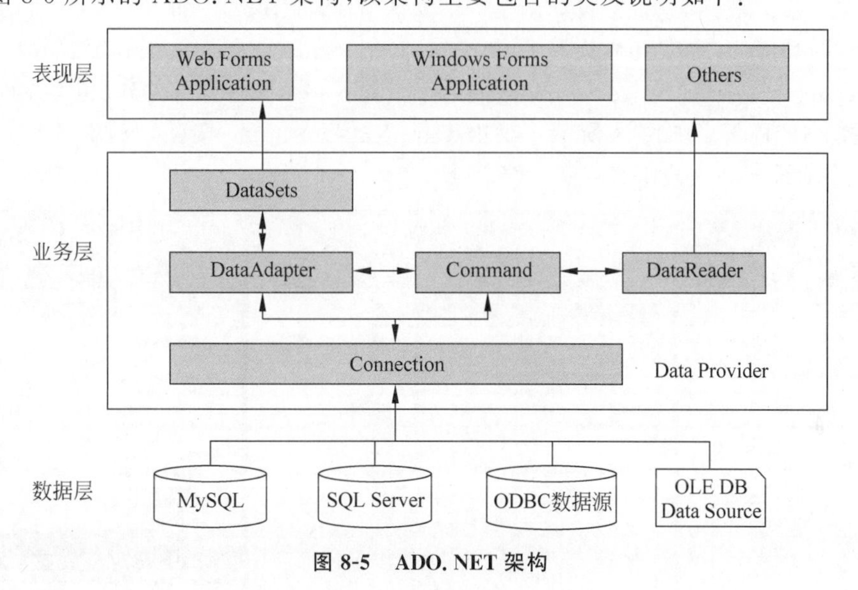


图 8-5　ADO. NET 架构

(1) Connection 类:主要用于建立与数据源建立连接。

(2) Command 类:主要用于执行 SQL 语句。

(3) DataAdapter 类:提供连接 DataSet 和数据源的桥梁,通过 DataSet 处理数据的类。DataAdapter 对象在数据源中执行 SQL 命令,以便将数据加载到 DataSet 中,并使在

DataSet 中数据的更改与数据源中保持一致。

(4) DataReader 类：用于快速不缓冲地顺序读取数据类。

(5) DataSet 类：用于在内存中存储数据，是离线数据处理的核心。

(6) DataTable 类：DataSet 中的一张表。

### 8.6.2 ADO.NET 编程实战

本节以一个 C#语言编写的简单 Windows 窗口程序为例，介绍基于 ADO.NET 的窗口应用程序编程技术。开发环境为 Visual Studio 2019。

**【实战练习 8-8】** 使用 C#语言基于 ADO.NET 的简单 Windows 窗口数据库访问程序。

(1) 新建一个 Windows Forms App 的工程，如图 8-6 所示。

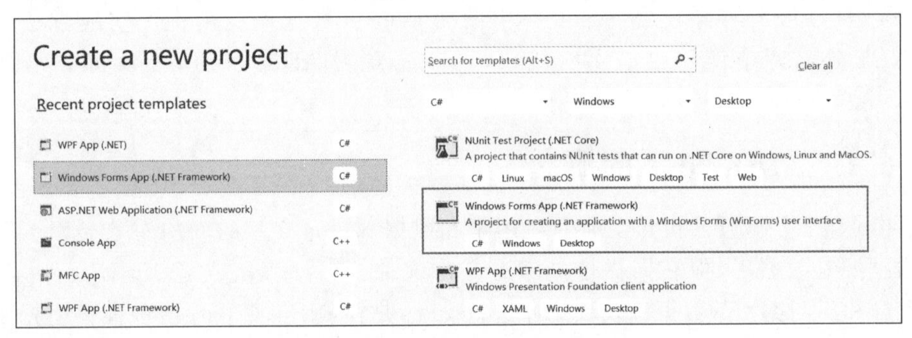


**图 8-6 新建 Windows Forms App 向导**

(2) 创建新工程后，系统会自动创建一个默认窗体，即图 8-7 所示 ADO.NET 示例程序的主界面，从①所示的工具栏拖动 4 个按钮(DataReader Sample、DataAdapter Sample、StoreProcedure Sample、Image Sample)到主界面；选择一个按钮控件，修改相关控件的 Text 等属性、控件名称等；如图②所示；双击 DataReader Sample 按钮，如图③所示，Visual Studio 会自动跳转到该按钮的响应事件。

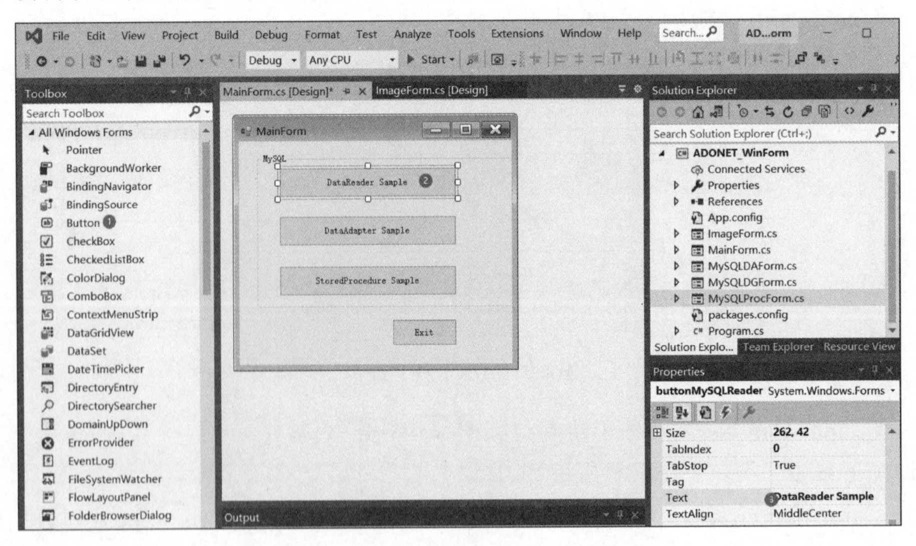


**图 8-7 ADO.NET 示例程序的主界面**

(3) 针对每个功能,会创建一个新的窗口 Form,然后在主界面该按钮的单击函数中调用每个窗口即可。以下为 DataAdapter sample 单击时的示例代码。

```
private void buttonMySQLReader_Click(object sender, EventArgs e)
{
    MySQLDAForm form = new MySQLDAForm();
    form.Show();
}
```

接下来,介绍三个功能的关键实现细节。

### 1. DataReader 访问数据库示例

图 8-8(a)展示了 DataReader 使用示例,其功能是:单击“查询学生 S 表”按钮时,程序从 S 表中逐行读取数据,并在该画面的列表框区域显示学号和姓名。具体程序实现中,单击“查询”按钮后,程序会调用该按钮控件响应函数 buttonSelect_Click()。该例中使用了专门针对 MySQL 的 MySQLDataReader 类顺序读取表中数据,并显示在按钮下方的列表 listbox 中。注意 MySQL 对应的数据库访问类属于第三方控件,需要提前安装。

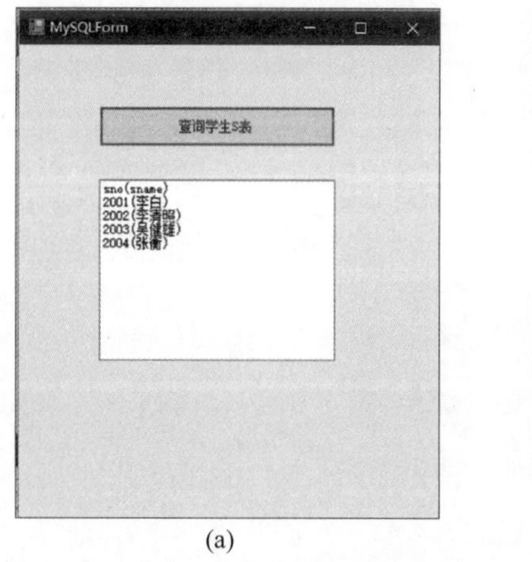


(a)

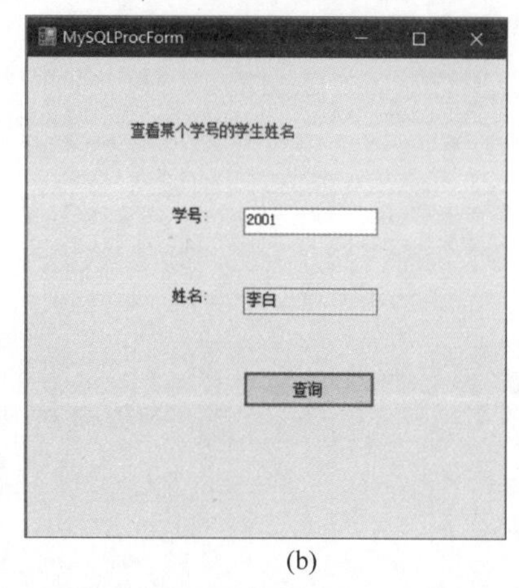


(b)

图 8-8 DataReader 示例与存储过程示例

具体的示例代码如下(未加异常处理)。

```
using MySql.Data.MySqlClient;
private void buttonSelect_Click(object sender, EventArgs e)
{
    this.listBoxInfo.Items.Clear();
    MySqlConnection conn = new MySqlConnection();
    conn.ConnectionString = "server = localhost;uid = test;pwd = 123456; database = student";
    conn.Open();

    // MySqlCommand
    MySqlCommand cmd = new MySqlCommand();
    cmd.Connection = conn;
```

```
    //DataReader 的使用
    cmd.CommandText = "select * from s";
    MySqlDataReader reader = cmd.ExecuteReader();
    String txt = reader.GetName(0).TrimEnd() +
                 "(" + reader.GetName(1).TrimEnd() + ")";
    this.listBoxInfo.Items.Add(txt);

    while (reader.Read())
    {
        txt = reader.GetInt32(0).ToString() +
             "(" + reader.GetString(1).TrimEnd() + ")";
        this.listBoxInfo.Items.Add(txt);
    }

    reader.Close();
    conn.Close();
}
```

### 2. 调用存储过程示例

图 8-8(b)展示了存储过程的调用示例,其功能是:单击"查询"按钮,程序会根据指定学号显示该学生的姓名。该功能也可以用前面的 DataReader 实现,此处展示基于数据库侧已有的存储过程的实现方法。假设数据库侧有一个存储过程 up_getsname(该存储过程实现代码参考 7.4.2 小节),可以根据输入参数指定学号返回学生姓名,此时可在应用程序中调用该存储过程实现该需求。关键代码如下所示,重点是将 sqlCmd 的类型设定为 CommandType.StoredProcedure。

```
using MySql.Data.MySqlClient;
private void buttonSearch_Click(object sender, EventArgs e)
{
    /********** 建立数据库连接对象(Connection 对象)*********/
    MySqlConnection sqlConn = new MySqlConnection();
    SqlConn.ConnectionString = "server = localhost; uid = user1; pwd = 123456;
    database = student";
    sqlConn.Open();

    /********** 建立数据库命令对象(Command 对象)*********/
    // 声明 sqlCommand 的一个实例
    MySqlCommand sqlCmd = new MySqlCommand();
    sqlCmd.Connection = sqlConn;

    //存储过程
    sqlCmd.CommandType = CommandType.StoredProcedure;
    sqlCmd.CommandText = "up_getsname";

    //存储过程参数
    MySqlParameter paramNo = new MySqlParameter("u_sno", this.textBoxSno.Text);
    sqlCmd.Parameters.Add(paramNo);

    MySqlParameter paramName = new MySqlParameter();          // 添加输出参数
    paramName.ParameterName = "u_sname";                      // 名称
```

```
        paramName.MySqlDbType = MySqlDbType.VarChar;          // 输出参数的 SQL 类型
        paramName.Size = 10;                                 // 输出参数的 SQL 类型大小
        paramName.Direction = ParameterDirection.Output;     // 指定该参数对象为输出参数
        sqlCmd.Parameters.Add(paramName);

        //调用存储过程 并将输出参数的值设置到界面的姓名编辑框内
        sqlCmd.ExecuteNonQuery();
        this.textBoxSname.Text = paramName.Value.ToString();
        sqlConn.Close();
    }
```

### 3. DataAdapter 示例

图 8-9 展示了 DataAdapter 的使用示例，其功能为：单击“刷新”按钮时，从数据库 student 的表 C 读取数据，显示到画面的表格（DataGridView 控件）中；单击“更新到数据库”按钮时，将界面表格中修改后的数据保存回数据库。该程序中，当在表格中修改数据时，相当于在内存中直接修改与 DataGridView 控件绑定的 DataSet。刷新是通过 DataAdapter 将数据从表 C 中读出放入 DataSet 中实现的，更新数据库是通过 DataAdapter 将 DataSet 的内容更新回数据库的。

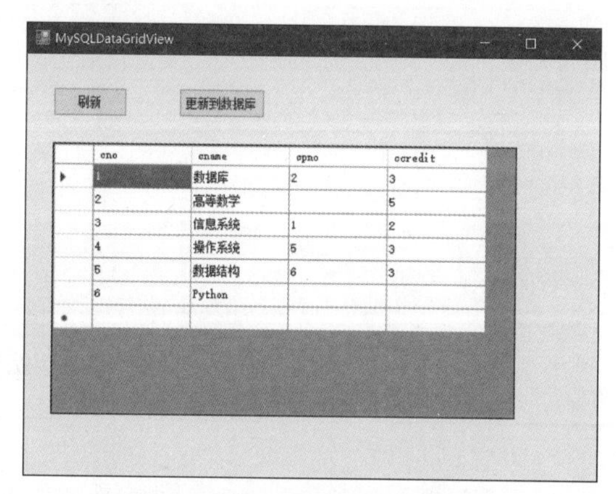


| cno | cname | cpno | ccredit |
|---|---|---|---|
| 1 | 数据库 | 2 | 3 |
| 2 | 高等数学 | | 5 |
| 3 | 信息系统 | 1 | 2 |
| 4 | 操作系统 | 5 | 3 |
| 5 | 数据结构 | 6 | 3 |
| 6 | Python | | |

图 8-9 DataAdapter 示例

```
private void btnUpdate_Click(object sender, EventArgs e)
{
    MySqlCommandBuilder cmdBuider = new
    MySqlCommandBuilder(this.dataAdapter);
    this.dataAdapter.Update(this.dataSet, "c");
    MessageBox.Show ( " 表 格 中 变 化 的 数 据 已 经 更 新 到 数 据 库 中!", " DataAdapter",
MessageBoxButtons.OK, MessageBoxIcon.Information);
}

private void RefreshDataByDataset()
{
    this.dataSet.Clear();

    this.selecCmd.CommandText = "select * from c";
    this.dataAdapter.Fill(dataSet, "c");          //执行 SelectCommand
```

```
        this.dataGridViewInfo.DataSource = dataSet;
        this.dataGridViewInfo.DataMember = "c";
    }
```

## 8.7 ORM技术——基于Django框架的Web程序实战

为了更加方便地在程序中访问数据库，ORM(Object Relational Mapping)对象关系映射技术是一种描述对象与关系数据库之间映射的规范。ORM映射规则包括：类与表相对应、类的属性与表的字段相对应、类的实例与表中具体的一条记录相对应等。ORM与原生SQL示例对比如表8-2所示。

**表8-2 ORM与原生SQL示例对比**

| | 原生SQL | ORM |
|---|---|---|
| 创建表 | create table employee(ID int primary key auto_increment, Name varchar(16) not null, Birth date not null); | Class Employee(models.Model):<br>ID =models.AutoField(primary_key=True)<br>Name =models.CharField(max_length=16)<br>Birth=models.DateField() |
| 插入 | Insert into employee(ID, Name, Birth) values(1, "张飞", '2022-04-08'); | obj=Employee(name="张飞", ID=2,<br>birth='2008-04-08');<br>obj.save(); |
| 查询 | Select ID, Name, Birth from employee where name='张飞'<br>limit 1; | obj=Employee.objects.filter(name='张飞').first();<br>Print(obj.id, obj.name, obj.birth); |
| 更新 | Update employee set name='张翼德' where name='张飞'; | Employee.objects.filter(name='张飞').update(name='张翼德') |
| 删除 | delete from employee where name='张翼德'; | Employee.objects.filter(name='张翼德').delete() |

ORM框架是指实现了ORM映射规范的框架，在运行时就能参照映射文件的信息，把对象持久化到数据库中。采用ORM框架，可以自动对实体Entity对象与数据库中的表进行映射，且不用直接进行SQL编码，不用考虑SQL注入等，可以提高开发效率，但随之而来的缺点是在一定程度上牺牲了SQL的灵活性与程序性能。所有ORM具备三方面基本能力：映射技术、CRUD操作(增删改查)、缓存优化。目前比较常见的ORM框架主要有：微软.NET体系的EntityFramework、Dapper等，Java体系的Hibernate、mybatis等，Python体系的Django、SQLAlchemy等。本节以Django框架为例展示基于ORM的数据库访问技术。

### 8.7.1 Django框架概要处理流程

Django是一个免费、开源Python Web框架，遵循如图8-10的MVT(Model,View,Template)设计模型，各个模块分工解耦，Model(模型层)负责与数据库进行交互或者操作数据库；View(视图层)负责处理Web后端的业务逻辑；Template(模板)负责Web前端的页面布局。

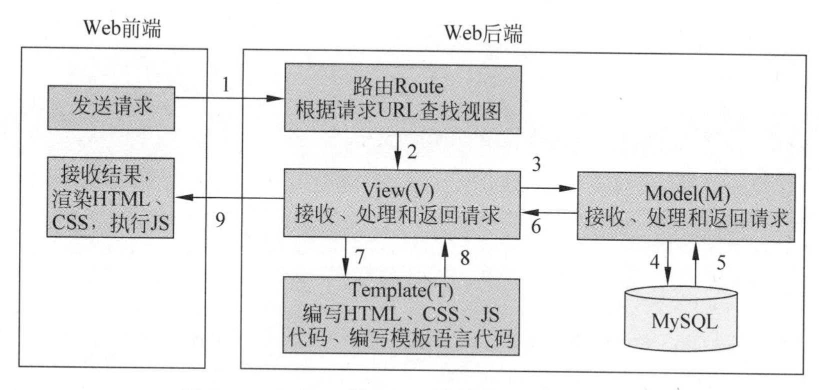


图 8-10　Django 的 MVT 设计模式与处理流程

整个框架的执行流程如下：

(1) 客户端浏览器输入一个 URL 发出请求(例如执行一个 CRUD 操作)。

(2) 路由模块根据请求 URL 进行路由分发，查找对应视图进行处理。

(3) 视图接收、处理请求，找到相应的与数据库交互的 Model 类。

(4) Model 类与关系数据库进行交互，执行相关增删改查等数据库操作。

(5) 数据库将处理得到的数据返回给 Model 类。

(6) Model 类将数据交给 View 类进行处理。

(7) View 类调用相关的 Template 类，封装相对应的 HTML、CSS 等。

(8) Template 类将封装好的模板语言返回给 View 类进行处理。

(9) View 类将处理结果返回给客户端，客户端接收结果后进行渲染 HTML、执行 JS 等，最终将页面呈现给用户。

## 8.7.2　基于 Django 的数据库应用编程实战

本节重点介绍 Web 后端与数据库交互的部分，若期望 Web 前端的渲染效果美观，可采用 Bootstrap 等前端框架技术。在介绍正式内容之前，先简单介绍在 Web 客户机和服务器之间进行请求-响应时的 GET 和 POST 方法。GET 用于从指定的资源请求数据，POST 用于向指定的资源提交要被处理的数据。

(1) GET 方法：查询字符串(名称/值对)是在请求的 URL 中发送，例如以下请求中的 name1 和 name2：/test/demo.jsp?name1=value1&name2=value2。

(2) POST 方法：查询字符串(名称/值对)是在请求的 HTTP 消息主体中发送，例如：

```
POST /test/demo.jsp HTTP/1.1
    Host:localhost
    name1=value1&name2=value2
```

**【实战练习 8-9】** 基于 PyCharm 平台(Python 3.7 的环境)的一个简单学生成绩管理系统。通过该示例说明创建基于 Django 数据库应用程序的方法。

(1) 安装 Django，注意确认安装的版本(最好是 3.1 以上)。

```
# 方法 1:从系统默认地址下载源码进行安装
python setup.py install
```

```
# 方法 2:从指定的地址下载源码进行安装
pip3 install Django == 3.1  - i https://pypi.tuna.tsinghua.edu.cn/simple

# 检查安装是否成功,在 Python 命令行执行以下命令
>>> import django
>>> django.get_version()
```

详细安装可参考：https://www.runoob.com/django/django-install.html。

(2) 新建 Project 和 App。

在 Django 项目中,一个 Project 中可以包含多个不同功能的 App。启动命令行工具,如 Windows cmd,执行以下命令。

```
# 第一步:新创建一个工程 => 在当前目录下创建一个 library 文件夹
D:\DjangoTest > django - admin startproject library

# 第二步:新创建一个 App
D:\DjangoTest > cd library
D:\DjangoTest\library > django - admin startapp book
# 查看本项目的文件结构
D:\DjangoTest\library > tree /f
卷 WORK 的文件夹 PATH 列表
卷序列号为 DCB4 - F40A
D:.
 │   manage.py
 ├─book
 │  │   admin.py
 │  │   apps.py
 │  │   models.py
 │  │   tests.py
 │  │   views.py
 │  │   __init__.py
 │  └─migrations
 │              __init__.py
 └─library
        settings.py
        urls.py
        wsgi.py
        __init__.py
```

(3) 启动程序。

```
# 此处 0.0.0.0 表示绑定本机的所有 IP 地址,可以通过本机任何 IP 访问该 Web 服务
D:\DjangoTest\library > python manage.py runserver 0.0.0.0:8080
```

若出现如图 8-11 所示的提示页面,表明 Web 服务启动成功,正在运行中。

随即在浏览器输入 127.0.0.1:8080,若出现如图 8-12 所示页面,表明第一个空的 Django 程序已经完成并可以正常启动。

(4) 配置 Project 与 App 的绑定关系。修改 library(project)目录下的配置文件 settings.py,将 book(App)绑定到该 Project 中的 INSTALLED_APPS 中。具体代码如图 8-13 所示。

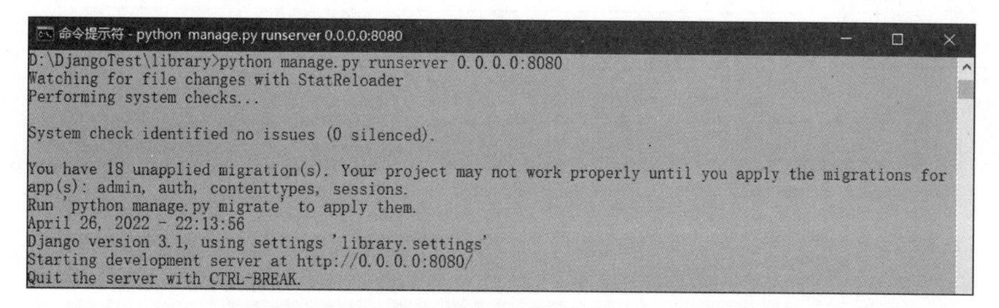


图 8-11 基于 Django 的 Web 服务正常启动

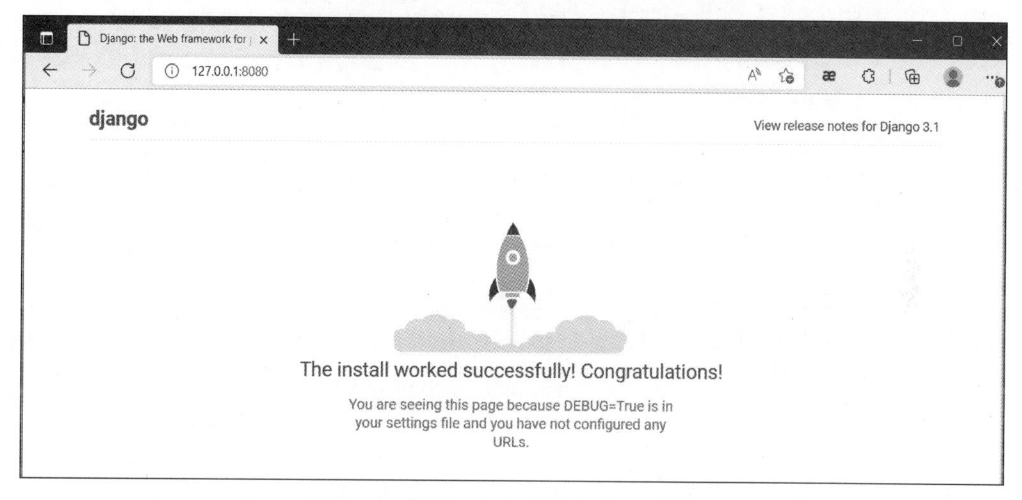


图 8-12 基于 Django 的第一个默认页面

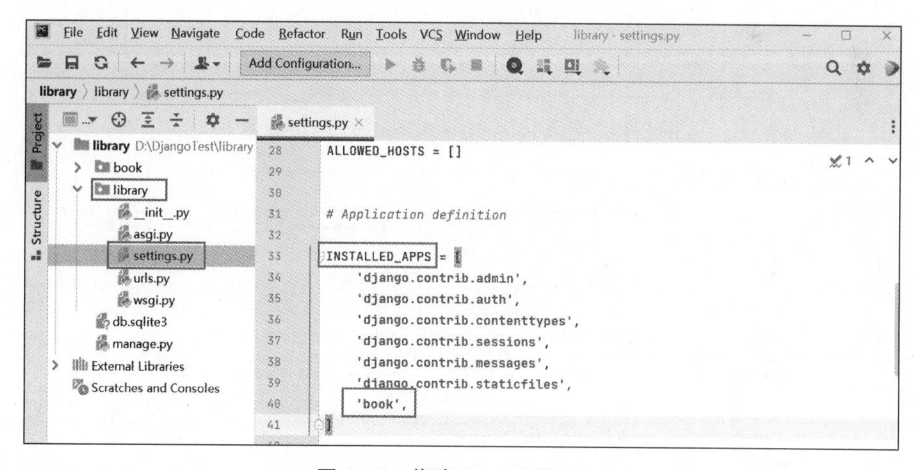


图 8-13 绑定 Project 和 App

(5) 创建 book 的 model 类，建立与 MySQL 数据库的关联关系，如图 8-14 所示。注意此处定义的 Book 类中的属性等价于数据库中的 book 表的列。Django 根据该 Book 类创建数据表，并且生成相关的数据库访问 SQL。

(6) 配置数据库连接信息。由于 Django 默认自带 sqlite 数据库，若需要访问 MySQL，首先需要利用 pip3 命令安装 mysqlclient，其次在项目的配置文件中修改访问信息，包括 IP 地址、端口、用户名、密码等信息，如图 8-15 和图 8-16 所示。

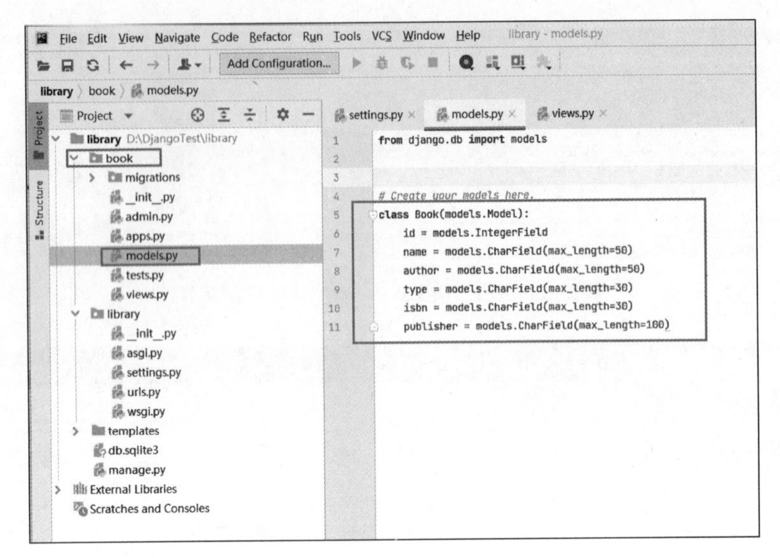


图 8-14　创建 book 的 model 类

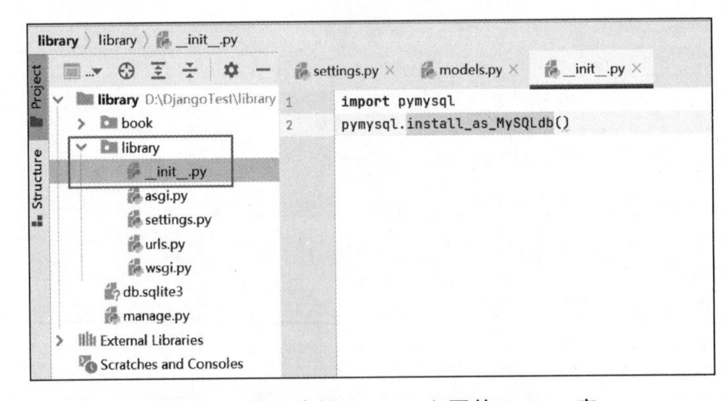


图 8-15　导入访问 MySQL 必要的 Python 库

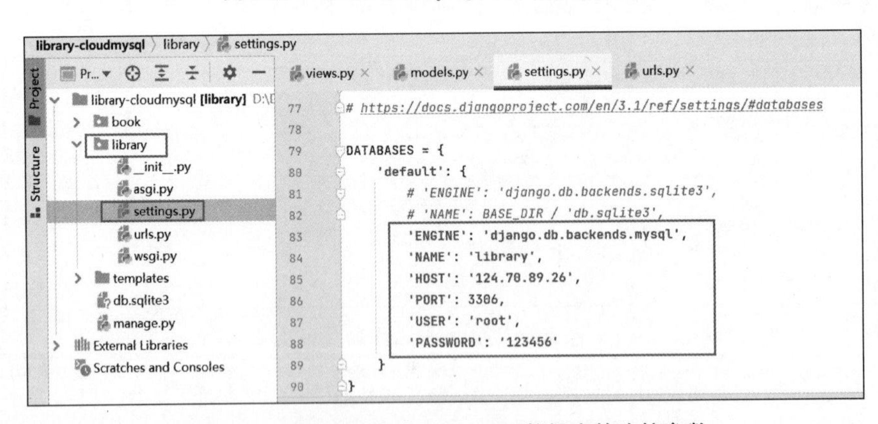


图 8-16　设置访问华为云 MySQL 数据库的连接参数

（7）创建待操作数据库。在 MySQL 数据库里，用命令行等客户端创建如图 8-16 所示 NAME 参数指定的 library 数据库（空库即可）。

```
mysql > create database library;
```

（8）生成基础数据。在命令行执行如下命令：

```
D:\DjangoTest\library > python manage.py makemigrations
D:\DjangoTest\library > python manage.py migrate
```

执行 python manage.py makemigrations 之后，系统会自动生成如图 8-17 所示的 migrations 文件夹及其下的 0001_initial.py 文件（__init__.py 为空，可忽略）。makemigrations 命令是记录用户对 models.py 的所有改动，并且将这个改动迁移到 migrations 这个文件夹下。其后第二步执行 python manage.py migrate 的命令后，可以发现在 MySQL 数据库侧会自动生成相关的业务表 book 和其他的一些 Django 的系统表。至此，程序与数据库已经正确连接。

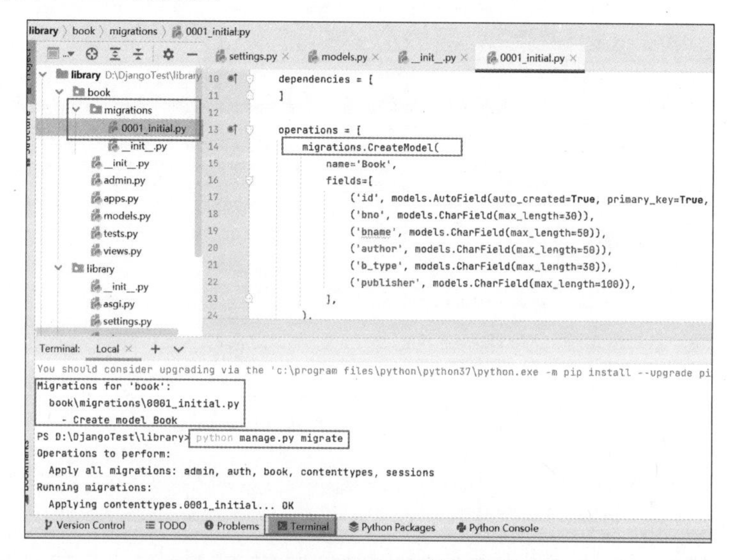


**图 8-17　Django 应用中的基础数据生成**

命令行连接 MySQL，查看该数据库可看到如下由框架自动创建的表，至此 Model 层完成。

```
mysql > show tables;
+--------------------------+
| Tables_in_library        |
+--------------------------+
| auth_group               |
| auth_group_permissions   |
| auth_permission          |
| auth_user                |
| auth_user_groups         |
| auth_user_user_permissions |
| book_book                |
| django_admin_log         |
| django_content_type      |
| django_migrations        |
| django_session           |
+--------------------------+
11 rows in set (0.00 sec)
```

(9) 编写 Template 层(Web 页面)。Template 层主要是设计一些 Web 页面。例如本例中,设计几个示例页面,可以是最简单的设计,也可以是经过 Bootstrap 等前端框架美化后的页面。设计页面需要基本的 HTML、CSS 等相关知识,请读者查阅其他相关资料,本书不再赘述。

本例中仅设计了几个具有最基本功能的页面。

① 手动创建 templates 目录及其他的 HTML 页面。css、fonts、js 目录都是直接从 bootstrap-3.4.1-dist 和 jquery-3.5.1 复制而来的,见图 8-18。

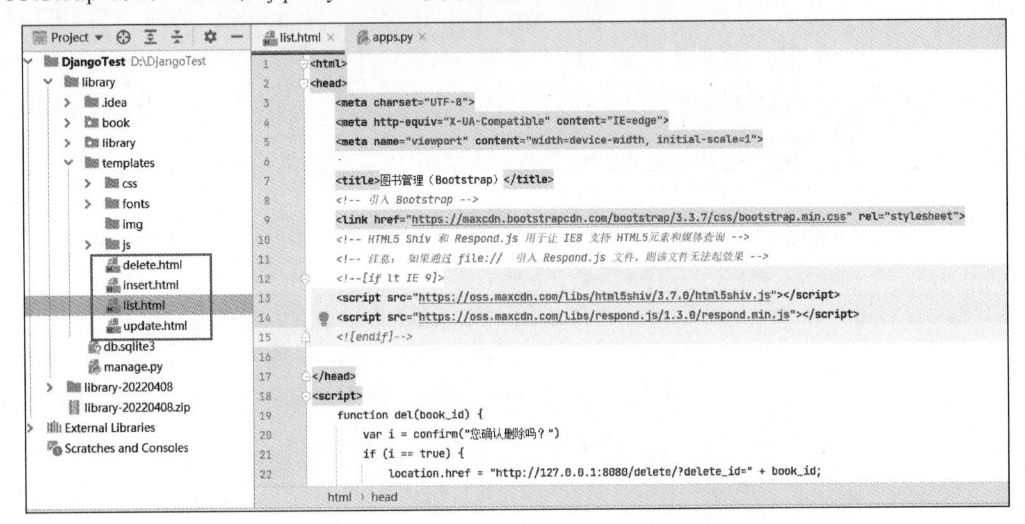


图 8-18　templates 目录及其下文件列表

② 设置页面的相对路径。在 library 的 settings.py 中修改如下的路径。注意需要在该文件头引入 import os,见图 8-19。

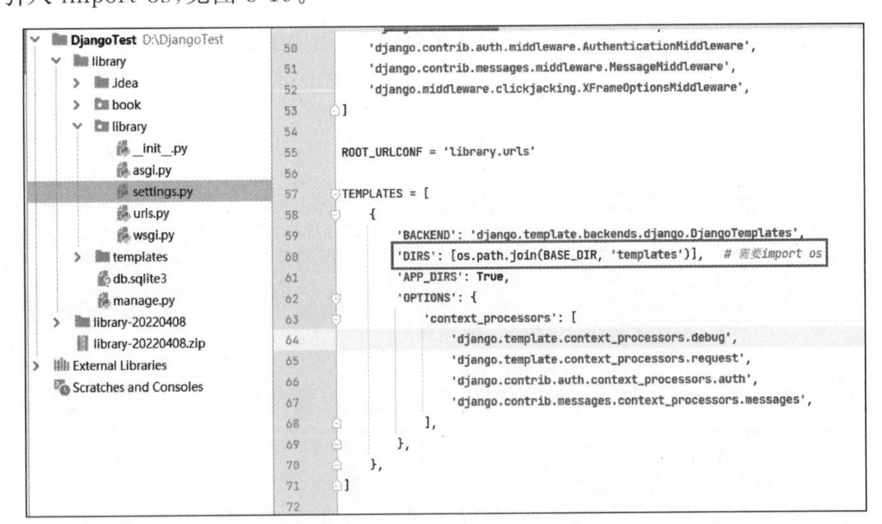


图 8-19　settings.py 文件列表中的易错点

③ 书籍信息列表页面(list.html):该页面使用了 Bootstrap 的模板美化了页面的表格,提供了图书列表信息,并且可以从该页面进行添加、删除和修改的操作,见图 8-20。

④ 添加图书信息(insert.html):本页面可以添加一本新的图书,见图 8-21。

图 8-20　图书管理系统的图书列表信息画面

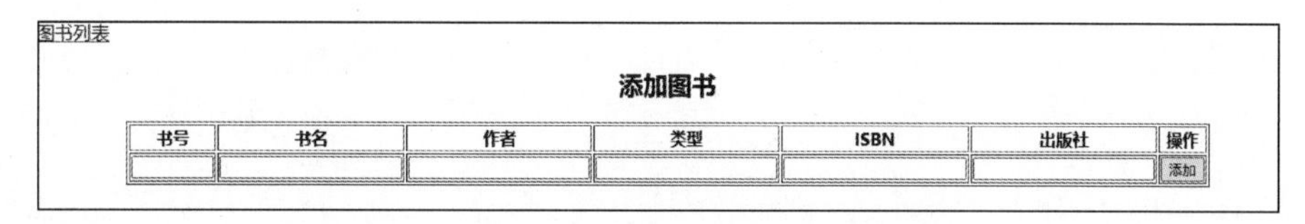


图 8-21　图书管理系统的添加图书信息画面

⑤ 更新图书信息(update. html)：该页面上半部分提供了待修改的图书信息列表，下半部分是具体要修改的图书信息，见图 8-22。

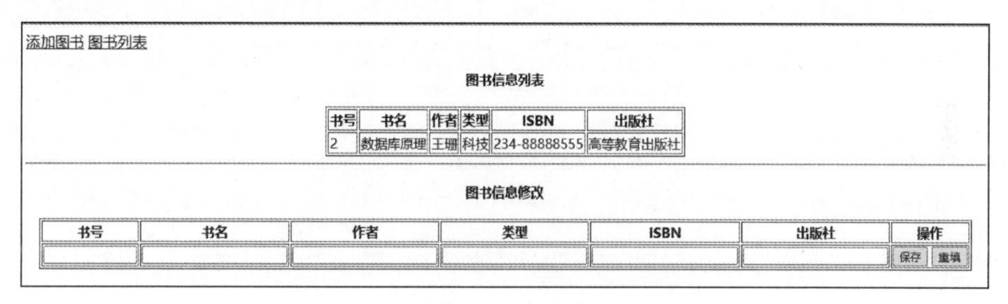


图 8-22　图书管理系统的更新图书信息画面

⑥ 删除书籍信息(delete. html)：该页面仅显示删除操作的结果提示信息，见图 8-23。

图 8-23　图书管理系统的删除结果画面

(10) 设计 URL 路由层。修改 library 目录下的 urls. py，见图 8-24。

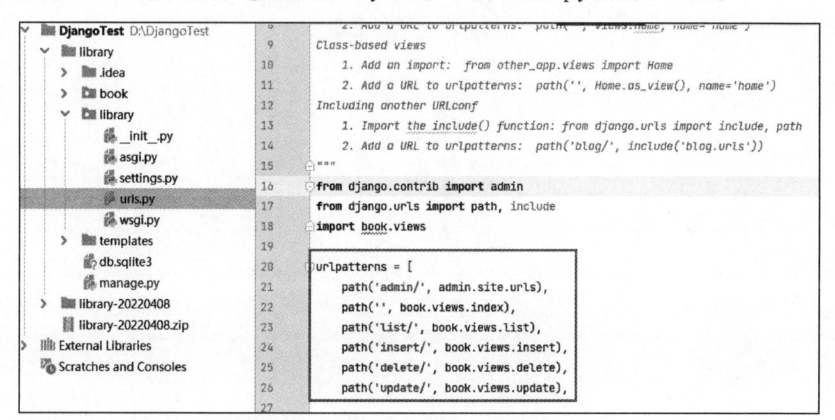


图 8-24　图书管理系统的 urls. py 设置

(11) 编写 View 层。View 层是实现每个业务的主要逻辑。

① 图书信息查询：book. view. list(与 book. view. index 的实现相同)。

```
def list(request):
    book_list = Book.objects.all()
    c = {"book_list": book_list}
    return render(request, "list.html", c)
```

② 插入图书信息:book.view.insert。

```
@csrf_exempt
def insert(request):
    if request.POST:
        post = request.POST
        new_book = Book(
            id=post["id"],
            name=post["name"],
            author=post["author"],
            type=post["type"],
            isbn=post["isbn"],
            publisher=post["publisher"])
        new_book.save()
    return render(request, 'insert.html')
```

③ 更新图书信息：book.view.update。

```
@csrf_exempt
def update(request):
    book_list = Book.objects.all()
    update_id = request.GET.get('update_id')
    update_book = Book.objects.get(id=update_id)
    para_dict = {"book_list": book_list, "update_book": update_book}
    if request.POST:
        update_id = request.POST.get("id")
        update_name = request.POST.get("name")
        update_author = request.POST.get("author")
        update_type = request.POST.get("type")
        update_isbn = request.POST.get("isbn")
        update_publisher = request.POST.get("publisher")

        update_book.num = update_id
        update_book.name = update_name
        update_book.author = update_author
        update_book.type = update_type
        update_book.isbn = update_isbn
        update_book.publisher = update_publisher
        update_book.save()
    return render(request, "update.html", para_dict)
```

④ 删除书籍信息：book.view.delete。

```
def delete(request):
    delete_id = request.GET.get('delete_id')
    Book.objects.get(id=delete_id).delete()
    return render(request, "delete.html")
```

至此该程序编写完成，执行 python manage. py runserver 0.0.0.0:8080 即可运行。在该示例程序页面对图书信息进行增删改查操作后可以同步到 MySQL 数据库中验证数据的变化。

从以上程序代码可发现，在 Django 框架下，不用直接写访问 SQL 语句，只需要调用 Model 类的不同方法，由框架自动将其转换成 SQL 访问数据库。但在部分 ORM 框架，如 MyBatis 等框架下，用户需要将 SQL 语句写入 XML 文件中，供框架调用，灵活性和性能会更好。

# 8.8　其他数据库访问方法实战

## 8.8.1　基于 libmysql 的数据库连接实战

C/C++语言中，除了前面介绍过的 ODBC、ADO. NET 等方式，还可以通过数据库厂商提供的库直连数据库进行访问，例如 MySQL 提供的 libmysql、PostgreSQL 提供的 libpq 等。

**【实战练习 8-10】** 基于 C 语言通过 libmysql. dll 的 API 访问云数据库的示例程序。注意该程序执行前需配置好 mysql. h 的 include 目录和 libmysql. dll 的 lib 目录。

```
#include <mysql.h>
#include <string>
#include <iostream>
using namespace std;

int main()
{
    MYSQL myconn;
    //数据库连接初始化
    if (mysql_init(&myconn) == NULL){
        cout << "mysql_init()failed" << endl;
        return -1;
    }

    mysql_options(&myconn, MYSQL_SET_CHARSET_NAME, "gbk");      //设置编码

    //初始化数据库
    if (mysql_library_init(0, NULL, NULL) != 0) {
        cout << "mysql_library_init()failed" << endl;
        return -1;
    }

    //连接数据库 : 用户名,密码,数据库,端口可以根据自己情况更改
    if (mysql_real_connect(&myconn, "127.0.0.1", "user1", "123456",
            "test", 3306, NULL, 0) != NULL){
        cout << "mysql_real_connect()succeed" << endl;
    }
    else  {
        cout << "mysql_real_connect()failed" << endl;
        return -1;
```

```
    }
    MYSQL_RES * res;                        //查询结果集
    MYSQL_ROW row;                          //存放一条数据记录,二维数组
    const char * sql = "select * from s";
    cout << sql << endl;

    mysql_query(&myconn, sql);              //执行查询
    res = mysql_store_result(&myconn);
    while (row = mysql_fetch_row(res)){
        cout << row[0] << "|" << row[1] << endl;
    }
    mysql_free_result(res);                 //释放资源
    mysql_close(&myconn);                   //关闭数据库连接
    system("pause");
    return 0;
}
```

## 8.8.2 嵌入式SQL介绍

嵌入式SQL是指将SQL语句嵌入其他高级语言中,这时高级语言被称为(宿)主语言,这种方式下使用的SQL称为嵌入式SQL,包含静态SQL和动态SQL。嵌入式SQL主要在特定环境下使用,由数据库厂商提供对应支持的SQL预处理组件,如PostgreSQL中的ecpg组件(.pgc -> .c)、SQL Server中的nsqlprep.exe(.sqc -> .c)、Oralce中的proc/c c++等,但MySQL不支持嵌入式SQL。

在嵌入式SQL中为了区分某行语句是主语言还是SQL语言,使用一个前缀和结束符,例如“EXEC SQL”则表明该语句是SQL,结束符随主语言不同而不同。在C语言中嵌入式SQL的格式:

```
EXEC SQL < SQL statement >;
```

例:EXEC SQL DROP TABLE Student;。

嵌入式SQL程序的执行原理如图8-25所示,整个过程分为三步:首先,由DBMS的预处理程序对源程序进行扫描,识别出SQL语句;其次,把它们转换成主语言的语句,以使主语言编译程序能识别它;最后,由主语言的编译程序将整个源程序编译成目标码。

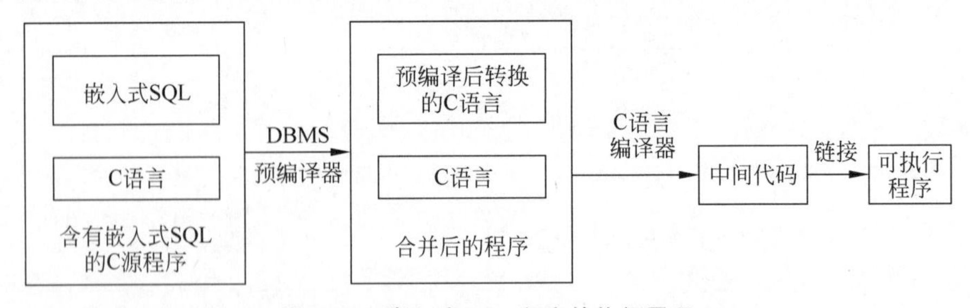


图8-25 嵌入式SQL程序的执行原理

由于MySQL不支持嵌入式SQL,本书不进行详细介绍,仅给出概念性示例代码。若期望了解更多细节语法,读者可参考其他书籍。

```
EXEC  SQL  INCLUDE  SQLCA;                    /* (1) 定义 SQL 通信区 */
EXEC  SQL  BEGIN  DECLARE  SECTION;           /* (2) 说明主变量 */
    CHAR  Sno(5);
    CHAR  Cno(3);
    INT   grade;
EXEC  SQL  END  DECLARE  SECTION;
main()
{
      /* (3) 游标操作(定义游标) */
      EXEC  SQL  DECLARE  C1  CURSOR  FOR
            SELECT  Sno, Cno, grade  FROM  SC;
      EXEC  SQL  OPEN  C1;                    /* (4) 游标操作(打开游标) */
      for(;;)
        {
         /* (5) 游标操作(将当前数据放入主变量并推进游标指针) */
          EXEC  SQL  FETCH  C1  INTO :Sno, :Cno, :Grade;
          if (sqlca.sqlcode <> SUCCESS)
              /* (6) 利用 SQLCA 中的状态信息决定何时退出循环 */
               break;
          printf(" Sno: %s, Cno: %s, Grade: %d", Sno, Cno, Grade); }
      EXEC SQL CLOSE C1;                      /* (7) 游标操作(关闭游标) */
      EXEC SQL DEALLOCATE C1;                 /* (8) 游标操作(释放游标) */
}
```

# 本章小结

数据库应用程序往往根据具体需求,可以采用不同方式访问数据库中的数据。本章首先使用丰富的实战案例介绍了传统的数据库访问技术,包括 JDBC(Java)、ODBC(C、C++、C#、Python)等;其次,讲述了数据库连接池技术,该方案可以有效提升数据库访问效率,此外,本章还讲述了常见的 ADO.NET 框架和 Django 框架,特别是以 Django 框架的开发实例讲述了目前流行的 ORM(对象关系映射)技术,通过使用类似框架可以大幅提高数据库应用系统的开发效率最后,介绍了基于第三方库 libmysql 和嵌入式 SQL 等其他数据库访问的方法。本章部分示例程序代码可以从以下地址下载:http://github.com/linig-nwpu/DBAppDemo。

# 第9章 数据库应用软件测试

## 9.1 实战目标与准备

【实战目标】

本章目标是掌握数据库应用程序的基本测试内容、方法以及工具等。

【实战准备】

性能测试实战中需装好以下软件：

JMeter5.4：性能测试工具，官网下载地址为 http://jmeter.apache.org/。

## 9.2 数据库应用软件测试的概念

数据库应用软件开发完成之后，与其他软件相同，都需要进行充分的测试以确保功能。本章将详细介绍该类软件相关的测试技术，目的是让读者了解数据库应用软件测试涉及的测试内容、方法和工具。

数据库应用软件的测试通常包括静态测试和动态测试两大部分，其中静态测试以数据库设计审查为主，动态测试包括程序的单元测试、集成测试、功能测试、性能测试等。总体看来，单元测试、集成测试、功能测试等与普通软件通用测试的差异不是很大。本章重点讲解以应用系统中的数据库为核心的测试实战，而普通软件通用的测试方法等可参考其他软件测试类书籍。

## 9.3 数据库设计验证

基于 MySQL 的数据库应用软件使用的数据模型是关系模型，本节主要针对关系模型的设计审查进行说明。关系模型中的数据库模式是数据库设计的核心，具体指数据库表结构以及表之间的关联关系。

数据库模式设计的目标是对一个给定的应用环境，构造最优的数据库模式，使之能够有效地存储数据，满足用户的应用需求。第 2 章讲述了数据库模式设计的完整过程，从设计过程可知，同一个应用软件可能存在多种数据库模式的设计方案。如何判断某种数据库模式的设计是否合理，是数据库应用程序审查的重要方面。

一个设计不合理的数据库模式可能存在数据冗余、插入异常、删除异常和更新异常 4 类问题。例如,针对某高校图书馆管理系统中的读者设计了读者表(ID, name, dept_name, dmng_name, book_ID,book_name,borrow_date, return_date),该表中各个字段依次表示读者编号、读者姓名、读者所在学院、学院院长姓名、图书编号、图书名称、借阅日期、归还日期。经过分析,发现读者表存在以下4类问题。

(1) 数据冗余:数据冗余导致存储空间的浪费,例如,每个学院院长姓名重复出现多次。

(2) 插入异常:该插入的数据无法插入该表中。例如,如果一个学院刚成立,尚无学生,就无法把这个学院及其学院院长信息存入数据库。

(3) 删除异常:不该删除的数据被删掉了。例如,如果某个学院的学生全部毕业了,在删除该学院学生信息的同时,把这个学院及其院长的信息也删掉了。

(4) 更新异常:数据冗余导致更新数据时,维护数据完整性的代价大,如更新不全,会产生数据不一致问题。例如,某学院更换院长后,必须修改与该学院学生有关的每个元组。

从此可知,一个好的数据库模式设计应尽可能地消除插入异常、删除异常以及更新异常,减少数据冗余的发生。这就是数据库模式设计的判断基本准则。在数据库应用程序的开发实践中,设计是否合理有效难以通过动态测试确认,通常是通过一些规则等进行静态审查。

数据库模式设计中的关键步骤与对应的验证观点如表9-1所示。关于E-R图、关系型数据库设计的范式理论、索引等详细讲解,读者可参考第1、2章与第5章内容,特别是索引的设计对大型数据库应用软件的性能产生重要的影响,必须在设计中给予足够的重视。

**表9-1 关系数据库设计的验证观点**

| 编号 | 数据库设计步骤与审查对象 | 数据库设计验证观点 |
|---|---|---|
| 1 | 步骤:需求分析<br>审查:数据字典和数据流图 | -是否反映所有的用户数据需求和处理需求<br>-是否充分考虑系统的扩充和改变 |
| 2 | 步骤:概念结构设计<br>审查:E-R图 | -是否涵盖了系统涉及的所有实体和属性<br>-实体与属性的划分是否正确<br>-实体之间的联系与约束刻画是否准确全面<br>-不同的子E-R图中是否存在命名、结构等冲突<br>-不同的子E-R图中是否存在冗余 |
| 3 | 步骤:逻辑结构设计<br>审查:数据库表结构等 | -是否符合关系数据库设计的范式理论,通常应达到3NF或者BCNF<br>-是否考虑系统的性能需求等进行反范式化设计<br>-是否考虑该系统的性能要求进行分库分表<br>-是否针对影响性能的不同方案进行验证性测试 |
| 4 | 步骤:物理结构设计<br>审查:存储、索引等 | -索引设计(聚簇索引、唯一索引、普通索引等)是否合理<br>-数据的存储结构(关系、索引、日志、备份等)是否合理<br>-是否针对不同方案进行性能相关的验证性测试 |

**【实战练习9-1】** 学生李小白计划开发一个论坛网站,他初步设想的数据需求包括:

用户: 用户ID,用户名,Email,电话,联系地址
帖子: 帖子ID,帖子时间,主帖标题,主帖内容,回帖标题,回帖内容

具体语义描述如下:

(1) 一个用户可以不发或者发多个帖子,帖子分为主帖和回复帖两种。

(2) 每个主帖可以没有回复或者多个回复。

针对这些需求,李小白设计了如下的数据库模式,请分析该设计是否合理?如果不合理,请说明原因与修改方案。

论坛信息数据库的设计方案如下:

```
用户信息: 用户 ID,Email,用户名,电话,联系地址
主帖信息: 发帖 ID,发帖标题,发帖内容
回复信息: 回复 ID,回复标题,回复内容
发主帖: 发帖 ID,发帖用户 ID
发回帖: 回复 ID,回复用户 ID
回帖: 回复 ID,发帖 ID
```

## 9.4 功能测试

功能测试是通过测试验证软件的每个功能是否都按照用户的需求进行了实现并且能正常使用,主要采用黑盒测试方法展开。目前主流的数据库应用软件客户端包括 Web App、移动 App 等,其功能测试可参考普通软件的功能测试,从功能的正确性、易用性、兼容性等多个角度通过设计充分的正常系和异常系测试用例,逐一验证每个功能点,确认各个功能是否都能按照预期结果执行。

与普通软件功能测试相比,数据库应用软件的功能测试中需要特别关注客户端软件与数据库交互的部分,特别是数据库反复连接和断开,多用户并发时系统处理的正确性等。如应用软件开发中使用了如 SpringBoot、Django 等框架技术,数据库的连接管理主要由框架完成,测试时可重点关注业务本身。

表 9-2 列出了数据库应用程序涉及的数据处理相关的功能测试中的一些常见测试观点。

**表 9-2 数据库应用程序功能测试的常见测试观点**

| 编号 | 一级分类 | 二级分类 |
|---|---|---|
| 1 | 本地连接 | 数据库运行有密码时,可以正常连接 |
| 2 | | 数据库运行时,密码不正常,无法连接 |
| 3 | | 数据库停止时,无法连接库 |
| 4 | 远程连接 | 数据库运行有密码时,可以正常连接 |
| 5 | | 数据库运行时,密码不正常,无法连接 |
| 6 | | 数据库停止时,无法连接库 |
| 7 | | 网络服务停止时,无法连接库 |
| 8 | | 网络断开时,无法连接库 |
| 9 | 表初始化 | 表存在时,初始化表成功 |
| 10 | | 表不存在时,初始化表成功 |
| 11 | | 库停止时,初始化表失败 |
| 12 | 数据初始化 | 表存在时,初始化数据成功 |
| 13 | | 表存在时,初始化数据失败 |
| 14 | | 数据是否超出了域的范围 |

续表

| 编号 | 一级分类 | 二级分类 |
| --- | --- | --- |
| 15 | 数据添加 | 表存在时,添加记录成功 |
| 16 | | 表不存在时,添加数据失败 |
| 17 | | 数据库正常时,添加数据成功 |
| 18 | | 数据库停止时,添加数据失败 |
| 19 | | 存在唯一约束时,添加重复数据,报错 |
| 20 | | 各种不同数据类型是否处理正确 |
| 21 | 数据更新 | 数据库停止时,更新数据失败 |
| 22 | | 网络断开时,更新数据失败 |
| 23 | | 相关联的数据是否更新成功 |
| 24 | 数据删除 | 数据库正常时,删除数据成功 |
| 25 | | 数据库停止时,删除数据失败 |
| 26 | | 数据存在时,删除数据成功 |
| 27 | | 数据不存在时,删除数据成功 |
| 28 | | 相关联的数据是否成功删掉 |
| 29 | | 相关联的索引是否成功删掉 |
| 30 | | 相关联的视图等是否成功删掉 |
| 31 | 数据表示 | ID不同内容相同的数据,是否表示正确 |
| 32 | | 数据表中存在多个同名数据时,程序中各字段的数据表示是否正常 |
| 33 | | 各种数据类型的边界值显示是否正常 |
| 34 | | 字符串类型在不同编码下显示是否正常 |
| 35 | | 空值处理是否正确 |
| 36 | | 大数据量的处理是否正确 |
| 37 | | 特殊字符的处理是否正确 |
| 38 | 并发 | 多线程并发下,软件功能是否正常 |
| 39 | 异常 | 发生故障时,数据是否能快速恢复到最近的正常数据 |
| 40 | | 发生故障时,服务是否能快速恢复到可以正常连接 |

## 9.5 性能测试

### 9.5.1 性能测试的概念

性能测试是数据库应用软件一种重要的非功能性需求测试。性能测试主要评价数据库系统或组件的实际性能是否与用户的性能需求一致。例如,数据访问吞吐量是否达到用户需求,内存、CPU等资源消耗情况是否满足设计要求等。

数据库应用软件的性能测试通常关注该软件整体或者其中某些关键组件在规定时间内响应用户或系统输入的能力,通常用请求响应时间、并发访问数量等指标度量性能优劣。需要注意的是数据库应用软件通常由客户端、服务端等多个部分构成,当出现性能问题时,需要分析确认是数据库应用软件的数据库设计或应用系统代码实现问题还是DBMS自身性能引发的问题。

数据库应用软件的性能测试通常是在指定的数据量条件下,由测试软件对系统发起并发请求,观察系统在该压力下各个重要关键功能的性能指标。以下为几款数据库应用软件性能测试中常用的工具，重点用于模拟多用户并发的场景。

**1. LoadRunner**

LoadRunner(https://www.microfocus.com/zh-cn/products/)是一款被广泛使用的商业压力测试工具，该软件功能完整强大，适用于数据库应用软件的并发测试。可以采用录制 GUI 操作脚本或者自己编写脚本的方式模拟多用户并发测试，可以对虚拟用户的并发数量、发起操作的时间间隔等进行复杂设置，模拟真实场景下的并发测试。

**2. JMeter**

JMeter(http://jmeter.apache.org/)是由 Apache 组织开发的基于 Java 的开源免费的轻量级压力测试工具。它最初被设计用于 Web 应用测试，后来扩展到数据库以及其他测试领域。JMeter 可以用于对服务器、网络等模拟多用户并发，针对不同并发下测试软件的强度分析整体性能。本章将重点介绍该工具的使用。

**3. Locust**

Locust(HTTPS://WWW.LOCUST.IO)是一款用 Python 编写的分布式用户负载测试工具，用于对网站或其他系统进行并发压力测试。Locust 使用了协程(gevent)机制并发，由于协程机制自身的特点，避免了并发场景下由于多线程/多进程切换造成的资源开销，提高了系统资源利用率和单机并发效率。但该工具目前没有对测试过程的监控和测试结果展示，不及 JMeter 全面和详细。

### 9.5.2 JMeter 性能测试实战

使用 Java 语言开发的 JMeter 可以跨平台使用。

**【实战练习 9-2】** 以 JMeter 5.4 为例，利用 JMeter 进行云数据库应用软件的性能测试。

**1. 下载安装**

(1) 下载安装 JMeter，官网地址：https://jmeter.apache.org/index.html。

(2) 由于 JMeter 是基于 Java 语言开发的，连接 MySQL 时需要下载并使用 JDBC 驱动。例如本书中的云数据库实例为 MySQL8.0 版本，则从 MySQL 官网 https://dev.mysql.com/downloads/connector/j/下载 mysql-connector-java-8.0.21.jar。

(3) 双击启动 JMeter 安装目录下 bin 文件夹中的 ApacheJMeter.jar。

**2. 测试计划**

每个测试需要根据具体的需求创建测试计划(测试用例)。以下示例中针对第 8 章中的 Web 图书管理系统为例展开介绍。

(1) 首先创建一个测试计划，其名称为图书管理系统性能测试，并指定 MySQL 的 JDBC 驱动依赖库，如图 9-1 所示。保存后以一个 JMX 配置文件的形式保存在磁盘上，后续可以反复使用该用例进行测试。

(2) 选中顶层目录“图书管理系统性能测试”后右击，在弹出的快捷菜单中选择“添加”→“线程(用户)”→“线程组”菜单项，并进行并发数、循环次数等配置，如图 9-2 所示。该测试中定义了两个线程组，一组模拟并发用户执行查询，另一组模拟并发用户执行更新操作。

线程数：模拟的并发用户数。1 个线程相当于 1 个用户。

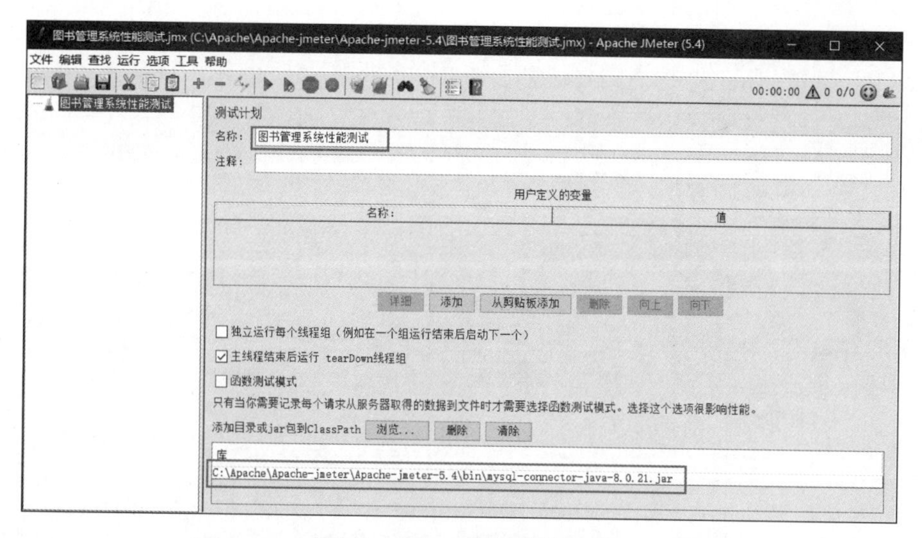


图 9-1　JMeter 测试计划创建

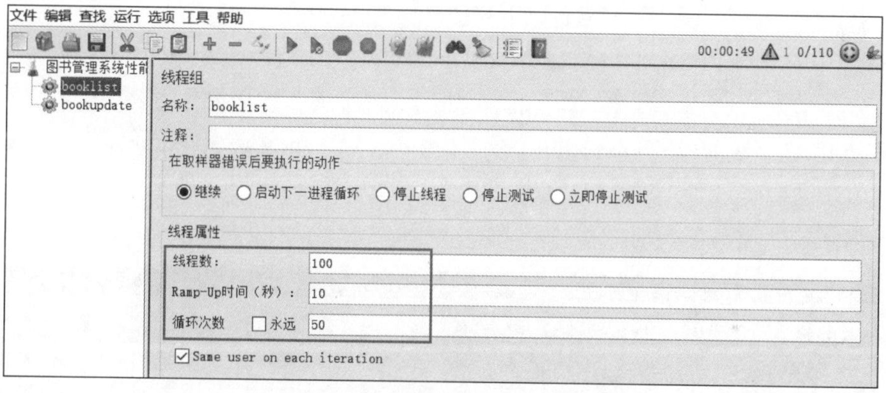

图 9-2　JMeter 线程组添加与配置

Ramp-up 时间(秒)：预期在该时间内完成发送所有并发请求。若用户数是 100，ramp-up 设为 10 秒，表示 10 秒内将 100 个并发用户请求启动起来，平均每秒启动的用户数是 100/10=10 个。

循环次数：该测试中每个用户的循环次数。

由以上可知，该测试计划中将发送的总请求数=线程数×循环次数，本例 booklist 测试一共执行 5000 个请求。

(3) 选中目录“图书管理系统性能测试”→“booklist”后右击，在弹出的快捷菜单中选择“添加”→“取样器”→“HTTP 请求”选项，如图 9-3 所示。

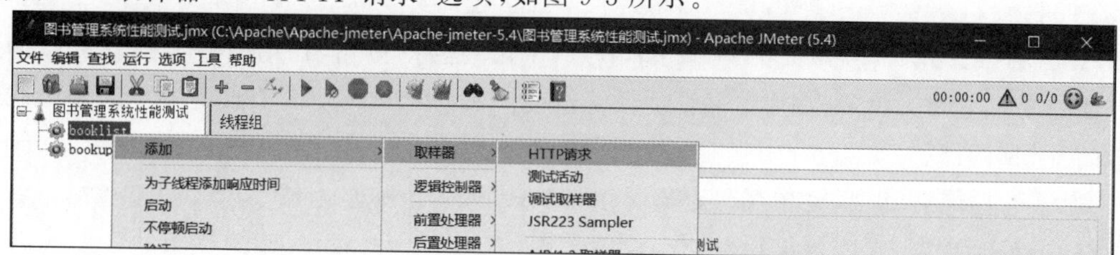


图 9-3　JMeter 线程组添加 HTTP 请求

(4) 配置 HTTP 请求,如图 9-4 所示,路径中填写待测试的 URL,该 URL 将通过 JDBC 访问云 MySQL 数据库,数据库配置信息参考 8.8.2 小节。

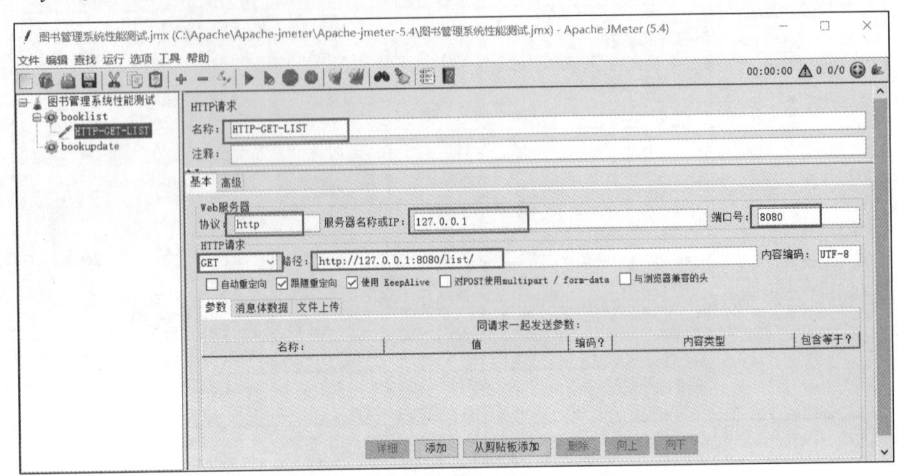


图 9-4 JMeter 配置 HTTP 请求

(5) 选中目录“图书管理系统性能测试”→“线程组”后右击,在弹出的快捷菜单中选择“添加”→“监听器”→“查看结果树”菜单项,如图 9-5 所示。同样操作方法,还可以添加聚合报告、汇总报告、jp@gc - Transaction per Second(TPS)、jp@gc -Response Times(RT)、jp@gc -Active Threads 等不同形式的测试结果。此处 jp@gc 相关的监控指标是第三方插件,需单独安装。

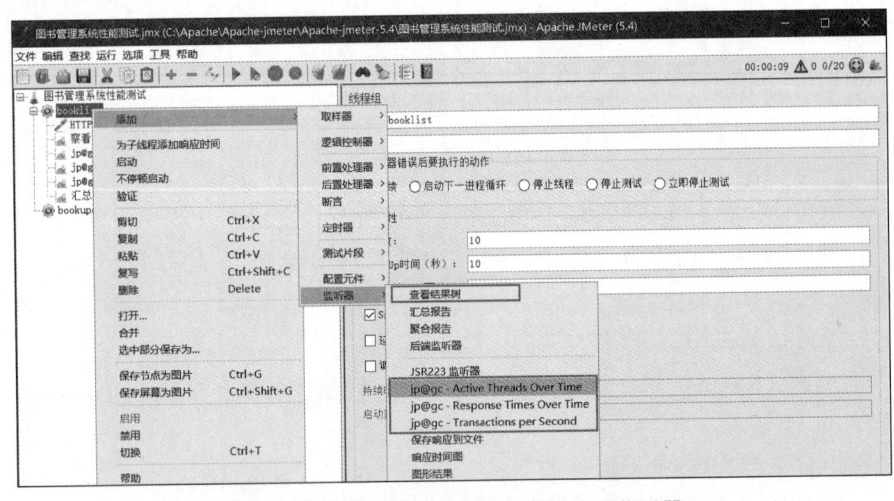


图 9-5 JMeter 添加查看结果树等结果监听器

(6) 测试计划保存后,选中 booklist 节点,单击“运行”按钮,在结果树中查看测试的结果,如图 9-6 所示。如果选中“图书管理系统性能测试”根节点,则该节点下配置的多个线程组都会同时运行。

通常的性能测试中,关注在一定负载条件(Active Thread)下的 TPS、RT 等指标,若性能指标不符合预期,则需要进行分析。图 9-7 展示了以上 booklist 的线程组在 100 个并发线程,每个并发线程执行 100 次查询的性能测试结果。该图表明,随着并发数的增加,系统

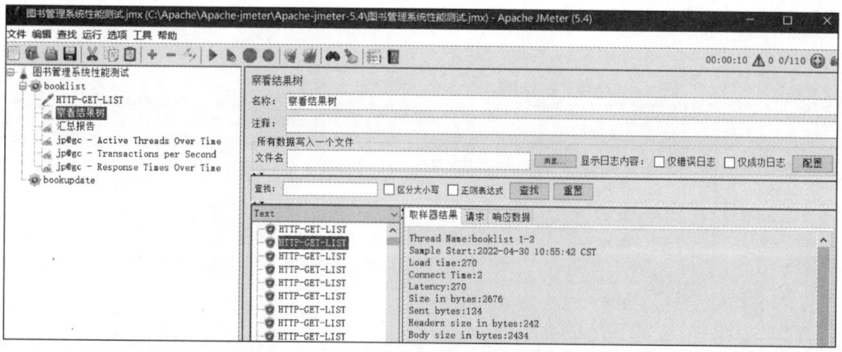

图 9-6　JMeter 部分性能测试结果查看

TPS 有一定的下降，假设该系统的性能目标是支持 100 人并发，则该结果满足预期结果。实际测试中，应该根据系统的性能需求设计并发测试的压力，以确保性能达到预期目标。

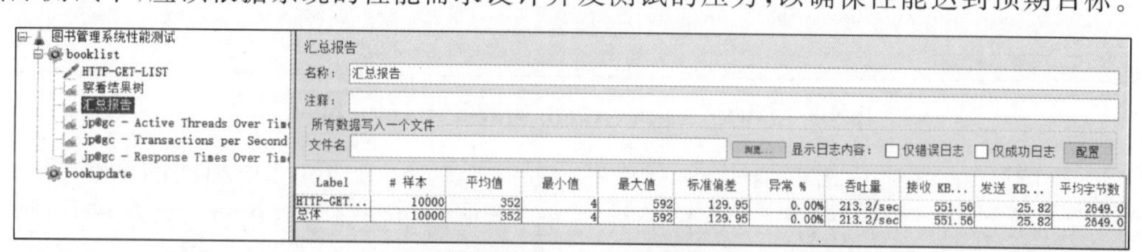


(a) 汇总报告(共计1000个请求)

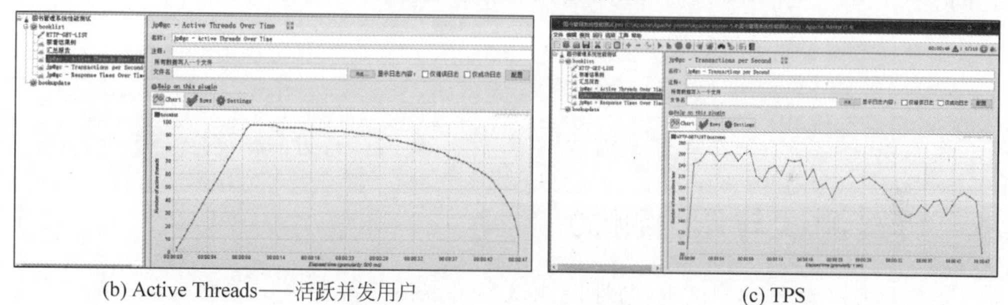

(b) Active Threads——活跃并发用户　　(c) TPS

图 9-7　JMeter 典型性能测试示例

JMeter 也支持命令行方式的测试。如图 9-8 展示了如何在 Windows 操作系统下以非 GUI 形式执行某个测试用例(JMX)文件(XML 格式的配置文件，可通过 GUI 生成或者手动编辑)，并生成 HTML 形式的报告，该命令中，-n 表示非 GUI 模式执行，-t 表示测试用例文件，-l 表示生成的测试结果文件，-o 表示生成的 HTML 报告目录。图 9-9 是该测试生成的 HTML 的测试报告示例。

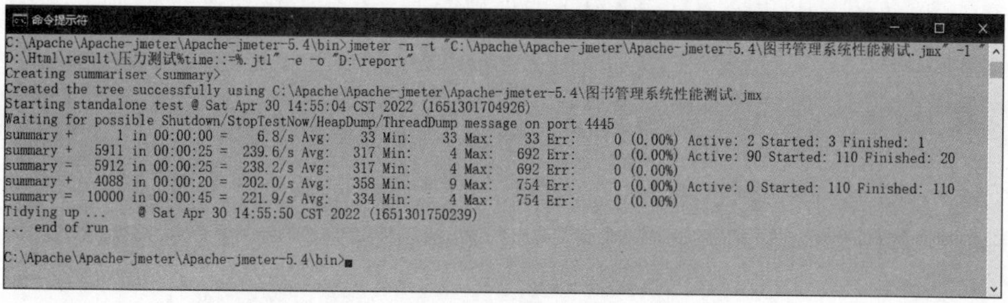

```
命令提示符
C:\Apache\Apache-jmeter\Apache-jmeter-5.4\bin>jmeter -n -t "C:\Apache\Apache-jmeter\Apache-jmeter-5.4\图书管理系统性能测试.jmx" -l "
D:\Html\result\压力测试%time::=%.jtl" -e -o "D:\report"
Creating summariser <summary>
Created the tree successfully using C:\Apache\Apache-jmeter\Apache-jmeter-5.4\图书管理系统性能测试.jmx
Starting standalone test @ Sat Apr 30 14:55:04 CST 2022 (1651301704926)
Waiting for possible Shutdown/StopTestNow/HeapDump/ThreadDump message on port 4445
summary +      1 in 00:00:00 =    6.8/s Avg:    33 Min:    33 Max:    33 Err:     0 (0.00%) Active: 2 Started: 3 Finished: 1
summary +   5911 in 00:00:25 =  239.6/s Avg:   317 Min:     4 Max:   692 Err:     0 (0.00%) Active: 90 Started: 110 Finished: 20
summary =   5912 in 00:00:25 =  238.2/s Avg:   317 Min:     4 Max:   692 Err:     0 (0.00%)
summary +   4088 in 00:00:20 =  202.0/s Avg:   358 Min:     9 Max:   754 Err:     0 (0.00%) Active: 0 Started: 110 Finished: 110
summary =  10000 in 00:00:45 =  221.9/s Avg:   334 Min:     4 Max:   754 Err:     0 (0.00%)
Tidying up ...    @ Sat Apr 30 14:55:50 CST 2022 (1651301750239)
... end of run

C:\Apache\Apache-jmeter\Apache-jmeter-5.4\bin>
```

图 9-8　Windows 下使用命令行执行 JMeter 测试

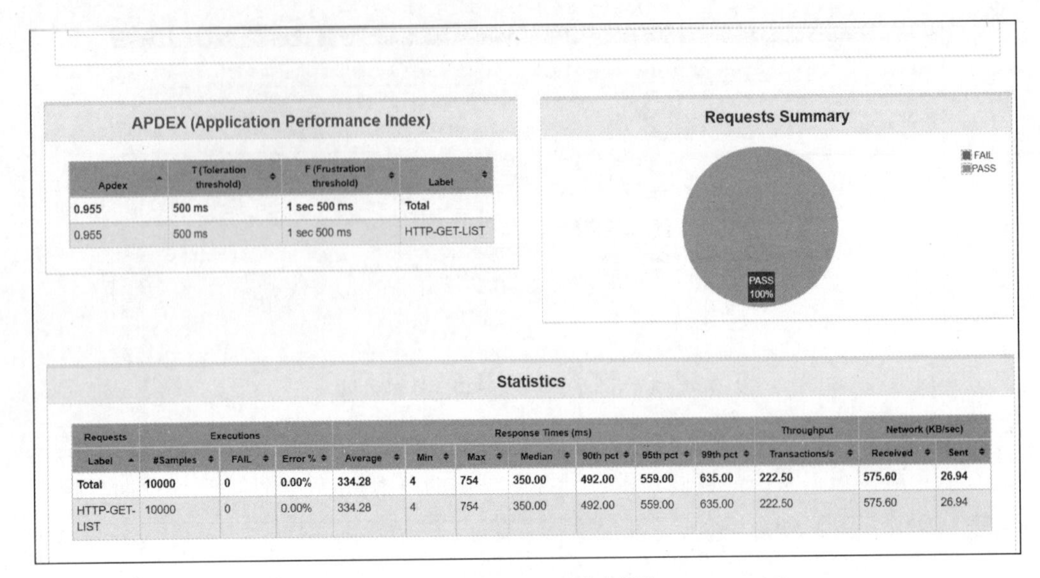

APDEX (Application Performance Index)

| Apdex | T (Toleration threshold) | F (Frustration threshold) | Label |
|---|---|---|---|
| 0.955 | 500 ms | 1 sec 500 ms | Total |
| 0.955 | 500 ms | 1 sec 500 ms | HTTP-GET-LIST |

Requests Summary

FAIL
PASS
PASS 100%

Statistics

| Requests | Executions | | | Response Times (ms) | | | | | | | Throughput | Network (KB/sec) | |
|---|---|---|---|---|---|---|---|---|---|---|---|---|---|
| Label | #Samples | FAIL | Error % | Average | Min | Max | Median | 90th pct | 95th pct | 99th pct | Transactions/s | Received | Sent |
| Total | 10000 | 0 | 0.00% | 334.28 | 4 | 754 | 350.00 | 492.00 | 559.00 | 635.00 | 222.50 | 575.60 | 26.94 |
| HTTP-GET-LIST | 10000 | 0 | 0.00% | 334.28 | 4 | 754 | 350.00 | 492.00 | 559.00 | 635.00 | 222.50 | 575.60 | 26.94 |

图 9-9　JMeter 生成的 HTML 测试报告(index.html)

由于 JMeter 是 Java 语言编写,具有跨平台特性,在 Linux 下,可用相同的命令行方式执行。在 Linux 下,用命令行方式执行 JMeter 时,如果期望得到图形化的分析结果,可将测试生成的 JTL 结果文件放入图形化 JMeter 中分析,或用命令行方式生成 HTML 格式分析报告。

```
jmeter.bat(Windows)/jmeter.sh(Linux) -g [results file] -o [output folder (empty or not
existing)]
```

## 9.6　负载测试与压力测试

在数据库应用软件的测试中,与性能测试容易混淆的两种测试分别是负载测试(Load Test)与压力测试(Stress Test)。为帮助读者理清概念,本节将对其进行简单对比。

负载测试是通过增加负载评估系统或者组件性能的测试方法。例如,通过增加并发用户数、事务数量等观察系统或者组件能够承受的最大负载。负载测试和性能测试的主要区别在于:负载测试时,系统负载是逐渐增加的,负载测试需要观察系统在各种不同负载的情况下是否都能够正常工作,而性能测试通常是直接指定一个特定的负载进行测试。

压力测试是评估系统或者组件处于或超过预期负载时的运行情况。压力测试重点关注系统在峰值负载或超出最大负载情况下的处理能力。在压力级别逐渐增加时,系统性能应该是按照预期缓慢下降,但是不应发生系统崩溃的现象。例如,系统最大支持的同时在线用户数是 1000 个,压力测试需要测试在 1000 个用户甚至 2000 个用户同时在线时系统的表现。虽然测试时负载已经超过了系统的承载能力,但是在这种情况下被测试系统不应该发生崩溃或者无法提供服务的现象,并且当并发用户数下降到合理范围时,系统应能正常提供服务。压力测试也可以针对系统资源进行测试,例如,在系统内存耗尽情况下测试系统的运行情况。

根据以上说明可知,针对数据库应用软件的压力测试和负载测试与性能测试的目的虽不同,但具体这三种测试可以使用同样的方法和工具进行。

## 9.7　安全性测试

信息安全是人们对软件的一种重要的非功能需求,在数据库应用软件中,安全性测试也尤为重要。数据库应用软件的安全性测试包括用户鉴权、数据加密以及 SQL 注入等不同方面。用户权限主要是防止用户的非法访问,例如,拥有不同权限的用户是否能进行对应权限的操作,用户的操作是否都可以进行审计和追踪等。数据加密包括数据库存储的数据、通信过程中传输的数据等不同层次的数据加密。

SQL 注入是指通过把 SQL 命令插入 Web 表单提交或页面请求等的查询字符串中,最终达到欺骗服务器执行恶意 SQL 命令的目的,给数据库系统带来危害。由于数据库应用软件中使用了 SQL 语句,与之相关的 SQL 注入测试是该类软件进行安全性测试的一个重要内容。本节将重点介绍 SQL 注入的概念与测试方法。

SQL 注入主要是利用现有的应用程序,将恶意 SQL 命令注入后台数据库引擎中执行。例如,在程序中动态构造如下 SQL 语句:

```
select * from member
where UID = '"& request("ID") &" 'and Passwd = '"& request("Pwd") " '
```

若攻击者已知系统中已有一个 Admin 的管理者 ID,则输入'Admin'--,导致构造出的 SQL 语句如下:

```
select * from member where UID = 'Admin '-- 'And Passwd = ''
```

由于 SQL 语言中“--”是注释符号,其后的字符都会被当作注解,因此该攻击者无须输入密码即可直接进入系统。更严重的情况,攻击者可能注入删库删表等危害性极高的恶意 SQL,将对系统带来破坏性的打击。对于 SQL 注入问题,应用软件在开发中可以采用一些对应的方法进行预防,例如,使用正则表达式、字符串过滤、使用安全编程框架等方法确保用户输入数据中不存在非法字符。此外,一些成熟的框架中通常已经包含了防止 SQL 注入的处理,也可以直接使用成熟框架。

为了防止类似的 SQL 注入,通常需要测试数据库是否存在 SQL 注入的危险。本节以 MySQL 为例,用一个简单的测试方法来介绍数据库的 SQL 注入测试。

(1) 在数据库中创建一个用户信息表 user,包括 username、password、email 字段。

(2) 给表 user 中增加以下几条测试数据。

zhang, ****** ,zhang@email.com, li, ****** , li@email.com

wang ****** ,wang@email.com, zhao, ****** , zhao@email.com

(3) 在被测的数据库应用软件登录界面中,在输入用户名的地方输入:'zhang'--,不输入密码确认是否能登录该系统。若能登录,则说明该数据库应用程序存在 SQL 注入的问题。

若该软件的 Web 等客户端可以直接输入或者构造 SQL 语句,则可以用拼接两个数字字符串的方法进行测试。先用一个单引号结束当前的数字字符串,然后用相应的串联运算符将另一个数字字符串进行拼接,其 SQL 语句如下:

```
update user set email = '1' + '1' where username = 'zhang'
```

如果数据库成功地将两个数字字符串拼接在一起，用户 zhang 的 Email 被更新成了 2，则说明该数据库应用程序存在 SQL 注入的问题。

## 本章小结

本章讲述了数据库应用软件的测试方法，包括基于关系规范化理论的数据库设计验证、功能测试、性能测试、安全性测试等。重点介绍了数据库应用软件的性能测试，以开源软件 JMeter 为例，展示了如何进行多线程并发的性能测试。

# 系统与运维实战

# 第10章 数据库中的事务与锁

## 10.1 实战目标与准备

**【实战目标】**

在理解数据库管理系统的事务与并发控制原理的基础上，本章目标是掌握事务相关的各种操作语句，模拟和分析并发操作导致的各种数据不一致问题，并利用锁、事务隔离级别等方法解决数据不一致的问题。

**【实战准备】**

本章的实战准备内容与第3章一致。本章使用的银行账户表account的结构如下：

```
create table account(id int primary key, balance int);
```

## 10.2 事务概述与常用命令

为了更好地支持并发处理，数据库管理系统引入了事务的概念，处理并发常用的方法是加锁和MVCC(Multi-Version Concurrency Control，多版本并发控制)技术。在数据库中，构成单一、不可分割的逻辑工作单元的操作序列称为事务(transaction)，它是并发控制和恢复的基本单位。例如，以下事务T1表示银行账户1给账户2转账1000元，包含了相关的两个update操作。由事务的概念可知，该例中转账涉及的两条update语句是一个不可分割的逻辑工作单元，要么都成功，要么都失败。如果第一条update成功，而第二条update失败时，DBMS内部会进行回滚，将第一条update执行结果也撤销，即把账户1恢复到事务开始之前的数据。

```
--事务T1
start transaction;
update account set balance = balance - 1000 where id = 1;
update account set balance = balance + 1000 where id = 2;
commit;
```

```
--事务T2
start transaction;
update account set balance = 100;
rollback;
```

事务的执行有显式定义和隐式定义。上例中的start transaction(也可用begin)即属于显式开启一个事务，commit表示该事务正常提交，rollback表示事务发生异常，回滚到事务开始之前的状态。当用户没有显式指定开启事务时，DBMS按照隐式(系统变量

autocommit 默认值为 true)提交事务,默认是每条 SQL 语句为一个事务,即每条 SQL 完成都会提交。

事务在回滚中,有时不希望回滚到初始状态,此时可以设置保存点,只回滚到某个时刻。

**【实战练习 10-1】** 构造一个含有保存点(savepoint)的事务,并在某一时刻回滚到这个保存点。

```
create table t (id int);
-- 事务开始
start transaction;
insert into t values(1);
insert into t values(2);
savepoint s1;
insert into t values(3);
insert into t values(4);
savepoint s2;
insert into t values(5);
insert into t values(6);
select * from t;

-- 回滚到某个 savepoint
rollback to savepoint s2;
select * from t;
```

```
插入 6 条数据之后
mysql1 > select * from t;
+------+
| id   |
+------+
|    1 |
|    2 |
|    3 |
|    4 |
|    5 |
|    6 |
+------+
6 rows in set (0.00 sec)

回滚到保存点 s2 之后:
mysql1 > select * from t;
+------+
| id   |
+------+
|    1 |
|    2 |
|    3 |
|    4 |
+------+
4 rows in set (0.00 sec)
```

事务具有以下 ACID 4 个基本特性:

(1) 原子性(Atomicity):事务中的一系列操作要么全部执行,要么都不执行。

(2) 一致性(Consistency):事务执行的结果必须是使数据库从一个一致性状态变到另一个一致性状态。

(3) 隔离性(Isolation):并发执行的各个事务之间不能互相干扰。

(4) 持久性(Duration):事务提交之后,对数据库中数据的改变是永久性的。

一个事务在 DBMS 中的执行状态变化通常如图 10-1 所示,需要读者注意的是有些书中规定部分提交(已经完成了内存 buffer pool 数据以及日志的写操作)就认为是已提交了。为了让读者清晰地看到从内存到磁盘刷新的过程中也有可能出现故障的情况,图 10-1 特别区分了部分提交和已提交两种情况。

为了方便读者,表 10-1 列举了 MySQL 中事务相关的常用命令。其中隔离级别的知识将在 10.6 节详细介绍。

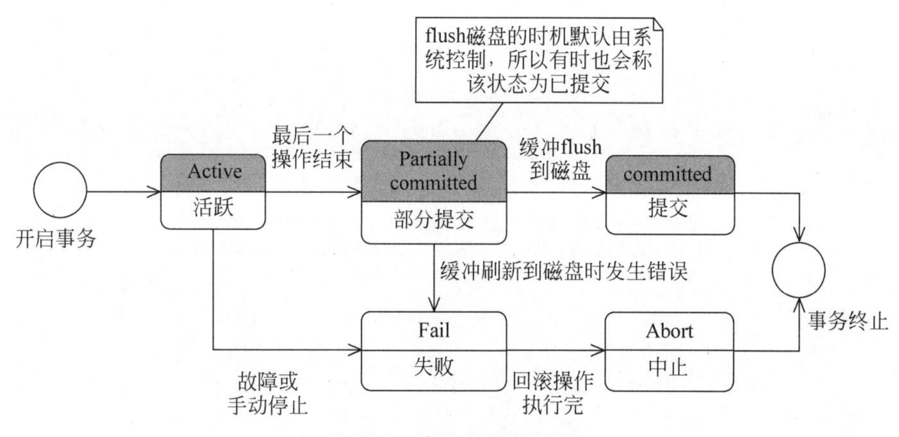


图 10-1 事务状态转换图

表 10-1 事务相关的常用命令

| 功　能 | 例　子 |
| --- | --- |
| 查看系统当前的活动事务 | select * from information_schema.innodb_trx; |
| 设置/查看是否自动提交 | set @@autocommit=0;　set global @@autocommit=0; |
| | set autocommit=0;　set global autocommit=0; |
| | show global/session variables like 'autocommit';<br>(省略 global/session 修饰符时，默认为 session) |
| 设置/查看全局隔离级别 | setglobal transaction isolation level repeatable read; |
| | show global variables like 'transaction_isolation'; |
| 设置/查看当前连接(session)的隔离级别 | set transaction isolation level repeatable read; |
| | setsession transaction isolation level repeatable read; |
| | show session variables like 'transaction_isolation'; |
| | select @@transaction_isolation; |

# 10.3 MySQL 中 ACID 特性验证

## 10.3.1 原子性与一致性

**【实战练习 10-2】** 编写一个事务处理实现如下的操作：某学号为 20200032 的学生从银行卡(icbc_card)中转账 200 元到校园卡(campus_card)中，若中间出现故障则进行 rollback。在该场景下，验证事务的原子性和一致性。其中原子性表现：rollback 之后，数据恢复到转账开始之前的状态；一致性表现：转账前后银行卡与校园卡的总和不变。

```
-- 准备数据
create table icbc_card(icbcid int primary key, sno varchar(8), balance int);
create table campus_card( sno varchar(8) primary key, balance int);
insert into icbc_card values (1, '20200032', 100);
insert into campus_card values ('20200032', 1);
-- 创建事务函数
drop procedure if exists transfer;
delimiter $ $
create procedure transfer(in money int)
```

```
begin
    declare tmp_balance int default 0;
    start transaction;
    update icbc_card set balance = 100 where sno = '20200032';
    select balance into tmp_balance from icbc_card where sno = '20200032';
    if (tmp_balance - money >= 0) then
        update icbc_card set balance = balance - money where sno = '20200032';
        update campus_card set balance = balance + money where sno = '20200032';
        commit;
    else
        rollback;
        signal sqlstate '31002' set MESSAGE_TEXT = '银行卡余额不足';
    end if;
end $ $
delimiter ;
-- 验证
select icbc_card. * , campus_card. balance as campus_balance from icbc_card inner join campus_
card on icbc_card. sno = campus_card. sno;

call transfer(200); -- 事务回滚
select icbc_card. * , campus_card. balance as campus_balance from icbc_card inner join campus_
card on icbc_card. sno = campus_card. sno;

call transfer(100); -- 事务提交
select icbc_card. * , campus_card. balance as campus_balance from icbc_card inner join campus_
card on icbc_card. sno = campus_card. sno;
```

执行结果如下。其中事务原子性的体现：该学生转账 200 元时，由于银行卡余额不足事务显式回滚，两张卡的余额保持转账之前的不变。事务一致性的体现：该学生成功执行转账 100 元的事务时，转账前与转账后银行卡与校园卡的总和都是 101 元，保持了数据的一致性状态。

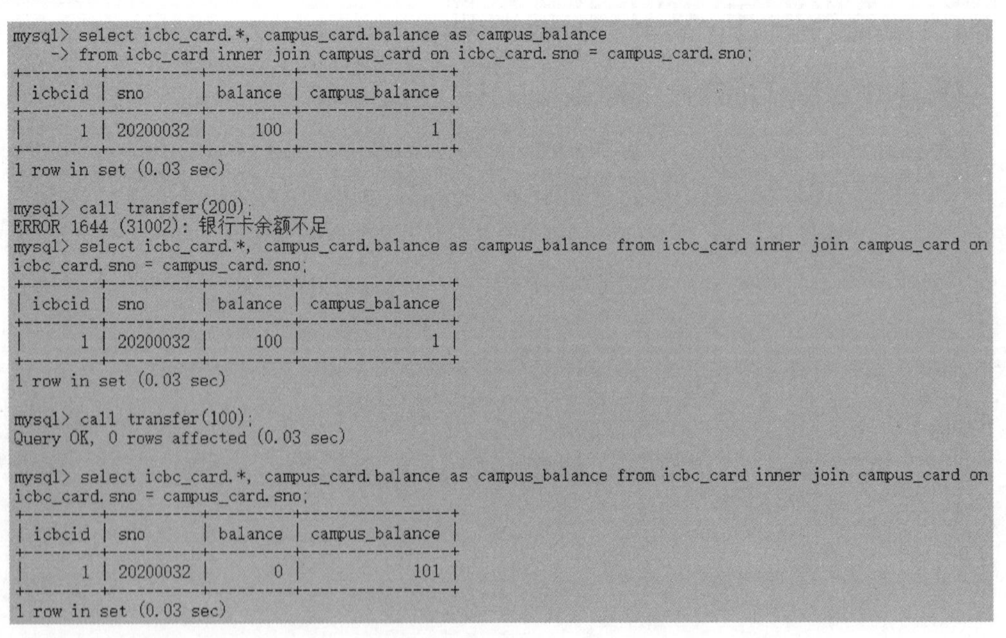

```
mysql> select icbc_card.*, campus_card.balance as campus_balance
    -> from icbc_card inner join campus_card on icbc_card.sno = campus_card.sno;
+--------+----------+---------+----------------+
| icbcid | sno      | balance | campus_balance |
+--------+----------+---------+----------------+
|      1 | 20200032 |     100 |              1 |
+--------+----------+---------+----------------+
1 row in set (0.03 sec)

mysql> call transfer(200);
ERROR 1644 (31002): 银行卡余额不足
mysql> select icbc_card.*, campus_card.balance as campus_balance from icbc_card inner join campus_card on
icbc_card.sno = campus_card.sno;
+--------+----------+---------+----------------+
| icbcid | sno      | balance | campus_balance |
+--------+----------+---------+----------------+
|      1 | 20200032 |     100 |              1 |
+--------+----------+---------+----------------+
1 row in set (0.03 sec)

mysql> call transfer(100);
Query OK, 0 rows affected (0.03 sec)

mysql> select icbc_card.*, campus_card.balance as campus_balance from icbc_card inner join campus_card on
icbc_card.sno = campus_card.sno;
+--------+----------+---------+----------------+
| icbcid | sno      | balance | campus_balance |
+--------+----------+---------+----------------+
|      1 | 20200032 |       0 |            101 |
+--------+----------+---------+----------------+
1 row in set (0.03 sec)
```

### 10.3.2　隔离性与持久性

**【实战练习 10-3】** DBMS 的隔离性与持久性特性。隔离性表现：连接在同一个数据库上的不同并发执行事务，互相不干扰；持久性表现：数据提交后，永久保存在磁盘中。本章部分实验演示中，为了模拟并发操作，同时打开两个 MySQL 客户端，并在每个客户端设置适当的隔离级别，用形如本实践练习中①～⑩等序号逐条操作。

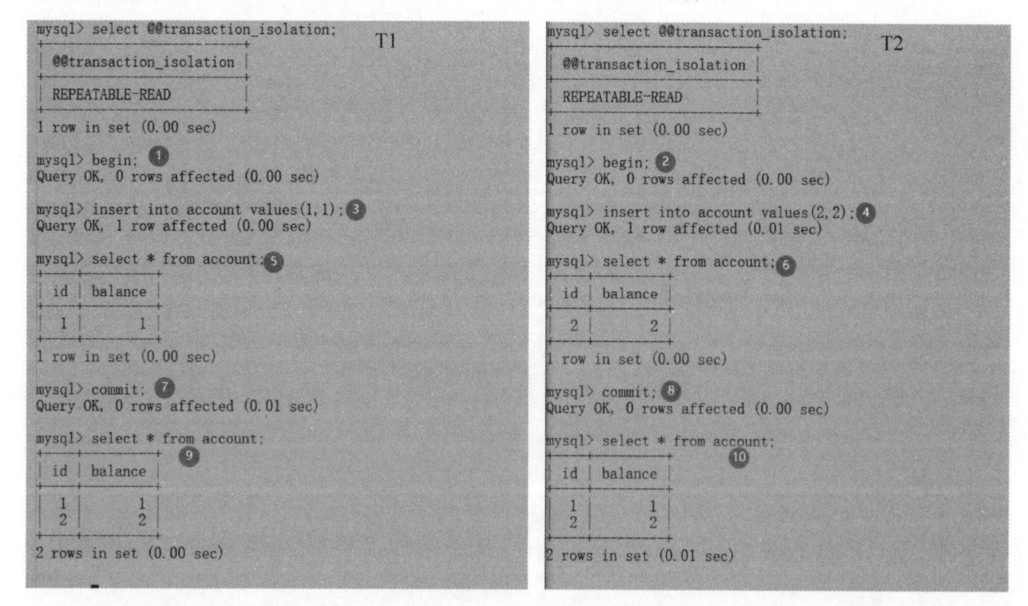


从运行结果可知，在 MySQL 默认的隔离级别（隔离级别是为数据库实现事务的一种机制，详细介绍参见 10.6 节）下，事务 T1 和事务 T2 互相隔离，互不影响，各自给 account 表插入了不同的数据。且两个事务提交之后，T1 和 T2 插入的数据都持久化到磁盘中。

## 10.4　并发导致的数据不一致问题重现实战

多个用户的高并发操作，若 DBMS 不加以处理，会产生三种数据不一致的现象：丢失修改（lost update）、读脏数据（dirty read）、不可重复读（non-repeatable read，含幻读）等。本节将逐个展示每种不一致的现象。本节详细描述了第一类丢失更新的验证过程，其他问题仅展示了执行结果供读者参考。

### 10.4.1　丢失修改

丢失修改是指某个事务进行的操作结果由于另一个事务的执行发生了丢失的情况。以下展示了两种不同的情况。

#### 1. 第一类丢失更新

事务 T1 回滚的结果覆盖了事务 T2 提交的结果，导致 T2 提交结果丢失称为第一类丢失更新问题。该问题在所有事务中都不被允许，因此不可能出现。

假设针对 account 表同时开启两个转账事务 T1 和 T2，操作步骤如下：

| 步骤 | T1 | T2 |
|---|---|---|
| ① | 启动事务(start transaction) | |
| ② | | 启动事务(start transaction) |
| ③ | 读：id=1 的 balance (B=100) | |
| ④ | | 读：id=1 的 balance (B=100) |
| ⑤ | 写：B=B+100 | |
| ⑥ | | 写：B=B+200 |
| ⑦ | 读：id=1 的 balance (B=200) | 等待 |
| ⑧ | 提交事务(commit) | 等待 |
| ⑨ | | 执行 B=B+200(B=400) |
| ⑩ | | 回滚事务(rollback) |
| ⑪ | | 读：B=200 |
| ⑫ | 读：B=200 | |

图 10-2 展示了该例子中具体每步操作的结果。

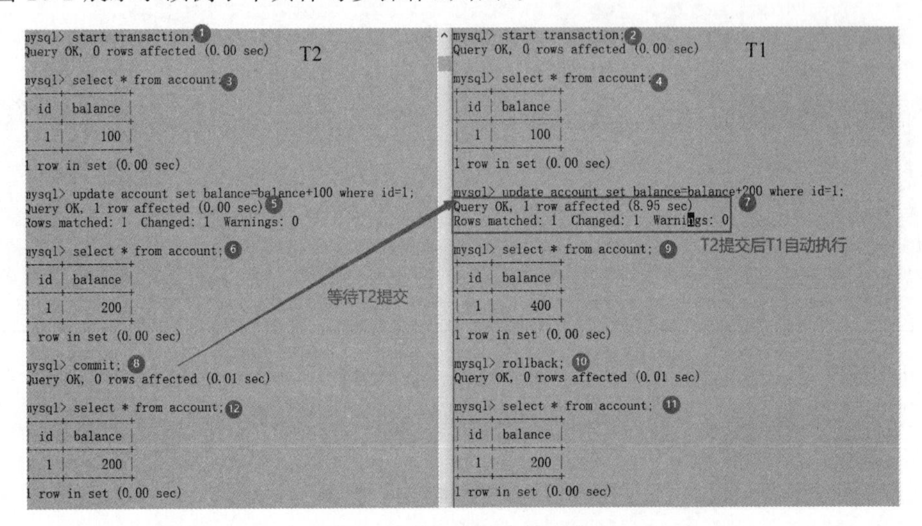


**图 10-2　第一类丢失更新问题**

由以上结果可知：T1 的第 10 步(图中的⑩)回滚后，并不会用 T1 开始初值(balance=100)覆盖 T2 已提交值(balance=200)，该例验证了第一类丢失更新问题在 MySQL 中不会发生。

**注意**：(1) T1 在第 7 步执行 update 时，客户端会处于等待状态无法执行，只有在 T2 提交之后，T1 才会自动继续执行。

(2) T1 在执行 update 之前，重新读取了 T2 提交的新值 200，因此第 9 步查询结果为 400。

## 2. 第二类丢失更新

事务 T1 提交的结果覆盖了事务 T2 提交的结果。

假设针对 account 表同时开启两个转账事务 T1 和 T2，隔离级别采用未提交读。由图 10-3 所示的操作可知：T1 的第 9 步提交后，覆盖了 T2 已经提交的值(balance=300)，该例重现了第二类丢失更新。

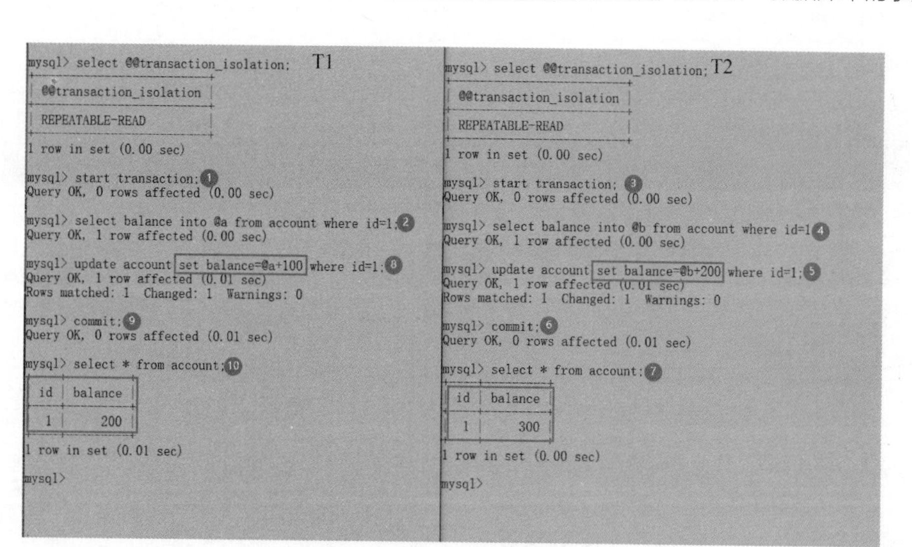


图 10-3 第二类丢失更新问题

## 10.4.2 读脏数据

读“脏”数据是指事务 T1 修改某个数据后写回磁盘，事务 T2 读该数据后，事务 T1 发生回滚。此时 T2 读到的数据与数据库中数据不一致，即读到了脏数据。图 10-4 中设置隔离级别为未提交读，T1 在第 6 步发生了回滚，此时数据库中的值为 100，T2 的第 5 步读到的数据 200 即为脏数据。

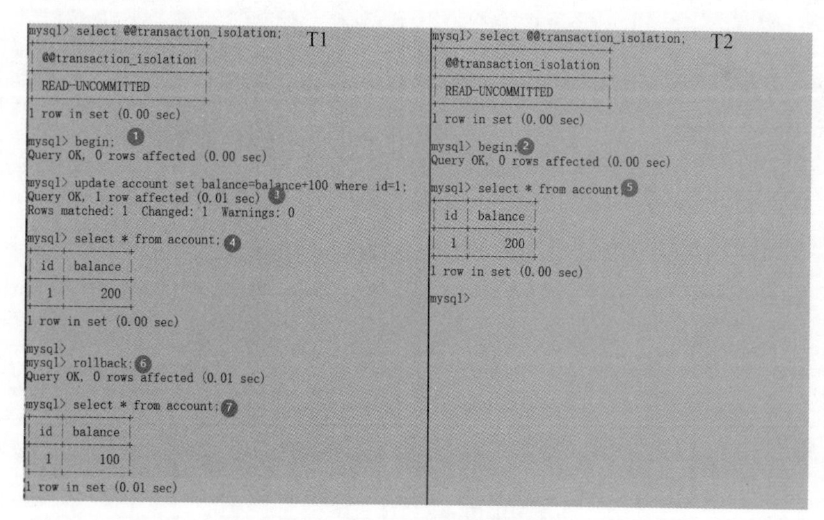


图 10-4 读脏数据问题

## 10.4.3 不可重复读

若事务 T1 读，事务 T2 更新，T1 再次读，发现与第一次读取数据不同，该问题称为不可重复读。如图 10-5 所示，设置隔离级别为已提交读，在 T2 的第 7 步提交前后，T1 在第 6 步和第 8 步读到的值不一样，发生了不可重复读的问题。

```
mysql> select @@transaction_isolation;
+-------------------------+
| @@transaction_isolation |
+-------------------------+
| READ-COMMITTED          |
+-------------------------+
1 row in set (0.00 sec)

mysql> begin; ①
Query OK, 0 rows affected (0.00 sec)

mysql> select * from account; ③
+----+---------+
| id | balance |
+----+---------+
|  1 |     100 |
+----+---------+
1 row in set (0.00 sec)

mysql> select * from account; ⑥
+----+---------+
| id | balance |
+----+---------+
|  1 |     100 |
+----+---------+
1 row in set (0.00 sec)

mysql> select * from account; ⑧
+----+---------+
| id | balance |
+----+---------+
|  1 |     200 |
+----+---------+
```

```
mysql> select @@transaction_isolation;
+-------------------------+
| @@transaction_isolation |
+-------------------------+
| READ-COMMITTED          |
+-------------------------+
1 row in set (0.00 sec)

mysql> begin; ②
Query OK, 0 rows affected (0.00 sec)

mysql> update account set balance=balance+100 where id=1; ④
Query OK, 1 row affected (0.01 sec)
Rows matched: 1  Changed: 1  Warnings: 0

mysql> select * from accoun ⑤
+----+---------+
| id | balance |
+----+---------+
|  1 |     200 |
+----+---------+
1 row in set (0.00 sec)

mysql> commit; ⑦
Query OK, 0 rows affected (0.01 sec)

mysql>
```

图 10-5 不可重复读问题

### 10.4.4 幻读

幻读(phantom row)指 T1 按照某个条件谓词 P 读后，T2 删除/修改/插入符合条件谓词 P 的记录后提交，T1 再读与第一次读取结果不同。例如，T1 读数据，T2 插入部分记录，T1 再次读取时发现记录数目与第一次读取数目不同，如图 10-6 所示。

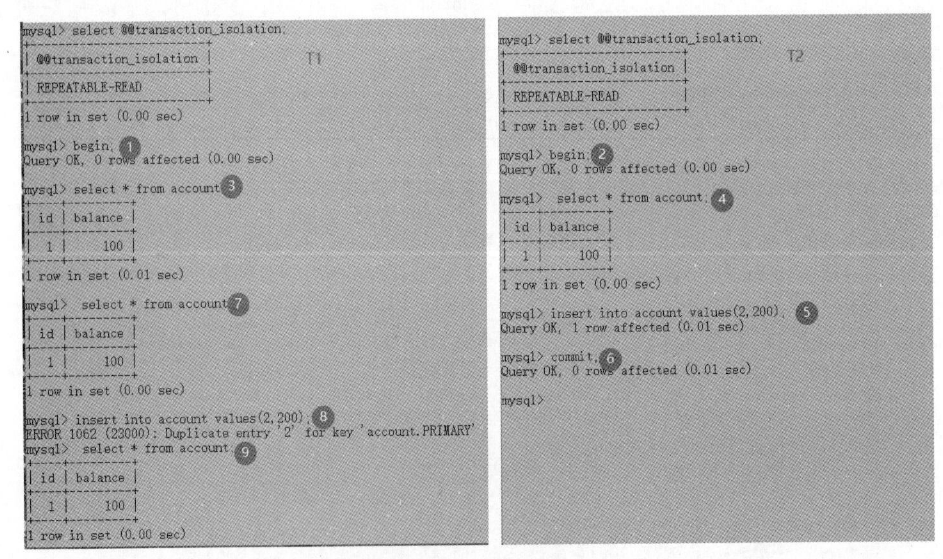


图 10-6 幻读问题

幻读表面是同一个事务中多次读操作读取的某表数据量不同，但其可能影响后续的插入等操作。如图 10-6 所示，隔离级别使用默认的可重复读，并发事务 T1 的第 3 步确认表中仅有 id=1 的一条记录，然后在第 8 步插入 id=2 的记录，但会报错说该记录重复，第 9 步再次查询还是一条记录，感觉出现了幻觉，该类问题称为幻读问题。该例子中出现幻读问题的原因是事务 T2 实际已经插入了 id=2 的数据，但由于此时 T1 事务使用了可重复读的隔离级别，在 T1 事务看不到 T2 插入的新记录。

总体而言，产生丢失修改、读脏数据、不可重复读、幻读等数据不一致的主要原因是并发操作破坏了事务的隔离性，因此DBMS设计了不同的并发处理机制，确保使用正确的方式调度并发操作。主要的并发处理机制包括：封锁机制（隔离级别与锁）、MVCC等。本章后续章节将详细介绍MySQL中具体并发处理机制。

## 10.5 MySQL并发控制——锁

为了防止并发事务导致的数据不一致问题，对需要并发访问的数据进行封锁是一种最基本的思想，当某个事务需要更新数据时进行加锁，待更新完毕后释放锁。本节详细介绍MySQL中的各种锁。

### 10.5.1 MySQL的锁分类

从封锁粒度角度看，MySQL的不同存储引擎支持的粒度有所不同，包括表锁、行锁、页锁等，如表10-2所示，表中"√"表示支持该粒度锁，"×"表示不支持。表锁（一次锁整个表）和行锁（一次锁相关行）属于逻辑粒度封锁，页锁（一次锁一个物理页面）属于物理粒度封锁。表10-3列出了不同粒度锁的优缺点。

表10-2 MySQL不同存储引擎支持的锁

| 存储引擎 | 表锁 | 行锁 | 页锁 |
| --- | --- | --- | --- |
| InnoDB | √ | √ | × |
| MyISAM | √ | √ | × |
| BDB | √ | × | √ |

表10-3 MySQL不同粒度锁的优缺点

| 比较维度 | 表锁 | 行锁 | 页锁 |
| --- | --- | --- | --- |
| 加锁粒度 | 大 | 小 | 中 |
| 开销 | 小 | 大 | 中 |
| 加锁速度 | 快 | 慢 | 中 |
| 有无死锁 | 无 | 有 | 有 |
| 并发度 | 低 | 高 | 一般 |

从封锁模式角度看，MySQL的锁包括以下几种：

（1）排他锁（Exclusive Lock，简记为X锁，又称为写锁）：若事务T对数据对象A加X锁，则只允许T读写A，其他任何事务都不能再对A加任何类型锁，直到T释放A上的锁。

（2）共享锁（Share Lock，简记为S锁，又称为读锁）：若事务T对数据对象A加上S锁，则其他事务只能再对A加S锁，而不能加X锁，直到T释放A上的S锁。

（3）意向共享锁（Intention Shared Lock，简记为IS锁）：若事务T想要获得表中某些记录的共享锁，首先需要对表加意向共享锁。

（4）意向排他锁（Intention Exclusive Lock，简记为IX锁）：若事务T想要获得表中某些记录的排他锁，首先需要对表先加意向排他锁。意向锁并不会阻塞全表扫描之外的任何请求，它们的主要目的是为了表示是否有人请求锁定表中的某一行数据。

以上的意向共享锁和意向排他锁都属于意向锁，主要目的是辅助系统快速判断表级和行级锁冲突。如果没有意向锁，判断表级锁和行级锁是否冲突时，需要遍历该表所有行的行锁，但有意向锁时，可以直接判断意向锁是否存在就可以判断是否有行锁。

## 10.5.2 InnoDB存储引擎的锁信息

### 1. InnoDB的锁类型

由于InnoDB是MySQL的默认存储引擎，此处重点介绍InnoDB所支持的锁。InnoDB支持的常用锁如表10-4所示。其中，普通共享锁/排他锁、意向共享锁/意向排他锁、行锁以及表锁的概念前文已经介绍。

表10-4 InnoDB存储引擎支持的锁

| 编号 | 锁 类 型 | 描 述 |
| --- | --- | --- |
| 1 | Shared and Exclusive Locks | 普通共享锁/排他锁 |
| 2 | Intention Locks | 意向共享锁/意向排他锁 |
| 3 | TableLocks | 表锁 |
| 4 | Record Locks | 行锁 |
| 5 | Gap Locks | 间隙锁，锁两个记录之间的范围，防止该范围内的记录插入 |
| 6 | ORDINARY Locks | 邻键锁，Next-Key Lock |
| 7 | Insert Intention Locks | 插入意向锁 |
| 8 | REC_NOT_GAP Locks | 记录锁，只锁记录，不锁GAP |

由于行锁是使用频率较高的锁，且从表10-4可知InnoDB的行锁细分为几种不同类型，详细解释如下。

(1) Record Lock：单个行记录上的锁。Record Lock总是锁住索引记录，若没有索引表会使用隐式的主键来进行锁定。

(2) Gap Lock：间隙锁，锁定一个范围，不包含记录本身。仅在索引记录间隙上加锁，或者是第一条索引记录之前、最后一条索引记录之后上的间隙锁。间隙锁可以保证两次读取这个范围内的记录不会变，是解决幻读问题的关键机制。

(3) Next-Key Lock：邻键锁，等同于Gap Lock+Record Lock，该锁会锁定一个范围，并且锁定记录本身。该锁锁定的是一个前开后闭区间，如(5,10]。

(4) REC_NOT_GAP Locks：记录锁，该锁表示强制仅锁某记录，不锁GAP。

**【实战练习10-4】** 用具体的实例展示间隙锁的锁定范围。

```
--准备数据
create table t ( id int not null, a int, b int, primary key (id), key a(a) ) ENGINE = InnoDB;
insert into t values (0,0,0), (5,5,5), (15,15,15);
```

在该例子中，InnoDB根据插入的3个数据(0,5,15)会自动在a列上形成4个范围：(−∞，0)，(−0，5)，(−5，15)，(−15，，+∞). 假设此时执行select * from t where a=5 for update实际会自动限制插入a值=5的左右两个间隙锁+行锁(=邻键锁)范围内的值：(0,15]。

如下展示了InnoDB由于T1手动显式加锁，自动加了间隙锁，使得T2在插入(6,6,6)

时处于等待锁释放状态。读者可以自行验证，如果插入的数据是(10,20,6)则可以正常插入。注意，以上 select * from t where a=5 for update 的语句只封锁 a 的间隙范围，a=20 不在封锁范围内所以可以正常插入，与其他 id 列和 b 列的取值无关。

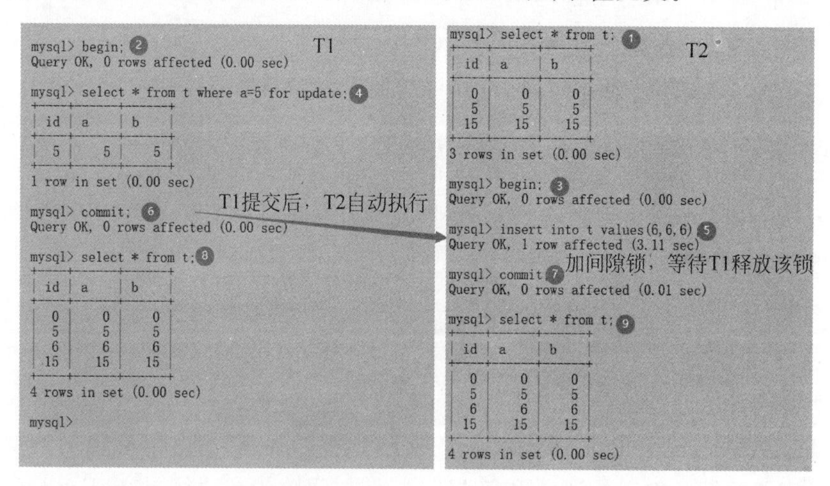


**【思考题】** 对于如上的示例数据，若 T1/T3 的事务如下，T2/T4 的插入操作都需要等待锁吗？注意 a 列有索引，b 列无索引。

| T1: | T2: |
|---|---|
| begin;<br>select * from t where a = 5 for update; | begin;<br>insert into t values (4,1,1); -- 等待锁<br>insert into t values (6,50,50); -- 正常插入<br>insert into t values (7,0, -1); -- 正常插入 |
| T3:<br>begin;<br>select * from t where b = 5 for update; | T4:<br>begin;<br>insert into t values (4,5,5); -- 等待锁<br>insert into t values (4,4,4); -- 等待锁<br>insert into t values (17,17,17); -- 等待锁<br>insert into t values (6,0,6); -- 等待锁 |

提示：因为 b 列没有索引，执行 select * from t where b=5 for update 时，会逐行查找，逐行加锁，直到锁定全表(涉及多行则锁全表)，所以插入都会等待锁；但是 a 列有索引时，会自动加间隙锁，无须所有插入都等待锁，只需邻键锁的锁封锁范围相关数据需要等待锁。

### 2. InnoDB 存储引擎的加锁规则

在 InnoDB 存储引擎中，在不同 SQL 语句执行时，会自动触发系统的加锁操作。此外，也可以利用其提供的语句手动显式加锁。每个锁的解锁时机是由不同的隔离级别决定的。

(1) 自动加锁规则：

① 意向锁：在给行加 X 或者 S 锁时，系统会自动给表加对应的 IX 或 IS 锁。详细说明参见 https://dev.mysql.com/doc/refman/8.0/en/innodb-locking.html#innodb-intention-locks。

② UPDATE、DELETE 和 INSERT 语句：自动给涉及数据加排他锁(X)。

③ SELECT 语句：不加任何锁。

④ DDL 语句(如 ALTER、CREATE 等)：自动加表级锁。

(2) 手动显式加共享锁或排他锁语句：

① 共享锁(S)：当给某些记录加 S 锁时，其他事务仍然可以查询记录。

```
SELECT * FROM table_name WHERE … LOCK IN SHARE MODE
```

② 排他锁(X)：当给某些记录加 X 锁时，其他事务可查询该记录，但是不能对该记录加 S 锁或 X 锁，而是等待获得锁。

```
SELECT * FROM table_name WHERE … FOR UPDATE
```

需要注意的是所有的行锁都是加在索引上的，对二级索引加锁最终也会落在聚集索引上，加行锁的过程是一条条记录逐一加锁。另外，在不同隔离级别(隔离级别的概念将在后面介绍)下，支持的锁与加锁处理过程有所不同，例如间隙锁在读已提交(Read Committed)的隔离级别下是不存在的，仅在可重复读(Repeatable Read)的隔离级别下有效。

### 3. 查看系统中锁的相关命令

(1) 表锁的加锁与解锁。

```
LOCK TABLES
    tbl_name [[AS] alias] lock_type
    [, tbl_name [[AS] alias] lock_type] …
lock_type: {
    READ [LOCAL]
  | [LOW_PRIORITY] WRITE
}
UNLOCK TABLES
```

```
mysql> lock tables t read;
mysql> select count( * ) from t;
+----------+
| count( * ) |
+----------+
|        3 |
+----------+
mysql> unlock tables;
```

(2) 查看锁的状态。

① show engine innodb status：查看当前系统中事务和锁的汇总信息。

② 查看锁或者事务等详细信息涉及的三个系统表：

```
select * from information_schema.innodb_trx;
select * from sys.innodb_lock_waits;
select * from performance_schema.data_locks;
```

**【实战练习 10-5】** 如下的构造图的事务 T1 和 T2，T1 执行 select * from t where a = 5 for update 后，T2 在第 5 步插入(6,6,6)时，用以上几个系统表确认并理解系统中的事务与锁状态。

① select * from information_schema.innodb_trx：查看系统当前活动的事务，可以看出，目前 T1 是 running 状态，T2 是 lock wait 状态。

```
*************************** 2. row ***************************
                    trx_id: 587274            T1
                 trx_state: RUNNING
               trx_started: 2022-05-08 15:42:05
     trx_requested_lock_id: NULL
          trx_wait_started: NULL
                trx_weight: 4
       trx_mysql_thread_id: 19
                 trx_query: NULL
       trx_operation_state: NULL
         trx_tables_in_use: 0
         trx_tables_locked: 1
          trx_lock_structs: 4
     trx_lock_memory_bytes: 1136
           trx_rows_locked: 3
         trx_rows_modified: 0
   trx_concurrency_tickets: 0
       trx_isolation_level: REPEATABLE READ
         trx_unique_checks: 1
    trx_foreign_key_checks: 1
trx_last_foreign_key_error: NULL
 trx_adaptive_hash_latched: 0
 trx_adaptive_hash_timeout: 0
          trx_is_read_only: 0
trx_autocommit_non_locking: 0
       trx_schedule_weight: NULL
2 rows in set (0.00 sec)
```

```
mysql> select * from information_schema.innodb_trx\G
*************************** 1. row ***************************
                    trx_id: 587275            T2
                 trx_state: LOCK WAIT
               trx_started: 2022-05-08 15:42:15
     trx_requested_lock_id: 2212635381920:1816:5:4:2212598013800
          trx_wait_started: 2022-05-08 15:42:15
                trx_weight: 3
       trx_mysql_thread_id: 20
                 trx_query: insert into t values(6,6,6)
       trx_operation_state: inserting
         trx_tables_in_use: 1
         trx_tables_locked: 1
          trx_lock_structs: 2
     trx_lock_memory_bytes: 1136
           trx_rows_locked: 1
         trx_rows_modified: 1
   trx_concurrency_tickets: 0
       trx_isolation_level: REPEATABLE READ
         trx_unique_checks: 1
    trx_foreign_key_checks: 1
trx_last_foreign_key_error: NULL
 trx_adaptive_hash_latched: 0
 trx_adaptive_hash_timeout: 0
          trx_is_read_only: 0
trx_autocommit_non_locking: 0
       trx_schedule_weight: 1
```

② select * from sys.innodb_lock_waits：查看当前系统中正处于等待状态的锁。

从以下结果可以看出，事务 id 为 587275 的 T2 事务，正在等待执行的查询是 insert into t values(6,6,6)，期望对索引 a 加一个行锁，加锁模式为写锁 X，间隙锁 GAP 和意向锁 INSERT INTENTION。而该锁正在被 587274 的 T1 事务加锁中，当前加锁类型为写锁 X，间隙锁 GAP。强制终止该事务 SQL 命令：KILL QUERY 19。

```
mysql> select * from sys.innodb_lock_waits\G
*************************** 1. row ***************************
                wait_started: 2022-05-08 15:42:15
                    wait_age: 00:00:18
               wait_age_secs: 18
                locked_table: `test`.`t`
         locked_table_schema: test
           locked_table_name: t
      locked_table_partition: NULL
   locked_table_subpartition: NULL
                locked_index: a
                 locked_type: RECORD
              waiting_trx_id: 587275
         waiting_trx_started: 2022-05-08 15:42:15
             waiting_trx_age: 00:00:18
     waiting_trx_rows_locked: 1
   waiting_trx_rows_modified: 1
                 waiting_pid: 20
               waiting_query: insert into t values(6,6,6)
             waiting_lock_id: 2212635381920:1816:5:4:2212598013800
           waiting_lock_mode: X,GAP,INSERT_INTENTION
             blocking_trx_id: 587274
                blocking_pid: 19
              blocking_query: NULL
            blocking_lock_id: 2212635381088:1816:5:4:2212598009512
          blocking_lock_mode: X,GAP
        blocking_trx_started: 2022-05-08 15:42:05
            blocking_trx_age: 00:00:28
    blocking_trx_rows_locked: 3
  blocking_trx_rows_modified: 0
     sql_kill_blocking_query: KILL QUERY 19
sql_kill_blocking_connection: KILL 19
1 row in set (0.00 sec)
```

③ select * from sys.innodb_lock_waits：查看如下的当前正处于等待状态的锁。

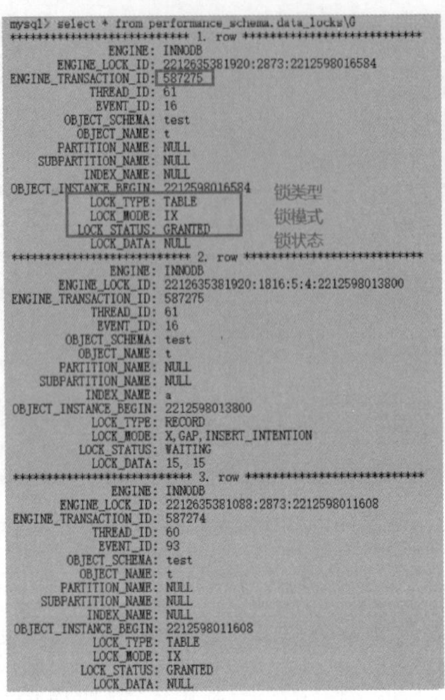


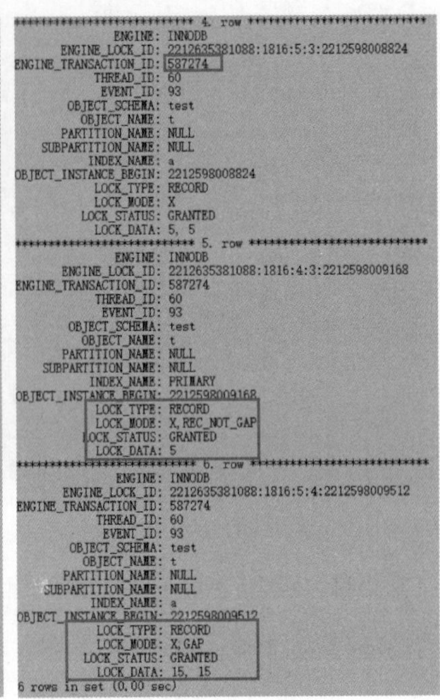


- T1 事务(587274)的 4 个锁：

  —1 个 IX 表锁

  —1 个 a=5,5 上的 X 行锁

  —1 个主键索引的 X，REC_NOT_GAP 行锁

  —1 个 a=15,15 的 X、GAP 行锁

- T2 事务(587275)的 2 个锁：

  —1 个已获得的 IX 表锁

  —1 个等待中的 X,GAP,INSERT_INTENTION 行锁

在实际数据库应用系统运行时，若碰到了锁等待超时等并发处理出错的情况，往往需要查询以上的系统事务或者锁状态，进行细致分析，找到造成锁等待的原因，判断其合理性。

## 10.6 封锁协议与 MySQL 的隔离级别

并发控制的封锁机制不仅与锁类型相关，还与加锁和解锁的时机密切相关。根据各种锁的封锁时机不同，可分为如图 10-7 所示的多种封锁协议，其中横轴上方是写锁，下方是读锁。各种封锁协议中规定了什么操作需要申请什么类型的封锁以及何时释放锁。

图 10-7 中的 0 级和 1 级封锁协议，读操作均不加锁；写操作时，0 级协议写完立即释放，1 级协议的写锁直到事务提交才释放。2 级和 3 级封锁协议的读操作需要加锁；2 级协议读完立即释放，3 级协议事务结束才释放读锁；对写操作，两者都是事务结束才释放写锁。各种不同类型的锁和封锁协议共同构成了数据库事务中基于锁的并发控制技术。

DBMS 中具体不同的隔离级别就是各种不同封锁协议的体现，它体现了事务之间隔离的不同程度。MySQL 中支持以下 4 种隔离级别。

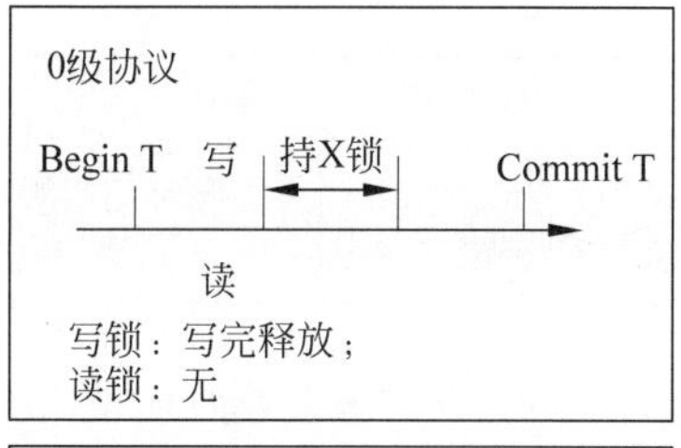


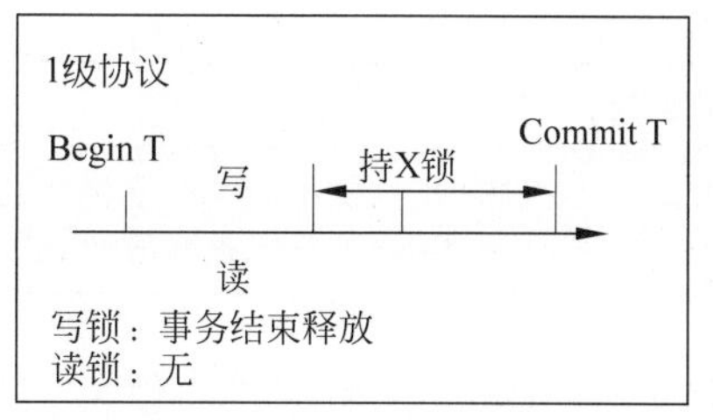


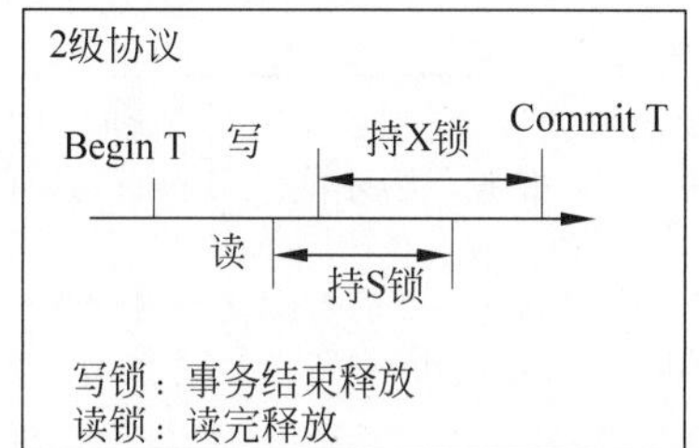


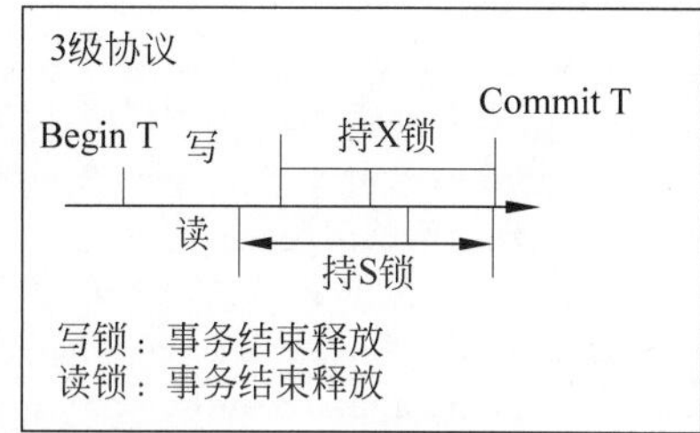


**图 10-7　不同的封锁协议**

（1）Read Uncommitted（读未提交）：所有事务都可以看到其他未提交事务的执行结果。本隔离级别很少用于实际应用，因为它会带来脏读问题，且性能也不比其他级别好很多。

（2）Read Committed（读已提交，简称 RC）：一个事务只能看见已经提交事务所做的变更。读已提交是大多数 DBMS 的默认隔离级别，但不是 MySQL 默认隔离级别。

（3）Repeatable Read（可重复读，简称 RR）：确保同一事务多次读取数据时，会看到同样的数据行。该级别是 MySQL 的默认隔离级别。

（4）Serializable（可串行化）：最高的隔离级别，它通过强制事务排序，使之不可能相互冲突。在这个级别并发程序降低，导致大量的超时现象和锁竞争情况。实际中较少应用。

MySQL 中的这 4 种隔离级别分别可能产生的不一致问题，见表 10-5。

**表 10-5　MySQL 的隔离级别与并发数据不一致问题**

| 隔离级别 | 第一类丢失更新（回滚） | 第二类丢失更新（提交） | 脏读 | 不可重复读 | 幻读 |
|---|---|---|---|---|---|
| Read Uncommitted | × | √ | √ | √ | √ |
| Read Committed | × | √ | × | √ | √ |
| Repeatable Read | × | √ | × | × | √ |
| Serializable | × | × | × | × | × |

√：会发生该问题；　×：不会发生该问题。

## 10.7　基于隔离级别与锁解决数据不一致问题

基于隔离级别和锁，几种不一致问题都可以得到解决，表 10-6 给出了示例解决方案。

**表 10-6　数据不一致问题的示例解决方案**

| 数据不一致问题 | 解决方案 |
|---|---|
| 第二类丢失更新 | 图 10-3 的例子中，将隔离级别设为：serializable。此时，T2 的第 5 步的 update 会处于等待状态，必须结束 T1 事务，T2 才能继续执行，这样就不可能出现第二类丢失修改问题 |

续表

| 数据不一致问题 | 解 决 方 案 |
| --- | --- |
| 脏读 | 图 10-4 的例子中，将隔离级别设为：read committed。此时，T2 的第 5 步无法读到 T1 事务尚未提交的 200，不存脏读问题 |
| 不可重复读 | 图 10-5 的例子中，将隔离级别设为：repeatable read。此时，在 T2 的第 7 步提交后，第 9 步读到的值仍然是 100，不会发生不可重复读的问题。直到 T1 提交之后，查询值才会变成 T2 提交的 200 |
| 幻读 | 方案 1：图 10-6 的例子中，将隔离级别设为：serializable。此时，T2 的第 5 步的 insert 会处于等待状态，必须结束 T1 事务，T2 才能继续执行，这样就不可能出现幻读的问题。<br>方案 2：图 10-6 的例子中，事务 T1 插入 id=2 的数据之前，执行<br>select * from account where id = 2 for update;<br>insert into account(2, 200);<br>这样 T1 给 id=2 的索引加锁(即使当前不存在)，于是事务 T2 的 insert 会被阻塞直到 T1 提交，这样对于 T1 来说，幻读被消除了，此时 T2 的插入会报主键重复，这也符合预期 |

## 10.8 MySQL 的死锁

锁是一种简单有效的并发处理机制，但也存在死锁等问题。数据库中的死锁是指并发执行的不同事务在互相等待对方持有的资源，导致这两个事务永远不能结束的现象。通常 DBMS 中都有死锁检测机制，若检测到死锁时，系统会选择一个处理死锁代价最小的事务，将其撤销，释放此事务持有的所有锁，使得其他事务得以进行。

**【实战练习 10-6】** 构造一个出现死锁的情形。

假设使用默认 MySQL 隔离级别 repeatable read，MySQL 的 Innodb 引擎是行锁模式，构造两个事务交叉访问两张表中的相同两条记录。

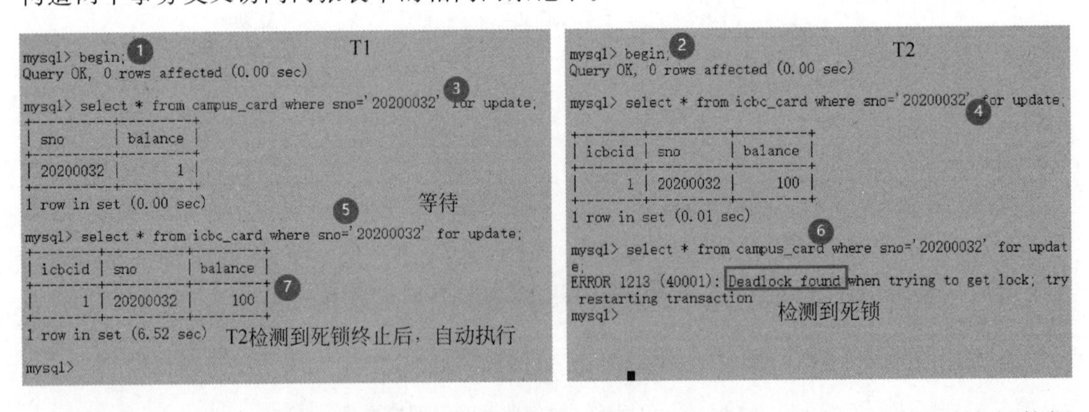


具体 SQL 执行结果如上所示。T1 在第 5 步执行 update 时，由于 T2 已经对该行数据加锁，因此 T1 处于等待状态；接着，T2 执行第 6 步时，发现所需的行锁被 T1 持有。此时，事务 T1 和 T2 互相等待，系统检测到死锁。死锁报错后强制解锁 T2，T1 的第 5 步会自动继续进行，显示第 7 步的结果。

## 10.9 MySQL 并发控制——MVCC

多版本并发控制(Multi-Version Concurrency Control,MVCC)是数据库中另外一种并发控制机制。其思想是：保留数据的多个版本，写数据时，旧版本数据并不删除，写一个新的版本，这样并发的读操作还能读到旧版本数据。该方式读写不阻塞，并发度高。

MySQL 中的 InnoDB 中实现 MVCC 时，写新数据时，把旧数据移动到一个单独的地方，如回滚段中；读数据时，从回滚段中把旧版本数据读出来。MySQL InnoDB 中每个表都包含三个隐藏字段 rowid、trx_id 和 roll_pointer,MVCC 主要使用了 trx_id 和 roll_pointer 的数据版本信息。但是表中隐藏字段的值无法看到，可以通过第三方解析工具 innodb_ruby 等看。

```
mysql> desc account;
+---------+------+------+-----+---------+-------+
| Field   | Type | Null | Key | Default | Extra |
+---------+------+------+-----+---------+-------+
| id      | int  | NO   | PRI | NULL    |       |
| balance | int  | YES  |     | NULL    |       |
+---------+------+------+-----+---------+-------+
2 rows in set (0.00 sec)

mysql> show extended full columns from account;
+-------------+------+-----------+------+-----+---------+-------+---------------------------------+---------+
| Field       | Type | Collation | Null | Key | Default | Extra | Privileges                      | Comment |
+-------------+------+-----------+------+-----+---------+-------+---------------------------------+---------+
| id          | int  | NULL      | NO   | PRI | NULL    |       | select,insert,update,references |         |
| balance     | int  | NULL      | YES  |     | NULL    |       | select,insert,update,references |         |
| DB_TRX_ID   |      | NULL      | NO   |     | NULL    |       | select,insert,update,references |         |
| DB_ROLL_PTR |      | NULL      | NO   |     | NULL    |       | select,insert,update,references |         |
+-------------+------+-----------+------+-----+---------+-------+---------------------------------+---------+
4 rows in set (0.00 sec)
```

表 10-7 用一个示例描述 MVCC 机制。

**表 10-7 MVCC 机制示例**

| 序号 | T100 | T200 |
|---|---|---|
| 1 | Begin; | |
| 2 | | Begin; |
| 3 | update account set balance=10 where id=1; | |
| 4 | update account set balance=20 where id=1; | |
| 5 | Commit; | |
| 6 | | update account set balance=30 where id=1; |
| 7 | | update account set balance=40 where id=1; |
| 8 | | Commit; |

经过以上 T100 和 T200 的事务之后，id=1 的数据记录示意如图 10-8 所示，每个事务对该行数据的更新历史都会被记录下来，形成了历史数据版本链，也是一种 undo 数据。

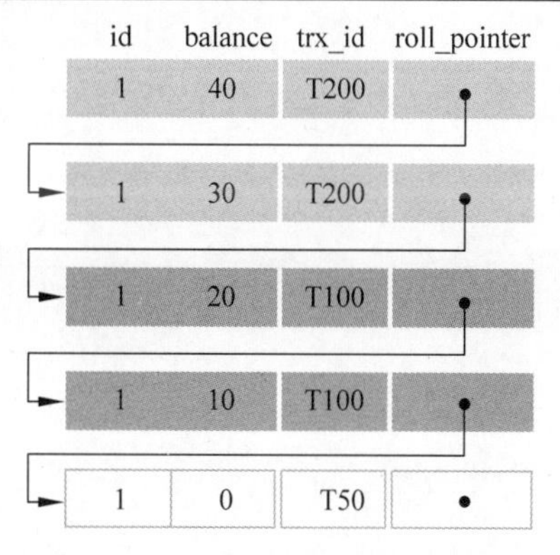

**图 10-8 InnoDB 的版本链示意图**

有了该版本链数据后，不同隔离级别下具体读哪个版本的数据呢？其核心问题是需要判断版本链中的哪些版本是当前事务可见。InnoDB 使用了 readview 实现 MVCC,具体的实现机制比较复杂，由于其过程无法用实战操作直接观测到，本书不详细展开，有兴趣的读者可以参考专门介绍 InnoDB 存储引擎相关的书籍。

## 本章小结

本章重点介绍了 MySQL 中的并发控制相关的知识，包括事务的基本概念与基本操作、并发引起的四种数据不一致问题，以及 MySQL 中的并发控制机制——锁、隔离级别与 MVCC 等。通过实战练习，基于隔离级别和锁重现并解决了 4 种数据不一致问题，并学习了如何利用查看事务、锁等系统表分析数据库中的事务并发状态，为解决锁等待等问题提供了基础信息。

# 第11章 数据库的恢复技术

## 11.1 实战目标与准备

【实战目标】

本章目标是掌握基于数据库的数据恢复技术，期望读者通过查看日志，利用日志恢复数据的操作实战过程理解 DBMS 中的数据恢复技术。

【实战准备】

本章的实战准备内容与第 3 章一致。

## 11.2 数据库中的恢复技术概念

数据库管理系统的恢复技术使得数据库系统发生故障时，可以把数据库从某一错误状态恢复到某一已知的正确状态。数据库系统可能发生的故障包括事务内部故障、系统故障、存储介质故障和计算机病毒等。数据库恢复技术的本质是通过不同的数据冗余技术完成恢复，最常用的技术是数据转储和日志系统，通常的 DBMS 中这两种方式是同时使用。

数据转储是指数据库管理员定期将全部或者部分数据存储到备份介质上，发生故障时从备份介质恢复的过程。通常 DBA 可以根据具体业务场景、涉及数据量大小等因素，设计合适的定时全量备份、增量备份等不同备份策略，例如每周进行全量备份，每日进行增量备份。

日志系统是记录事务对数据库的更新操作，主要用于事务故障恢复和系统故障恢复。在事务故障恢复中需进行回滚操作，即将未完成事务中已经执行的操作执行其对应的逆操作，使得数据恢复到事务开始之前的一致状态。系统恢复中，为了确保完整数据的恢复，通常利用数据转储备份的最近一个完整备份数据（假设该时刻为 t1）先恢复为 t1 时刻的数据（可能是一个全量＋多个增量），然后再利用从 t1 到故障发生时刻的事务日志，撤销（undo）所有未完成的事务，重做（redo）所有已完成的事务，最终完成所有数据的恢复。

## 11.3 MySQL 中基于数据转储的备份与恢复实战

MySQL 中的基于数据转储的数据备份恢复可以通过多种方式进行，除了官方提供的 mysqldump、mysqlbackup 等，还可以使用一些第三方工具，如 xtrabackup、mydumper 等。

本部分的实战在第 4 章已经介绍，此处不再赘述，具体内容可参考 4.7 节。

## 11.4 MySQL 中基于日志的手动恢复实战

本章重点介绍基于事务日志的恢复技术。但由于 MySQL 中存在多种日志，为了让读者对这些日志形成整体的认识，首先简要介绍 MySQL 中各种不同的日志以及其作用，然后再基于 MySQL 的 binlog 事务日志进行具体的恢复实战操作。

### 11.4.1 MySQL 的日志文件

数据库中存在多种日志文件，例如用于记录数据变更操作的事务日志文件、用于记录慢 SQL 的文件等。MySQL 中的日志主要包括如表 11-1 所示的类型。由该表可知，可用于数据恢复的主要是 MySQL 的二进制日志（称为 binlog），或者 InnoDB 存储引擎的 innodb_log。

表 11-1 MySQL 的日志类型

| 日志类型 | 日志标识 | 默认 | 说明 |
|---|---|---|---|
| 一般查询日志 general-log | log | 不开启 | 记录所有的查询，占空间影响性能，所以默认不开 |
| 错误日志 | log-err | 开启 | 记录 MySQL 服务的错误信息 |
| 慢查询日志 | log-slow-queries | 开启 | 记录执行时间超过 long_query_time 设定阈值（秒）的 SQL 语句 |
| 二进制日志 | log-bin | 开启 | MySQL 的数据变更日志，主要用于记录修改数据或有可能引起数据改变的 SQL 语句，可用于数据复制或者恢复 |
| 事务日志 | innodb_log | 开启 | InnoDB 存储引擎特有用于事务处理的 redo 日志和 undo 日志，可以提高事务故障恢复的效率 |

所有日志的相关设置都在 mysql.ini 或者 my.cnf 中，如图 11-1 所示，相关日志文件名等用户可以自行设定。这些日志在 Windows 系统的默认路径：C:\ProgramData\MySQL\MySQL Server 8.0\Data\。我们将在 11.4.2 小节详细讲述 Binlog，本小节列举几种其他的常见日志内容。

```
107 # Set the SQL mode to strict
108 sql-mode="STRICT_TRANS_TABLES,NO_ENGINE_SUBSTITUTION"
109
110 # General and Slow logging.
111 log-output=FILE
112
113 general-log=0
114
115 general_log_file="Library_SV.log"
116
117 slow-query-log=1
118
119 slow_query_log_file="Library_SV-slow.log"
120
121 long_query_time=10
122
123 # Error Logging.
124 log-error="Library_SV.err"
125
126 # ***** Group Replication Related *****
127 # Specifies the base name to use for binary log files. With binary logging
128 # enabled, the server logs all statements that change data to the binary
129 # log, which is used for backup and replication.
130 log-bin="Library_SV-bin"
131
```

图 11-1 MySQL 日志相关的配置信息

### 1. 查询日志(SQL 日志)

MySQL 中的 general-log 日志记录了系统的全量 SQL,若需要查看或者监控特定场合下的全量 SQL,可以参考以下实战练习打开该日志的系统开关,但可能会带来一定的性能损失。在华为云 MySQL 数据库中,连接数据库时,可以在 Web 页面中设置是否打开全量 SQL。

**【实战练习 11-1】** 打开并查看 MySQL 的 SQL 日志。

由于 SQL 日志默认不开启,若期望查看所有 SQL 记录,需在 my. ini 中设置: general-log=1,general_log_file="Library_SV. log",修改后重新启动 MySQL 服务即可。待重启完成,可以在一个客户端进行一些操作后查看该日志。从图 11-2 可以发现,即使用户任何操作也不做的情况下,系统内也在每 3 秒执行 1 次 SHOW GLOBAL STATUS。注意不使用该日志时,应关闭日志开关,避免产生不必要的性能和空间损失。

```
110 2022-05-01T01:44:53.125306Z    13 Query SHOW GLOBAL STATUS
111 2022-05-01T01:44:56.146675Z    13 Query SHOW GLOBAL STATUS
112 2022-05-01T01:44:59.174685Z    13 Query SHOW GLOBAL STATUS
113 2022-05-01T01:45:02.210830Z    13 Query SHOW GLOBAL STATUS
114 2022-05-01T01:45:04.123588Z    14 Query SELECT DATABASE()
115 2022-05-01T01:45:04.123781Z    14 Init DB   library
116 2022-05-01T01:45:05.238152Z    13 Query SHOW GLOBAL STATUS
117 2022-05-01T01:45:06.848168Z    14 Query show tables
118 2022-05-01T01:45:08.258019Z    13 Query SHOW GLOBAL STATUS
119 2022-05-01T01:45:11.289023Z    13 Query SHOW GLOBAL STATUS
120 2022-05-01T01:45:14.301611Z    13 Query SHOW GLOBAL STATUS
121 2022-05-01T01:45:16.079085Z    14 Query select * from book_book
122 2022-05-01T01:45:17.314031Z    13 Query SHOW GLOBAL STATUS
123 2022-05-01T01:45:20.328682Z    13 Query SHOW GLOBAL STATUS
124 2022-05-01T01:45:23.345224Z    13 Query SHOW GLOBAL STATUS
```

图 11-2 MySQL 中的 SQL 日志示例

### 2. 错误日志

错误日志主要用于数据库系统发生故障时的原因调查与分析。

**【实战练习 11-2】** 查看 MySQL 的错误日志。

该日志默认是打开的,直接到默认目录下查看即可。如图 11-3 所示的警告消息,可知该 MySQL 服务具有一些安全隐患。

具体的错误日志文件名可在配置文件 my. ini 的 log-error 中进行设置,如 log-error="Library_SV. err"。

```
1 2022-05-01T01:43:23.848913Z 0 [Warning] [MY-010915] [Server] 'NO_ZERO_DATE', 'NO_ZERO_IN_DATE' and
  'ERROR_FOR_DIVISION_BY_ZERO' sql modes should be used with strict mode. They will be merged with strict
  mode in a future release.
2 2022-05-01T01:43:23.850448Z 0 [System] [MY-010116] [Server] C:\Program Files\MySQL\MySQL Server
  8.0\bin\mysqld.exe (mysqld 8.0.21) starting as process 15048
3 2022-05-01T01:43:23.869744Z 1 [System] [MY-013576] [InnoDB] InnoDB initialization has started.
4 2022-05-01T01:43:24.334183Z 1 [System] [MY-013577] [InnoDB] InnoDB initialization has ended.
5 2022-05-01T01:43:24.609333Z 0 [System] [MY-011323] [Server] X Plugin ready for connections. Bind-address:
  '::' port: 33060
6 2022-05-01T01:43:24.702539Z 0 [Warning] [MY-010068] [Server] CA certificate ca.pem is self signed.
7 2022-05-01T01:43:24.703426Z 0 [System] [MY-013602] [Server] Channel mysql_main configured to support TLS.
  Encrypted connections are now supported for this channel.
8 2022-05-01T01:43:24.739857Z 0 [System] [MY-010931] [Server] C:\Program Files\MySQL\MySQL Server
  8.0\bin\mysqld.exe: ready for connections. Version: '8.0.21'  socket: ''  port: 3306  MySQL Community
  Server - GPL.
```

图 11-3 MySQL 中的错误日志示例

### 3. 慢查询日志

慢查询日志主要用于数据库系统发生性能问题时的原因调查与分析。当然,有些情况下可能由于数据量巨大,查询时间已无法优化,所以超过阈值可能是正常现象,需根据具体情况分析。

**【实战练习 11-3】** 查看 MySQL 的慢查询日志。

该日志默认是打开的，直接到默认目录下查看即可。注意若系统中没有慢查询发生时，该文件仅有头信息，没有具体的日志记录。为了能方便确认该慢查询日志内容，将慢查询的阈值修改为 1 秒(long_query_time=1)后重启服务。如图 11-4 所示服务重启后，执行系统中已有的一个存储过程 insert_user，给 userinfo 表插入 10 万条记录，如 call insert_user(1,100000)，由于该查询较慢，待查询结束后，可以看到慢 SQL 中记录了该语句。

具体的慢 SQL 日志文件名可在配置文件 my. ini 的 slow_query_log_file 中进行设置，如 slow_query_log_file＝"Library_SV-slow. log"。

```
1  C:\Program Files\MySQL\MySQL Server 8.0\bin\mysqld.exe, Version: 8.0.21 (MySQL Community Server - GPL).
   started with:
2  TCP Port: 3306, Named Pipe: MySQL
3  Time                 Id Command    Argument
4  C:\Program Files\MySQL\MySQL Server 8.0\bin\mysqld.exe, Version: 8.0.21 (MySQL Community Server - GPL).
   started with:
5  TCP Port: 3306, Named Pipe: MySQL
6  Time                 Id Command    Argument
7  # Time: 2022-05-01T02:14:03.101095Z
8  # User@Host: root[root] @ localhost [127.0.0.1]  Id:    10
9  # Query_time: 167.861157  Lock_time: 0.000000 Rows_sent: 0  Rows_examined: 0
10 use student;
11 SET timestamp=1651371243;
12 call  insert_user(1,100000);
```

图 11-4 MySQL 中的慢查询日志示例

## 11.4.2 MySQL 的 binlog 概述

MySQL 的二进制日志 binlog 文件可用于数据备份、事务恢复或者审计，支持行级(Row)、语句级(Statement)以及混合级(Mixed)三种模式。可以通过查询或修改变量 binlog_format 而获取或设置 binlog 的模式。

```
mysql > show variables like " % binlog_format % ";
+-------------+------+
| Variable_name | Value |
+-------------+------+
| binlog_format | ROW  |
+-------------+------+
```

(1) Row：日志中记录每一行数据修改的形式，不记录 SQL 语句上下文相关信息，仅记录哪条数据被修改。由于该级别的日志内容会清楚地记录每一行数据修改的细节，容易理解。但由于所有的执行语句都会记录到日志中，同时每行记录修改都有日志，这样可能会产生大量的日志内容。

(2) Statement：每一条修改数据的 SQL 都会被记录在 binlog 中，在复制或者恢复时，执行相同 SQL 即可。该模式解决了行模式下的缺点，不需要记录每一行数据的变化，日志量较少，提高了性能。但由于它记录的是 SQL 语句，如果一些 SQL 中包含了函数，那么可能会出现执行结果不一致的情况。例如 uuid()函数，每次执行时都会生成一个随机字符串，当恢复时再次执行，会得到另外一个结果。显然这种情况仅记录 SQL 语句是不够的。因此为了让这些语句在备份或恢复时能正确执行，还必须记录每条 SQL 语句执行的上下文信息，处理相对复杂。

(3) Mixed：以上两种日志记录模式的混合使用，一般的语句修改使用 statement 格式；若 statement 无法完成时，如主从复制操作，则采用 Row 格式。MySQL 会自动判断每一条具体 SQL 语句的日志模式。

实际操作中，与 binlog 相关的常见命令如下：

(1) 显示 binlog 的基本信息。

① show variables like 'log_bin'：确认 binlog 是否开启，ON 表示开启。

② show master logs：显示系统中所有的 binlog 文件。

③ show master status：显示最新 binlog 的最后位置。从图 11-5 可以看出结尾为 000002 的是最新日志文件，该文件内的最新记录的位置（偏移地址）是 14647961。

④ show binlog events：显示所有的 binlog 相关的事件。从图 11-5 可以看出结尾为 000001 的文件由于服务停止不使用了。每次 MySQL 服务重启都会自动创建一个新的 binlog 文件。

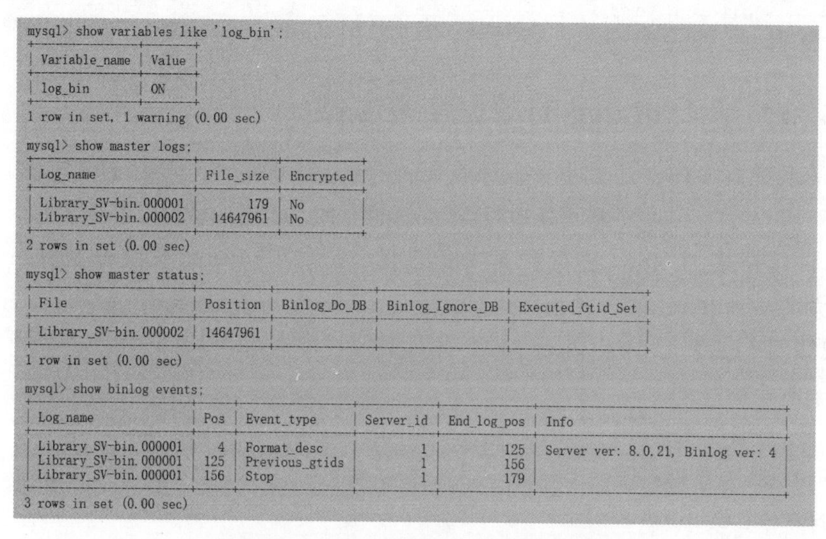

```
mysql> show variables like 'log_bin';
+---------------+-------+
| Variable_name | Value |
+---------------+-------+
| log_bin       | ON    |
+---------------+-------+
1 row in set, 1 warning (0.00 sec)

mysql> show master logs;
+-------------------------+-----------+-----------+
| Log_name                | File_size | Encrypted |
+-------------------------+-----------+-----------+
| Library_SV-bin.000001   |       179 | No        |
| Library_SV-bin.000002   |  14647961 | No        |
+-------------------------+-----------+-----------+
2 rows in set (0.00 sec)

mysql> show master status;
+-------------------------+----------+--------------+------------------+-------------------+
| File                    | Position | Binlog_Do_DB | Binlog_Ignore_DB | Executed_Gtid_Set |
+-------------------------+----------+--------------+------------------+-------------------+
| Library_SV-bin.000002   | 14647961 |              |                  |                   |
+-------------------------+----------+--------------+------------------+-------------------+
1 row in set (0.00 sec)

mysql> show binlog events;
+-------------------------+-----+----------------+-----------+-------------+-----------------------------------+
| Log_name                | Pos | Event_type     | Server_id | End_log_pos | Info                              |
+-------------------------+-----+----------------+-----------+-------------+-----------------------------------+
| Library_SV-bin.000001   |   4 | Format_desc    |         1 |         125 | Server ver: 8.0.21, Binlog ver: 4 |
| Library_SV-bin.000001   | 125 | Previous_gtids |         1 |         156 |                                   |
| Library_SV-bin.000001   | 156 | Stop           |         1 |         179 |                                   |
+-------------------------+-----+----------------+-----------+-------------+-----------------------------------+
3 rows in set (0.00 sec)
```

**图 11-5 MySQL 的 binlog 常见操作命令**

(2) flush logs：手动刷新 binlog，生成一个新的 binlog 文件。在针对问题调查或者分析中，有时可能需要重现一些问题。此时，可以生成一个新的 binlog 文件，重现问题中新产生的 binlog 就会写入这个单独文件中，如下是在 flush logs 命令后，再次查询发现新生成了一个 MySQL-bin.000003 文件。

```
mysql> show master logs;
+------------------+-----------+-----------+
| Log_name         | File_size | Encrypted |
+------------------+-----------+-----------+
| MySQL-bin.000001 |       483 | No        |
| MySQL-bin.000002 |       156 | No        |
+------------------+-----------+-----------+
2 rows in set (0.00 sec)

mysql> flush logs;
Query OK, 0 rows affected (0.06 sec)

mysql> show master logs;
+------------------+-----------+-----------+
| Log_name         | File_size | Encrypted |
+------------------+-----------+-----------+
| MySQL-bin.000001 |       483 | No        |
| MySQL-bin.000002 |       203 | No        |
| MySQL-bin.000003 |       156 | No        |
+------------------+-----------+-----------+
3 rows in set (0.00 sec)
```

(3) 显示指定的 binlog 文件的相关信息。

① show binlog events in ''：查看某个指定 binlog 的事件。假设在客户端给表 t 插入一条数据 insert into s1(10)，随后查看如下运行结果最新的 000003 日志文件中 310、357、

397 三条日志都是与该 SQL 对应的记录。

② show binlog events in.. from …：查看指定 binlog 某个位置之后的内容。

③ show binlog events in.. from … limit n：查看指定 binlog 某个位置后的 n 条日志内容。

```
mysql> show binlog events in 'Library_SV-bin.000003';
+-------------------------+-----+----------------+-----------+-------------+-----------------------------------+
| Log_name                | Pos | Event_type     | Server_id | End_log_pos | Info                              |
+-------------------------+-----+----------------+-----------+-------------+-----------------------------------+
| Library_SV-bin.000003   |   4 | Format_desc    |         1 |         125 | Server ver: 8.0.21, Binlog ver: 4 |
| Library_SV-bin.000003   | 125 | Previous_gtids |         1 |         156 |                                   |
| Library_SV-bin.000003   | 156 | Anonymous_Gtid |         1 |         235 | SET @@SESSION.GTID_NEXT= 'ANONYMOUS' |
| Library_SV-bin.000003   | 235 | Query          |         1 |         310 | BEGIN                             |
| Library_SV-bin.000003   | 310 | Table_map      |         1 |         357 | table_id: 102 (test.t)            |
| Library_SV-bin.000003   | 357 | Write_rows     |         1 |         397 | table_id: 102 flags: STMT_END_F   |
| Library_SV-bin.000003   | 397 | Xid            |         1 |         428 | COMMIT /* xid=697210 */           |
+-------------------------+-----+----------------+-----------+-------------+-----------------------------------+
```

## 11.4.3 基于 binlog 的数据恢复实战

不论是系统故障恢复还是事务故障恢复，在线备份策略基本都是定时机制，这样从最后一次备份到故障时刻的数据可以通过 binlog 的时间与偏移进行恢复。这种恢复的前提是，binlog 日志格式为 Row，进行数据恢复的核心是从 binlog 中找到待恢复之前执行的 SQL 语句，将其导出后逆向或者正向执行。

**【实战练习 11-4】** 用 mysqlbinlog 查看数据库的事务日志，并尝试按照以下场景进行数据恢复。操作步骤如下：

(1) 创建数据库 testdb1，创建表 t1、t2，create table t1(id int)；t2 与 t1 同结构。

(2) 向 t1 插入数据：11，12，13。

(3) 删除表：drop table t1。

(4) 向 t2 插入数据：21，22。

假设在以上第(3)步删表操作之后，发现误删了表 t1，可利用 mysqlbinlog 恢复 t1 的数据。

基于 binlog 恢复数据的示例过程如下：

(1) 创建新的 binlog 日志文件：为了便于演示，使用 flush logs 命令新创建一个日志文件。假设 my.ini 中设置的 binlog 前缀为 MySQL-bin，最新 binlog 文件是 MySQL-bin.000005。

(2) 在客户端执行 SQL 数据操作。

```
create database testdb1;
use testdb1;
create table t1(id int);
create table t2(id int);
insert into t1 values(11);
insert into t1 values(12);
insert into t1 values(13);
```

此时，查询表 t1 正常有 3 条数据，t2 表正常无数据。继续执行后续操作。

```
drop table t1;
insert into t2 values(21);
insert into t2 values(22);
```

此时再次查询表 t1 表，结果如下。

```
mysql > select * from t1;
ERROR 1146 (42S02): Table 'testdb1.t1' doesn't exist
mysql > select * from t2;
+----+
| id  |
+----+
|  21 |
|  22 |
+----+
```

（3）使用 show binlog events 命令刚才执行的所有操作，找到对 t1 表的插入操作。可知在 drop table t1 之前的插入操作开始位置是 817，结束位置是 1575。

```
mysql> show binlog events in 'MySQL-bin.000005';
+------------------+------+----------------+-----------+-------------+----------------------------------------------------------------------+
| Log_name         | Pos  | Event_type     | Server_id | End_log_pos | Info                                                                 |
+------------------+------+----------------+-----------+-------------+----------------------------------------------------------------------+
| MySQL-bin.000005 |    4 | Format_desc    |         1 |         125 | Server ver: 8.0.21, Binlog ver: 4                                    |
| MySQL-bin.000005 |  125 | Previous_gtids |         1 |         156 |                                                                      |
| MySQL-bin.000005 |  156 | Anonymous_Gtid |         1 |         233 | SET @@SESSION.GTID_NEXT= 'ANONYMOUS'                                 |
| MySQL-bin.000005 |  233 | Query          |         1 |         350 | create database testdb1 /* xid=2007 */                               |
| MySQL-bin.000005 |  350 | Anonymous_Gtid |         1 |         427 | SET @@SESSION.GTID_NEXT= 'ANONYMOUS'                                 |
| MySQL-bin.000005 |  427 | Query          |         1 |         544 | use testdb1 ; create table t1(id int) /* xid=2010 */                 |
| MySQL-bin.000005 |  544 | Anonymous_Gtid |         1 |         621 | SET @@SESSION.GTID_NEXT= 'ANONYMOUS'                                 |
| MySQL-bin.000005 |  621 | Query          |         1 |         738 | use testdb1 ; create table t2(id int) /* xid=2011 */                 |
| MySQL-bin.000005 |  738 | Anonymous_Gtid |         1 |         817 | SET @@SESSION.GTID_NEXT= 'ANONYMOUS'                                 |
| MySQL-bin.000005 |  817 | Query          |         1 |         895 | BEGIN                                                                |
| MySQL-bin.000005 |  895 | Table_map      |         1 |         946 | table_id: 226 (testdb1.t1)                                           |
| MySQL-bin.000005 |  946 | Write_rows     |         1 |         986 | table_id: 226 flags: STMT_END_F                                      |
| MySQL-bin.000005 |  986 | Xid            |         1 |        1017 | COMMIT /* xid=2012 */                                                |
| MySQL-bin.000005 | 1017 | Anonymous_Gtid |         1 |        1096 | SET @@SESSION.GTID_NEXT= 'ANONYMOUS'                                 |
| MySQL-bin.000005 | 1096 | Query          |         1 |        1174 | BEGIN                                                                |
| MySQL-bin.000005 | 1174 | Table_map      |         1 |        1225 | table_id: 226 (testdb1.t1)                                           |
| MySQL-bin.000005 | 1225 | Write_rows     |         1 |        1265 | table_id: 226 flags: STMT_END_F                                      |
| MySQL-bin.000005 | 1265 | Xid            |         1 |        1296 | COMMIT /* xid=2013 */                                                |
| MySQL-bin.000005 | 1296 | Anonymous_Gtid |         1 |        1375 | SET @@SESSION.GTID_NEXT= 'ANONYMOUS'                                 |
| MySQL-bin.000005 | 1375 | Query          |         1 |        1453 | BEGIN                                                                |
| MySQL-bin.000005 | 1453 | Table_map      |         1 |        1504 | table_id: 226 (testdb1.t1)                                           |
| MySQL-bin.000005 | 1504 | Write_rows     |         1 |        1544 | table_id: 226 flags: STMT_END_F                                      |
| MySQL-bin.000005 | 1544 | Xid            |         1 |        1575 | COMMIT /* xid=2014 */                                                |
| MySQL-bin.000005 | 1575 | Anonymous_Gtid |         1 |        1652 | SET @@SESSION.GTID_NEXT= 'ANONYMOUS'                                 |
| MySQL-bin.000005 | 1652 | Query          |         1 |        1785 | use testdb1 ; DROP TABLE t1 /* generated by server */ /* xid=2016 */ |
| MySQL-bin.000005 | 1785 | Anonymous_Gtid |         1 |        1864 | SET @@SESSION.GTID_NEXT= 'ANONYMOUS'                                 |
| MySQL-bin.000005 | 1864 | Query          |         1 |        1942 | BEGIN                                                                |
| MySQL-bin.000005 | 1942 | Table_map      |         1 |        1993 | table_id: 227 (testdb1.t2)                                           |
| MySQL-bin.000005 | 1993 | Write_rows     |         1 |        2033 | table_id: 227 flags: STMT_END_F                                      |
| MySQL-bin.000005 | 2033 | Xid            |         1 |        2064 | COMMIT /* xid=2017 */                                                |
| MySQL-bin.000005 | 2064 | Anonymous_Gtid |         1 |        2143 | SET @@SESSION.GTID_NEXT= 'ANONYMOUS'                                 |
| MySQL-bin.000005 | 2143 | Query          |         1 |        2221 | BEGIN                                                                |
| MySQL-bin.000005 | 2221 | Table_map      |         1 |        2272 | table_id: 227 (testdb1.t2)                                           |
| MySQL-bin.000005 | 2272 | Write_rows     |         1 |        2312 | table_id: 227 flags: STMT_END_F                                      |
| MySQL-bin.000005 | 2312 | Xid            |         1 |        2343 | COMMIT /* xid=2018 */                                                |
+------------------+------+----------------+-----------+-------------+----------------------------------------------------------------------+
35 rows in set (0.00 sec)
```

（4）使用 mysqlbinlog 命令进行恢复：首先恢复 t1 的建表语句，其次恢复 3 条插入语句。

```
C:\ProgramData\MySQL\MySQL Server 8.0\Data > mysqlbinlog.exe --no-defaults MySQL-bin.000005 --start-position=427 --stop-position=544 | mysql -uroot -p123456 testdb1

C:\ProgramData\MySQL\MySQL Server 8.0\Data > mysqlbinlog.exe --no-defaults MySQL-bin.000005 --start-position=817 --stop-position=1575 | mysql -uroot -p123456 testdb1
```

待恢复完成之后，再次查询 t1 和 t2，如下所示 t1 表的数据已经完成恢复。

```
mysql > select * from t1;
+----+
| id  |
+----+
|  11 |
|  12 |
|  13 |
+----+

mysql > select * from t2;
+----+
| id  |
+----+
|  21 |
|  22 |
+----+
```

以上的第(3)步和第(4)步恢复,还可以从 binlog 日志中直接查找 drop table 前的 SQL 语句。

① 利用 mysqlbinlog 命令将 binlog 转成可读的文本文件(binlog 文件必须通过工具解析后才能以文本形式显示,除了官方的 mysqlbinlog 之外,还有如 binlog2sql 等开源工具)。

```
C:\ProgramData\MySQL\MySQL Server 8.0\Data > mysqlbinlog.exe MySQL - bin.000005 > test_
000005.txt
```

② 在日志中查找'DROP TABLE'日志的位置。

在 test_000005.txt 中查找 'DROP TABLE',找到该语句执行的位置:at 1652,如图 11-6 所示。

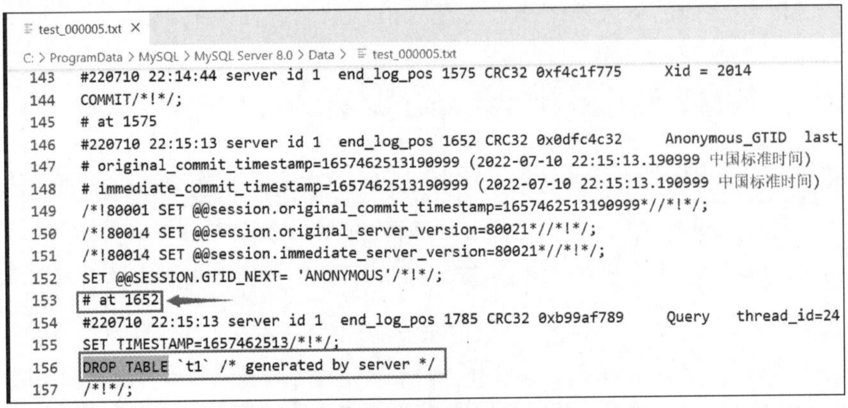

```
test_000005.txt ×
C: > ProgramData > MySQL > MySQL Server 8.0 > Data > test_000005.txt
143  #220710 22:14:44 server id 1  end_log_pos 1575 CRC32 0xf4c1f775     Xid = 2014
144  COMMIT/*!*/;
145  # at 1575
146  #220710 22:15:13 server id 1  end_log_pos 1652 CRC32 0x0dfc4c32     Anonymous_GTID  last_
147  # original_commit_timestamp=1657462513190999 (2022-07-10 22:15:13.190999 中国标准时间)
148  # immediate_commit_timestamp=1657462513190999 (2022-07-10 22:15:13.190999 中国标准时间)
149  /*!80001 SET @@session.original_commit_timestamp=1657462513190999*//*!*/;
150  /*!80014 SET @@session.original_server_version=80021*//*!*/;
151  /*!80014 SET @@session.immediate_server_version=80021*//*!*/;
152  SET @@SESSION.GTID_NEXT= 'ANONYMOUS'/*!*/;
153  # at 1652
154  #220710 22:15:13 server id 1  end_log_pos 1785 CRC32 0xb99af789     Query   thread_id=24
155  SET TIMESTAMP=1657462513/*!*/;
156  DROP TABLE `t1` /* generated by server */
157  /*!*/;
```

图 11-6 在 binlog 文件中定位 SQL 语句

③ 导出 binlog 日志中'DROP TABLE'之前的 SQL 语句。

```
C:\ProgramData\MySQL\MySQL Server 8.0\Data > mysqlbinlog.exe MySQL - bin.000002  - d testdb1 -
- skip - gtids -- stop - position = 1652 > test_000005.sql
```

④ 打开 test000005.sql 可以看到 1652 之前的几条 SQL 都被记录在该文件中。除了使用日志文件内的相对位置(start-position,stop-position),还可以使用某个时间段的方式捕获期望区间(start-datetime,stop-datetime)的日志。完整参数可查看 mysqlbinlog 帮助信息。

⑤ 在 mysql 中执行以下恢复命令:将该 SQL 中的所有内容重新执行一遍(相当于手动执行了 redo 操作)。

```
mysql > source C:\ProgramData\MySQL\MySQL Server 8.0\Data\test_000005.sql
```

注意此处基于 binlog 的恢复相当于重新执行相关的 SQL,并不会进行回滚。本例中仅展示了最基本的恢复操作,实际生产中可以根据具体恢复场景指定恢复的起始位置。

## 11.5 MySQL 中的 redo 与 undo 日志

MySQL 8.0 的默认存储引擎是 InnoDB,该存储引擎主要通过 redo 和 undo 日志进行事务处理。本节重点介绍 MySQL Server 层的 binlog、InnoDB 存储引擎的 redo 和 undo 之间的关联关系。

Binlog：该日志文件由 MySQL 的 Server 层记录，与所使用的的存储引擎无关，即无论采用 InnoDB、Memory 等任何一种存储引擎，MySQL 都会记录 binlog。该日志记录一个事务的所有逻辑操作。此外，Binlog 只在事务提交时记录，不论事务长短，每个事务都只写一次日志。

Redo 日志：该日志记录的是每个数据页(page)的物理变更，记录事务对数据页做了哪些修改，一个事务进行过程中可能有多条 redo 日志写入。该日志主要功能是用于数据库崩溃恢复，由于是物理日志，恢复速度优于 binlog。默认情况下，在磁盘上(C:\ProgramData\MySQL\MySQL Server 8.0\Data)包括一个日志组的两个日志文件 ib_logfile0 和 ib_logfile1。这两个日志文件将被循环写入。Redo 日志的写入分为两步：先写入内存中的日志缓冲区(redo log buffer)，然后在某个时间一次将内存多条数据写入磁盘上的日志文件(redo log file)。MySQL 的 innodb_flush_log_at_trx_commit 参数可以控制是否在每次事务提交时从内存中刷新日志到磁盘，默认值为 1，表示每次事务提交都从内存中刷新日志到磁盘。

Undo 日志：该日志记录了事务中的逻辑变更日志，保存事务发生之前数据的一个版本。该日志用于保证数据的原子性，可处理事务的回滚。InnoDB 做回滚操作时，实际做的是与先前相反的操作。对于每个 insert 操作，执行一个 delete；对于每个 delete，执行一个 insert；对于每个 update，执行一个相反的 update，将修改之前的值放回去。同时 InnoDB 的 MVCC 也是通过 undo 日志实现，当访问某数据时，发现数据正在被其他事务访问，则可以通过 undo 日志访问上一个版本的旧数据。图 11-7 是 Windows 下的示例文件。

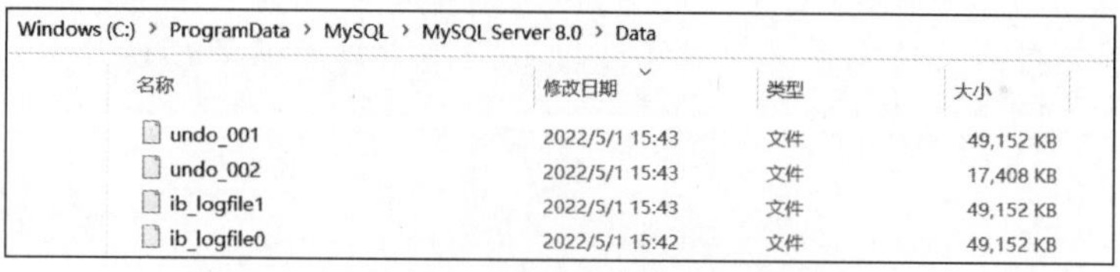

Windows (C:) › ProgramData › MySQL › MySQL Server 8.0 › Data

| 名称 | 修改日期 | 类型 | 大小 |
|---|---|---|---|
| undo_001 | 2022/5/1 15:43 | 文件 | 49,152 KB |
| undo_002 | 2022/5/1 15:43 | 文件 | 17,408 KB |
| ib_logfile1 | 2022/5/1 15:43 | 文件 | 49,152 KB |
| ib_logfile0 | 2022/5/1 15:42 | 文件 | 49,152 KB |

**图 11-7 MySQL 中的 Redo 日志和 Undo 日志**

InnoDB 的存储架构如图 11-8 所示，包括了内存中的缓冲和磁盘上的文件两大部分。当一条 update(update user set name='XXX' where id=1)语句执行时，在 InnoDB 存储层的主要处理包括如下步骤。

前提：该 update 语句经过 MySQL 的语法词法解析、查询优化、查询计划生成等阶段，交给执行器调用存储引擎开始处理数据(注意，执行器可能会多次调用存储引擎接口，并非一个事务只调用一次)。

(1) 查询 id=1 的旧值。先在内存中的数据缓冲区查看是否有该数据，如果没有，从磁盘中加载到内存(将 id=1 所在的数据页加载到内存)。

(2) 将 id=1 的相关记录的旧值写入 undo log 日志中。

(3) 将 id=1 的相关记录的新值更新到内存中，但此时磁盘仍为旧数据。

(4) 将更新操作涉及每个页面的物理变更记录到内存的 redo log buffer 中。

(5) Redo Log 根据设定好的刷盘策略将内存中 redo 日志缓冲刷到磁盘。

(6) 准备提交事务，写入 binlog 日志。

（7）将本次更新对应的binlog文件名称和在该日志文件里的位置，写入redo log中，同时在redo log里写入一个commit的标记。

（8）事务完成。

**注意**：MySQL有个后台线程将内存中的新数据按照策略刷入磁盘。

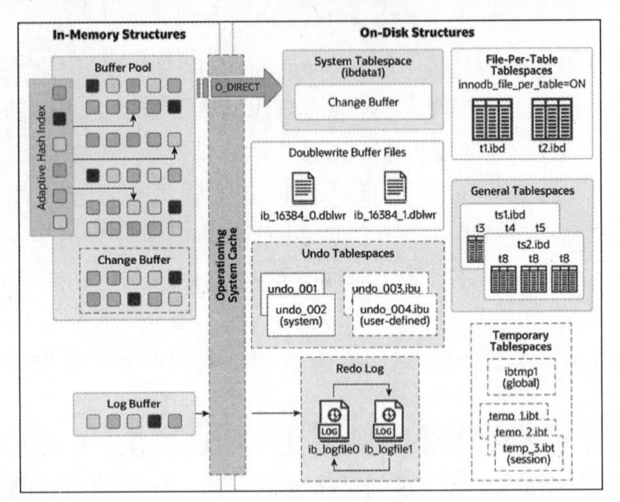


图11-8 MySQL的InnoDB存储引擎架构（引自MySQL官网）

# 本章小结

本章重点介绍了MySQL Server层的binlog、InnoDB存储引擎层的redo日志和undo日志，以及它们之间的关联关系。通过实战练习中基于日志的数据恢复，可以深入理解数据库管理系统实现中的恢复技术。

# 第12章 面向云数据库的运维

## 12.1 实战目标与准备

**【实战目标】**

本章目标是了解云数据库运维管理的主要内容，掌握通过 Web 界面设置和监控数据库的方法，期望读者通过浏览监控内容和操作，深入思考数据库运维所包含的内容以及优化系统性能的方向和方法。

**【实战准备】**

本章无特殊需要准备的环境，与第 3 章相同。

## 12.2 数据库的运维任务概念

数据库应用系统上线之后就进入了运维阶段。通常运维主要包含以下几个方面的工作：

(1) 环境部署与维护：包括数据库系统的安装、参数配置与参数调优、权限配置、系统架构的扩展、系统升级等。

(2) 备份与恢复：按照一定的备份策略定期进行数据备份。备份的数据可以在数据库系统发生损坏或者数据丢失后通过恢复处理降低系统的损失(详细参见 4.7 节)。

(3) 监控与诊断：保证数据库系统的正常运行是运维的最基本任务。对系统运行状态和性能持续监控，并分析监控数据，进而对系统的工作状态做出诊断，并适时做出调整处理。

(4) 数据库的重组与重构：当数据库运行了较长时间后，可能由于不断的增、删、改数据，使得物理存储的性能有所降低，这时 DBA 可以对数据库进行数据重组。数据库重构是指由于数据库应用环境发生了变化，使得原有数据库设计不能满足新的变化，需要调整数据库的逻辑设计和物理设计等，例如表中增加或删除某些列、调整索引列等。

## 12.3 云数据库管理

该部分作为云数据库的拓展功能，重点介绍华为云数据库 Web 端的主要管理功能。与运维管理相关的详细内容参考 12.4 节。

### 12.3.1 云数据库实例整体管理

云数据库 RDS 实例整体管理如图 12-1 所示，主要包括实例管理、监控大盘、备份管理、容灾管理、参数管理、日志配置管理、任务中心、回收站、数据管理服务(DAS)等。图中的菜单是对该云账户下所有的关系数据库实例进行统一管理。

实例管理：查看数据库实例列表，并对每个实例进行管理性操作。

监控大盘：查看数据库实例的实时监控和历史监控指标变化趋势。

备份管理：查看、下载、恢复以及复制系统中的数据库备份。

容灾管理：搭建可用于灾备的数据库实例(目前仅支持 PostgreSQL)。

参数管理：设置不同 RDS(如 MySQL、PostgreSQL 等)系统提供的参数模板值，也可以将平时常用的参数自定义为一个定制化模板。

日志配置服务：配置日志存储在 LTS 云日志服务中(收费)，包括慢日志和错误日志。

任务中心：显示每个实例的创建，弹性公网绑定等任务以及其状态。

回收站：对已删除的数据库实例，可以设置 1～7 天的保留策略，便于在保留天数以内进行恢复。

数据管理服务(DAS)：基于 Web 的数据管理工具，包括面向个体开发的开发工具及面向 DBA 和运维人员的 DBA 智能运维工具。

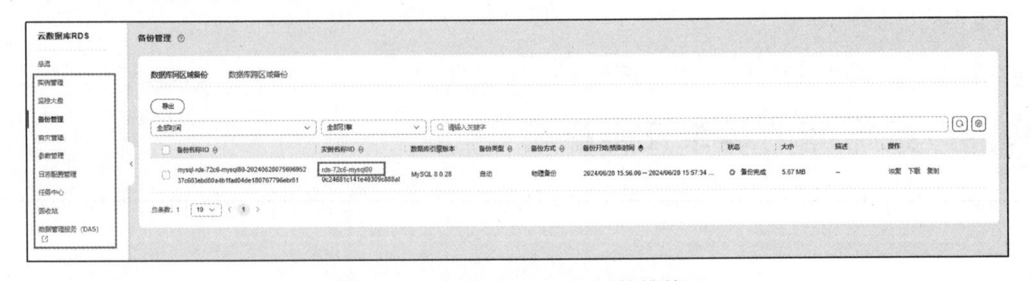


图 12-1 云数据库 RDS 实例整体管理

### 12.3.2 单个云数据库实例管理

某个特定 RDS for MySQL 的云数据库实例创建之后，可以通过华为云数据库 Web 端对该数据库实例进行如图 12-2 的多种操作。具体包括：查看监控指标、登录、转包周期(按需与转包周期可以互转)、创建只读、购买相同配置、磁盘扩容、规格变更、创建备份、参数修改、重置密码、重启实例与退订等。

选择查看监控指标，如图 12-3 显示该数据库实例的多种监控指标，例如 CPU 使用率、内存使用率、IOPS、TPS、QPS、数据库总连接数等。用户可以设置监控数据的时长、采样频率等。DBA 通过观察这些指标的变化，可以比较方便地进行数据库运行状态的监控，及时进行异常排查。

### 12.3.3 数据管理服务 DAS

DAS 服务是一个 Web 版的 GUI 数据管理工具，其中面向个体开发的开发工具主体窗口如图 12-4 所示。该工具的主要功能包括。

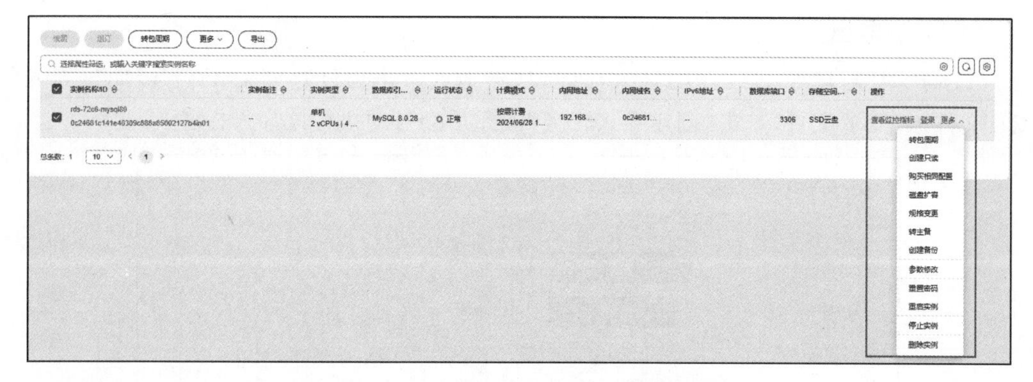


图 12-2　单个 MySQL 云数据库实例的管理

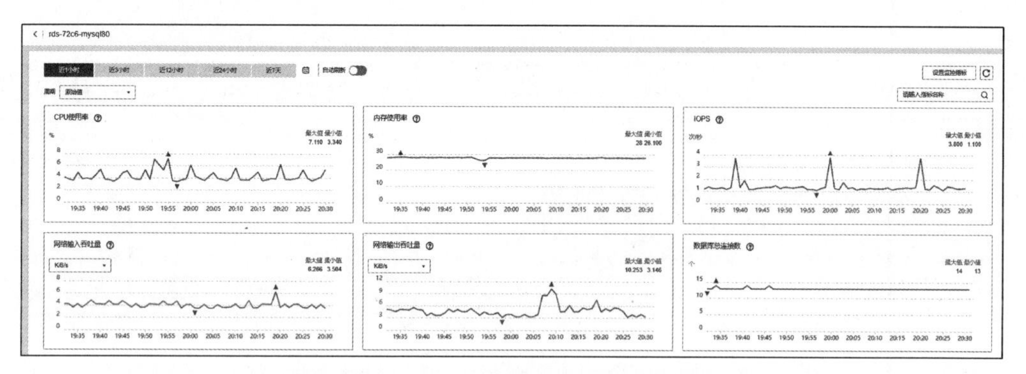


图 12-3　MySQL 云数据库实例的监控功能

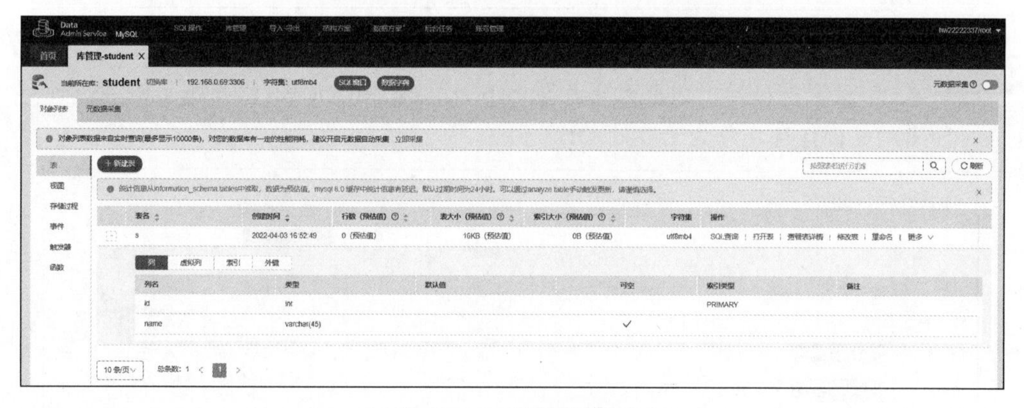


图 12-4　DAS 的库管理

## 1．库管理

在某个数据库中管理不同对象的创建、删除与修改等功能，包括表、视图、存储过程、事件、触发器、函数。

## 2．SQL 操作

在 SQL 查询窗口，不仅可以执行 SQL、格式化 SQL，还可查看每条 SQL 的执行计划。如果通过 DAS 连接数据库时，选择了打开 SQL 执行记录的开关，则所有在 DAS 中执行过的 SQL 历史都会被记录在系统中，方便再次执行。

### 3. 导入导出

（1）导入：新建如图 12-5 的导入任务，从本地或者华为云存储 OBS 上传期望导入的 SQL 文件或 CSV 文件，单击“创建导入任务”按钮后会自动执行该导入任务。

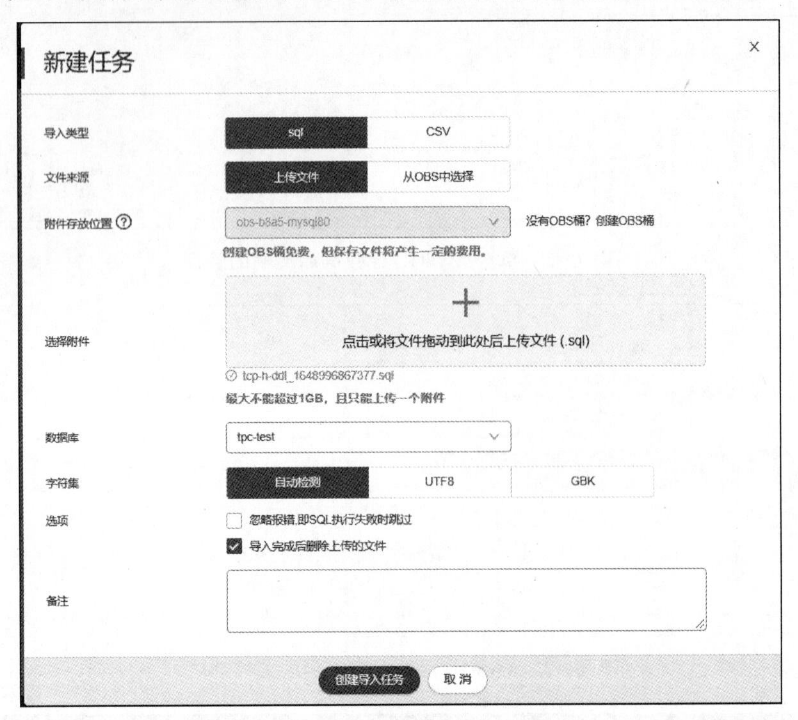


图 12-5　DAS 的数据库导入任务

（2）导出：设置选择导出数据库或者导出 SQL 数据集。如图 12-6 所示的数据库导出任务。导出的文件保存在华为云存储 OBS 上。

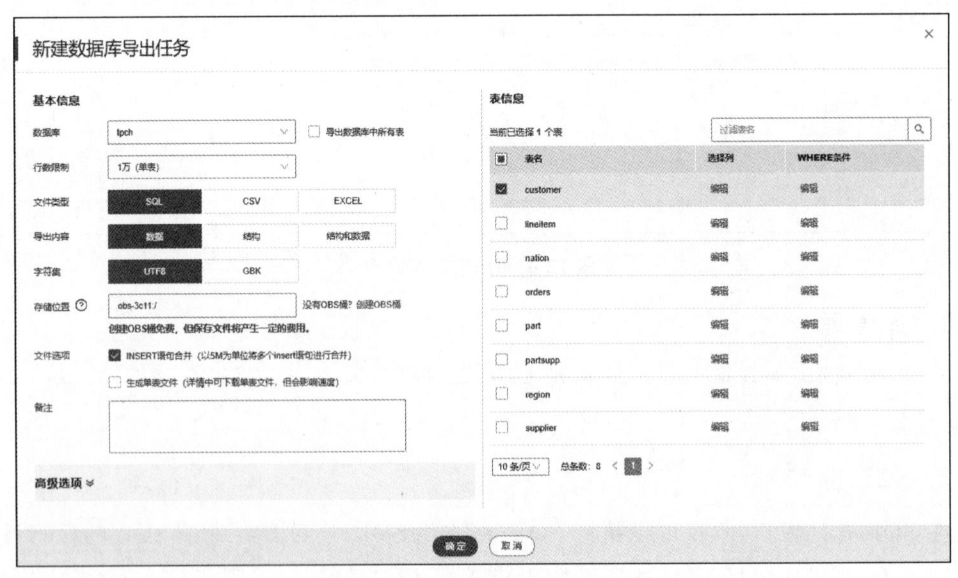


图 12-6　DAS 的数据库导出任务

在该任务中，设置导出对象（某个数据库全部或者部分表，也可选择只导出部分字段）、导出内容（数据、结构、数据和结构）、导出文件类型（SQL/CSV）等。导出 SQL 数据集是指在某个数据库中执行指定 SQL，将该 SQL 执行的结果集进行导出，如图 12-7 所示。

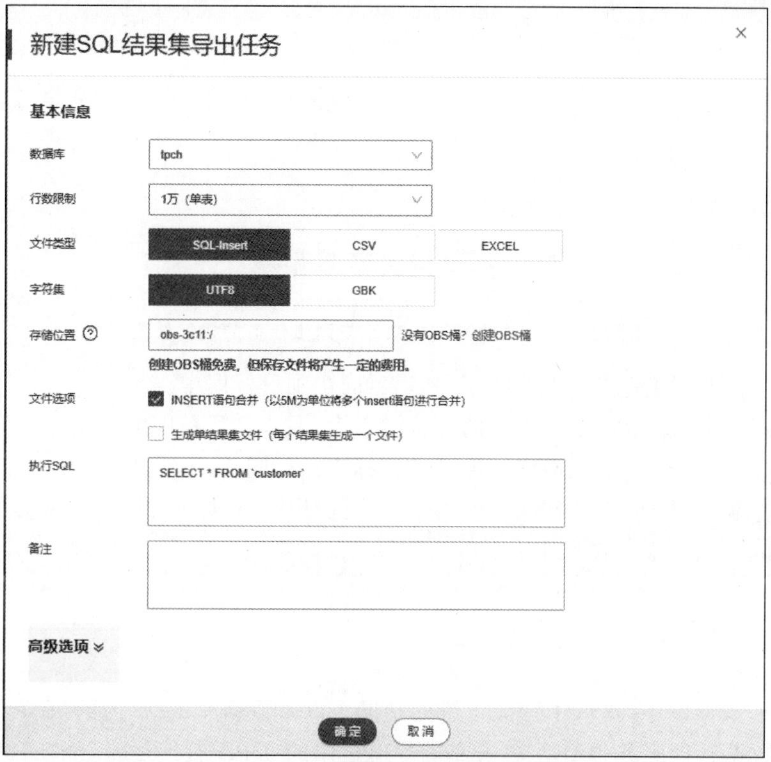

新建SQL结果集导出任务
基本信息
数据库
tpch
行数限制
1万（单表）
文件类型
SQL-Insert
CSV
EXCEL
字符集
UTF8
GBK
存储位置
obs-3c11:/
没有OBS桶？创建OBS桶
创建OBS桶免费，但保存文件将产生一定的费用。
文件选项
INSERT语句合并（以5M为单位将多个insert语句进行合并）
生成单结果集文件（每个结果集生成一个文件）
执行SQL
SELECT * FROM `customer`
备注
高级选项
确定
取消

图 12-7　DAS 的 SQL 结果集导出任务

## 4. 结构方案

表结构对比与同步功能，可以对比不同数据库内的表结构差异，并且发现有结构不同时进行结构同步。该功能可用于数据迁移时的对比检查，图 12-8 所示为创建的对比任务，图 12-9 所示为该任务的执行结果。

首页
创建表结构对比与同步任务
创建任务
对比阶段
同步阶段
rds-4965-mysql80 (root)
bank
bank_bak
基准表
t1
已选择的基准表
操作
取消

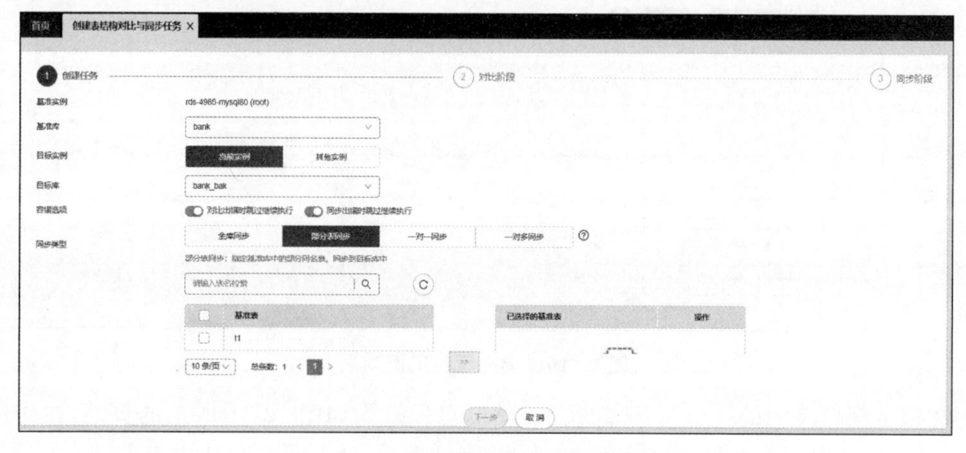

图 12-8　DAS 的表结构对比与同步任务

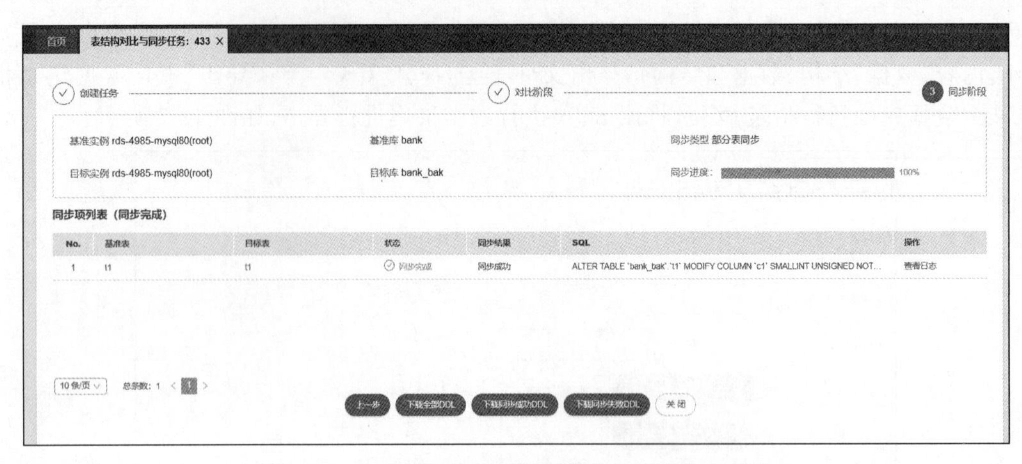


图 12-9　DAS 的表结构对比与同步任务的执行结果

（1）全库同步：将基准库中的所有同名表，同步到目标库中。

（2）部分表同步：指定基准库中的部分同名表，同步到目标库中。

（3）一对一同步：可手工指定基准表和目标表进行同步，不受表名相同的限制。

（4）一对多同步：可将基准库中的某一张表的结构，同步到目标库中的多个表，通常用在分库分表的表结构变更场景中。

## 12.4　云 DBA 的智能运维

在华为云数据库中，提供了智能运维的功能。以云数据库 RDS 为例，在 Web 页面中进入 RDS 的“数据管理服务 DAS”，单击左侧导航栏中的“DBA 智能运维”→“实例列表”，会出现如图 12-10 所示的页面。在“实例总览”下方，用户创建的全部实例都将列出。这里可以开通 DBA 智能运维配额（计费项目），通过该功能可以提供历史性能、慢 SQL、全景 SQL 洞察等功能，也可以提供更长的数据保存时间。

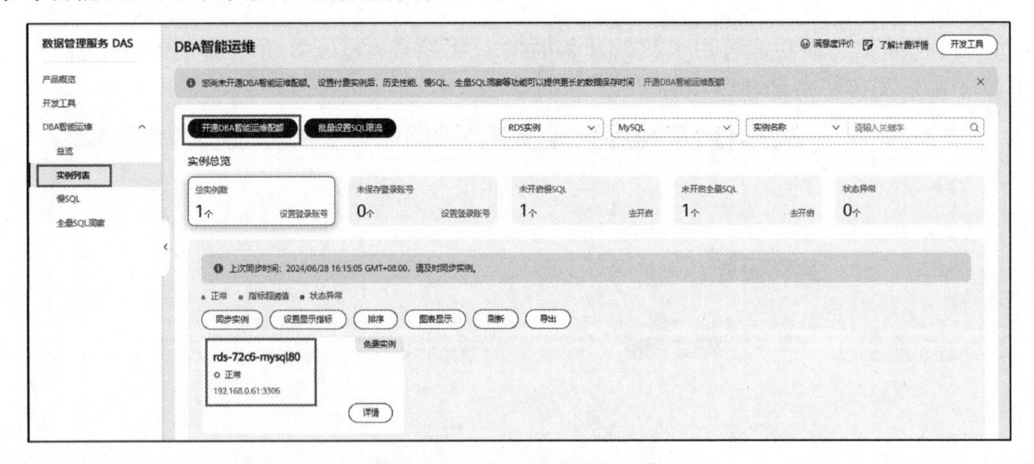


图 12-10　智能运维实例列表

选择实例列表中的一个实例，单击“详情”，可以进入如图 12-11 所示的页面，在此页面中，包含了总览、性能、会话、SQL、锁 & 事务、容量预估、binlog、日报等内容。

图 12-11　智能运维对实例的监控内容

## 12.4.1　性能

性能监控在系统运维中具有举足轻重的地位。在华为云数据库 Web 界面的性能监控中，默认显示 75 种数据库以及服务器的监控指标，见图 12-12，包括 CPU/内存利用率(%)、磁盘空间、TPS/QPS、会话连接数等。用户可根据自己的需要设置待监控的指标，也可以通过选择不同的时间范围或者自定义起止时间，查看指定时间段内的监控信息。

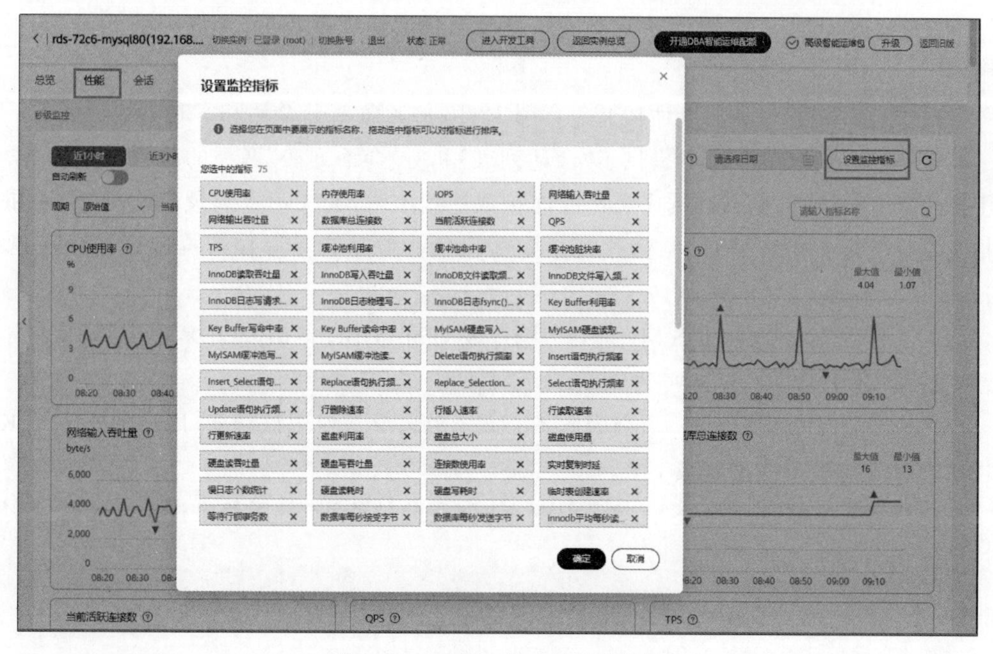


图 12-12　智能运维中的性能监控

如单击右上角的“返回旧版”，可以查看该数据库实例的历史性能、实时性能、实时诊断、性能趋势对比查看以及自定义图表。

### 12.4.2 会话

会话监控中，可查看慢会话、活跃会话、会话总数、长事务会话等信息，同时在会话列表中支持对某个会话进行 SQL 限流和 Kill 会话操作，见图 12-13。

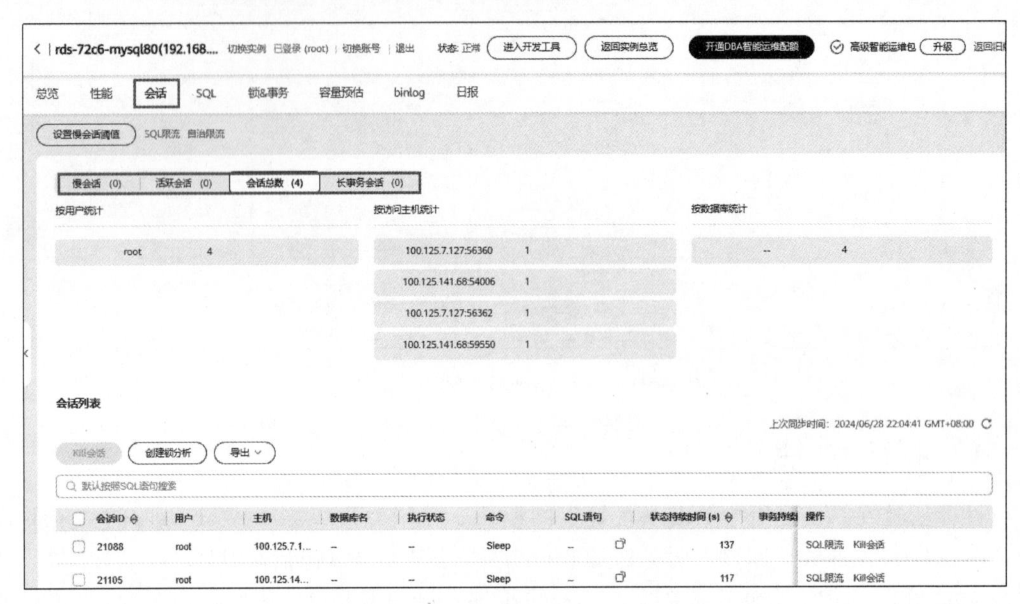


图 12-13 智能运维中的会话管理

图 12-14 所示的 SQL 限流功能支持用户根据自定的规则，对符合规则的 SQL 进行流量限制。

通过“返回旧版”展示的会话功能包含图 12-15 的紧急 Kill 会话和实时会话功能。

其中“实时会话”标签页中提供了“会话列表”和“慢会话列表”两类的统计功能。“紧急 Kill 会话”的急救通道是当数据库实例的连接数达到上限，无法正常登录时，查看会话和杀死指定会话。用户可以通过勾选，杀死指定的会话。但是为了确保数据库系统的正常工作，在 kill 会话时，需要注意：

（1）系统目前仅支持 RDS MySQL 数据库及 GaussDB(for MySQL)，不支持 ECS 自建库，不支持创建中、冻结、异常实例；

（2）该功能对系统影响较大，会因此务必在紧急情况下使用该功能，用户的每一个 Kill 操作将会以日志的形式被记录下来；

（3）当实例能够通过 DAS 正常登录时，请勿在此处使用，可以登录进 DAS，通过实时会话功能执行相关操作；

（4）rdsadmin、rdsbackup、rdsmetric、rdsRepl 等敏感用户的会话禁止 Kill。

### 12.4.3 SQL

华为 RDS 在对 SQL 的监控中，提供了慢 SQL、Top SQL、SQL 洞察、SQL 诊断、SQL 限流和自治限流的监控服务。系统提供了设置日志存储时长的功能，但需要额外付费。

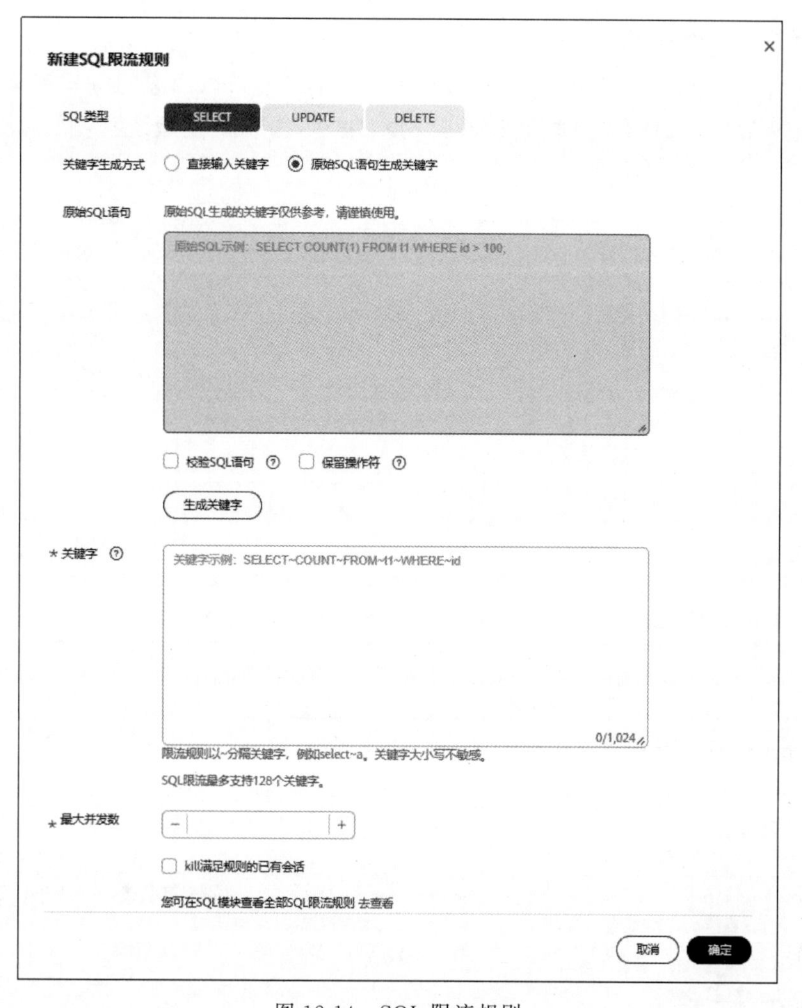


图 12-14　SQL 限流规则

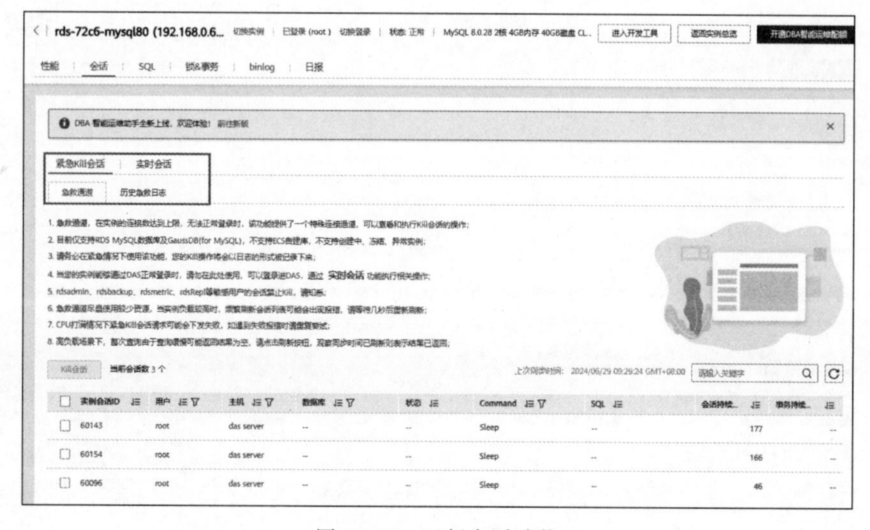


图 12-15　旧版会话功能

### 1. “慢 SQL”标签页

在获取相关信息前，需要开启 DAS 收集慢日志的功能。以图表的方式展示“慢日志趋势”“归档记录”“慢 SQL 数量排行 Top 5”“慢日志明细”和“模版统计”信息，如图 12-16 所示。

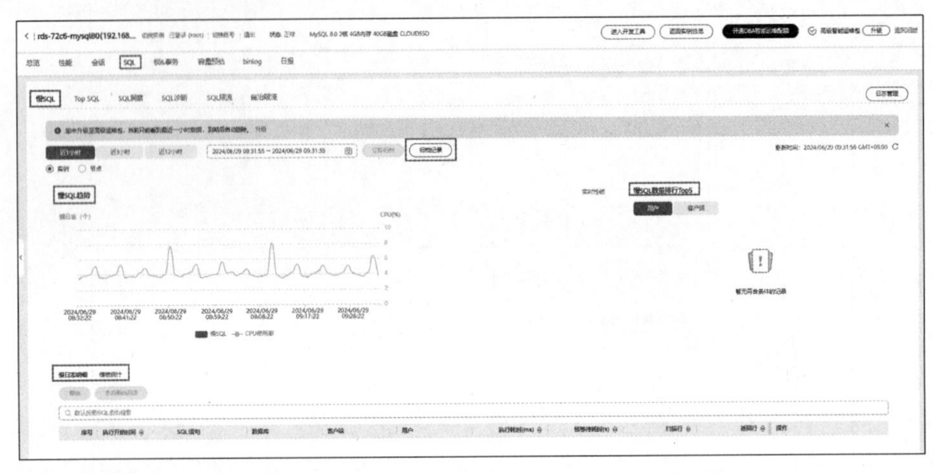

图 12-16　SQL 中有关慢 SQL 的分析和监控

### 2. “Top SQL”标签页

对指定时间范围内执行频率最高的 SQL 进行记录分析。在获取相关信息前，需要开启 DAS 收集全量 SQL 的功能，如图 12-17 所示。

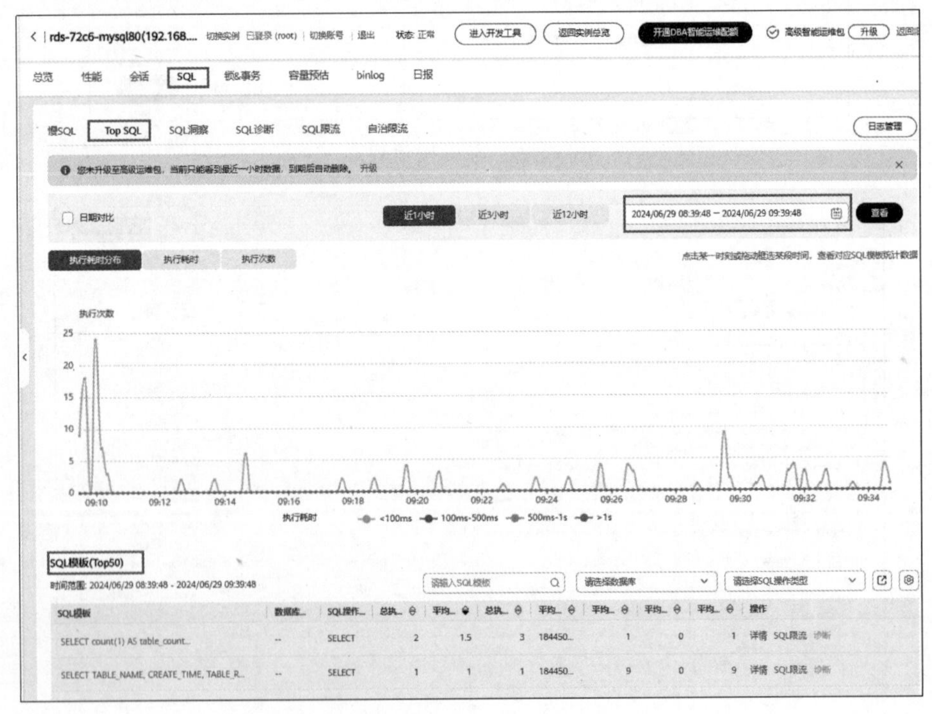


图 12-17　SQL 中 Top SQL 的分析和监控

### 3. “SQL 洞察”标签页

对全量 SQL 进行记录分析。在获取相关信息前,需要开启 DAS 收集全量 SQL 的功能。记录所有执行过的 SQL 语句,以表格的形式提供执行状态、执行时间、更新行数、扫描行数、锁等待时间等信息,可以根据需要指定时间范围、用户名、数据库、SQL 语句类型等条件筛选列表中的条目,如图 12-18 所示。

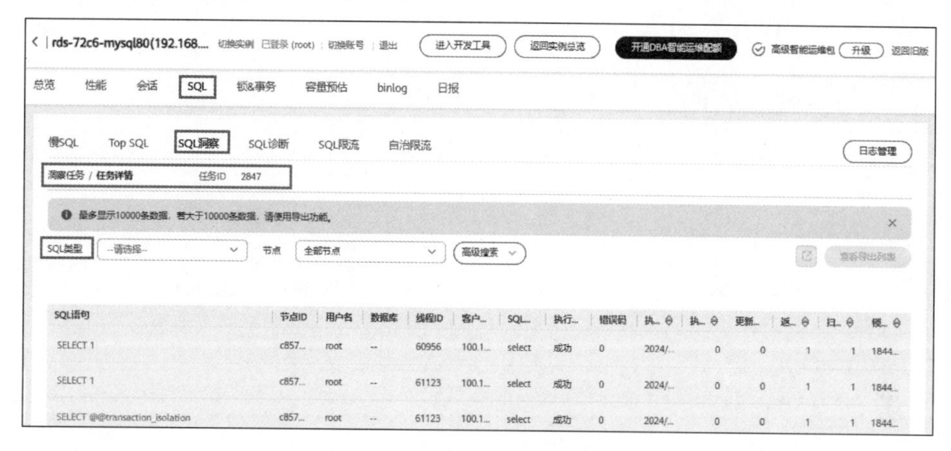


图 12-18　SQL 中 SQL 洞察分析

### 4. “SQL 诊断”标签页

SQL 诊断标签页提供对给定 SQL 语句进行诊断分析、执行、格式化和查看执行计划的功能,可以对 SQL 语句给出索引优化、语句优化的建议。例如,在文本框中输入 select * from s,单击“SQL 诊断”,则系统会弹窗生成诊断报告,如图 12-19 所示。

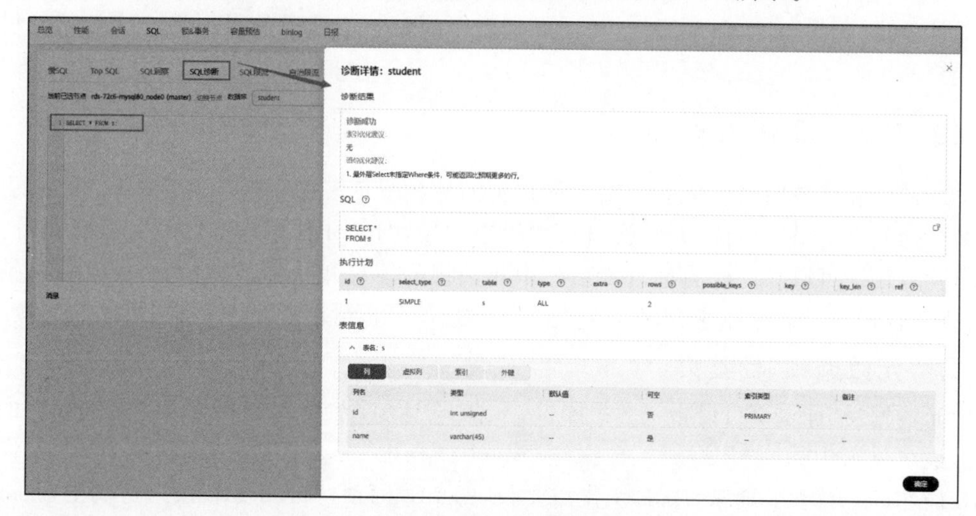


图 12-19　SQL 语句诊断页面

### 5. “SQL 限流”标签页

“SQL 限流标”签页提供限流服务。如图 12-20 所示,用户可以通过设置限流规则控制数据库请求访问量和 SQL 并发量,保障服务的可用性。

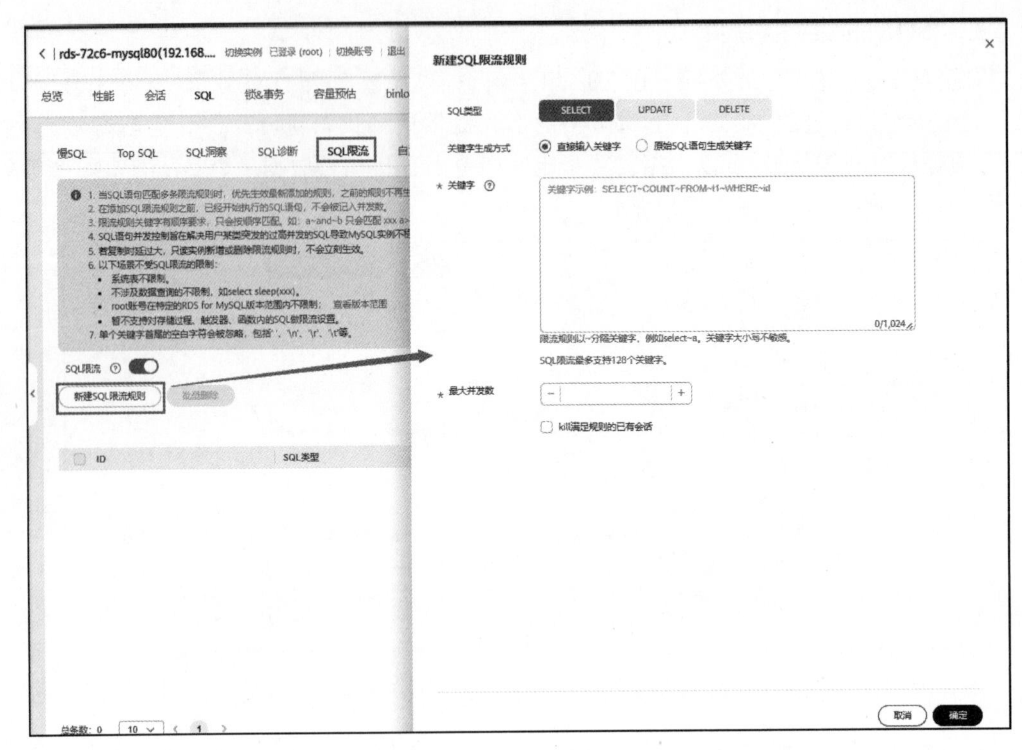


图 12-20　SQL 限流页面

### 6. “自治限流”标签页

“自治限流”标签页提供自动的限流服务。通过事先设置 CPU 阈值、可允许最大活跃连接数等前置条件，自动触发流控，在突发场景下保障核心业务的可用性。这是额外付费的功能。

## 12.4.4　锁和事务

单击“锁和事务”标签，会进入事务锁相关的监控界面。这里包含“锁分析”和“历史事务”两个标签页。“锁分析”标签页中包含“元数据锁”“InnoDB 锁等待”和“最近死锁分析”三个功能，用户可以在此处通过监测系统中相关锁的信息和状态，对系统中的事务和锁进行监测和管理。以下每种分析，都需要先创建对应的分析请求。

### 1. “元数据锁”标签页

“元数据锁”标签页可以指定数据库、基本表、会话 ID、锁状态和锁类型等查询相应的锁信息，最多显示 1000 条数据。元数据锁(Meta Data Lock，MDL)用来解决 DDL 操作与 DML 操作的一致性。通常，DDL 操作需要获取 DML 写锁，并且 DML 锁一旦发生，就可能会对数据库的性能产生影响，因为后续对该表的任何查询、DML、DDL 操作都会被阻塞，造成连接积压。当前功能展示了当前时刻数据库的 MDL 锁的信息，可以快速帮助定位 MDL 问题、终止持有 MDL 锁的会话，从而恢复被阻塞的操作。

### 2. “InnoDB 锁等待”标签页

“InnoDB 锁等待”标签页可以对系统中加锁的状态进行图形化展示。展示当前时刻

(实时)数据库 DML 操作之前的锁等待信息,可以快速帮助定位多个会话因同时更新同一条数据,而产生的会话等待和阻塞,并且支持快速终止持有锁的源头会话,从而恢复被阻塞的操作。

### 3. "最近死锁分析"标签页

"最近死锁分析"功能基于 SHOW ENGINE INNODB STATUS 返回的最近一次死锁日志进行分析。如果发生过多次死锁,只会对最近一次死锁进行分析。

## 12.4.5 容量预估

单击"容量预估"标签,会进入如图 12-21 所示的数据库容量相关的界面。这里包含"空间概况""磁盘空间分布""磁盘空间变化趋势""Top50 库表"等功能。其中,可以通过 Top50 库表的"查看趋势"功能查询该库或该表在指定时间范围内的多个容量相关的指标变化曲线,具体包括物理文件大小、数据空间、索引空间、碎片空间和行数。同时,当 DBA 发现碎片空间占用较大时,可以利用本页面提供的表碎片清理功能进行清理。该功能即对表执行 optimize 优化,优化期间会有短暂锁表操作,整体执行时间与表大小有关。一般执行时间较长,且较为占用资源(必须预留相应表 1.5 倍大小的磁盘空间),所以进行表空间优化时建议避开业务高峰期,避免影响正常业务的进行。

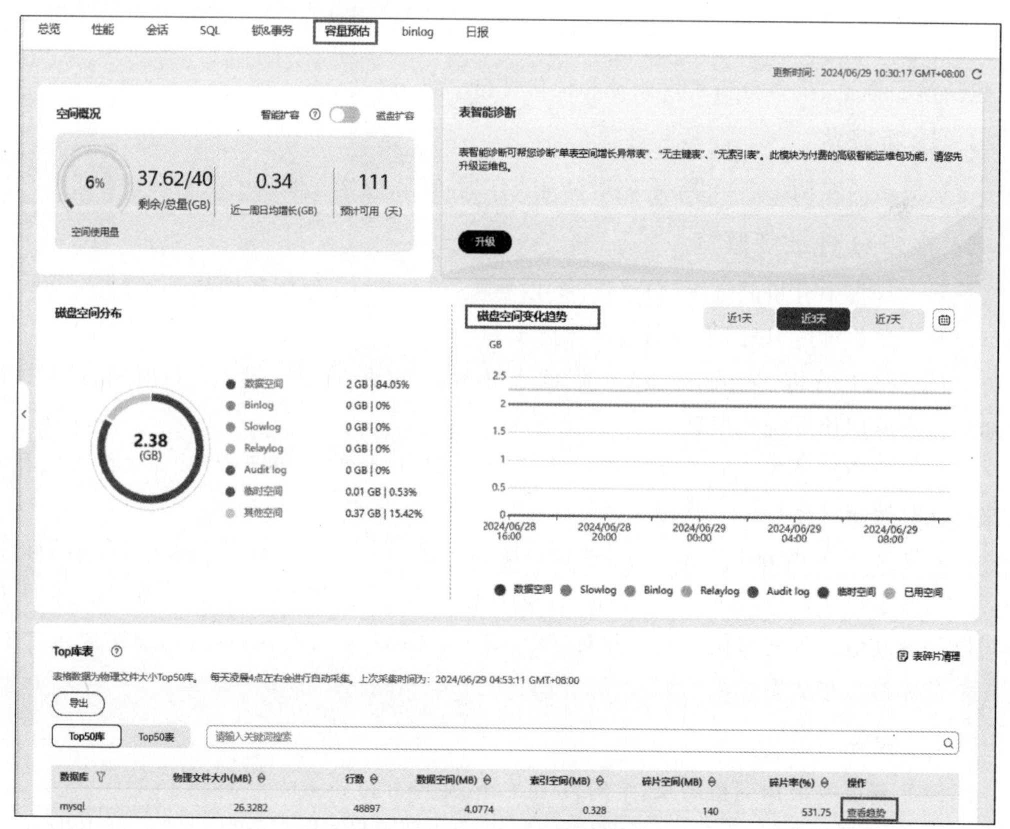


图 12-21 容量预估

### 12.4.6 binlog

binlog 是 MySQL 的事务日志文件，关于 binlog 的详细介绍可参考 11.4.2 小节。单击 binlog 标签，展示数据库中所有的 binlog 日志文件。可以通过解析日志操作，查看日志的详细内容，见图 12-22。

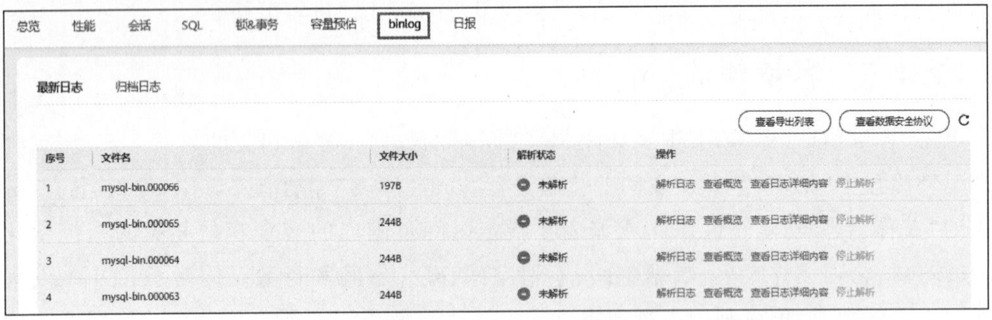

图 12-22 binlog 日志列表

### 12.4.7 日报

单击“日报”标签，进入分析诊断页面，这里以日报形式对系统运行的情况提供一个概览，包括诊断概览、报告分析维度概览和巡检评分 3 部分。

**1. 诊断概览**

显示最新的实例诊断结果，系统建议每天定时诊断，以确保实例上的业务正常运转。

**2. 报告分析维度概览**

罗列出日报中分析的维度，包括慢 SQL 分析、全量 SQL 分析和性能 & 磁盘分析。分别单击各个分析维度，以图表的形式具体展示。

(1) 慢 SQL 分析 Top(30)：展示前 30 个慢 SQL 的执行次数、平均执行时间、最大执行时间和描述返回比等统计信息。

(2) 全量 SQL 分析 Top(30)：展示前 30 个 SQL 模板的总扫描行数、总执行次数和平均执行耗时等统计信息。

(3) 性能 & 磁盘分析 Top(30)：通过饼图的方式展示 QPS、TPS、总连接数等性能指标的高、中、低水位比；并以列表展示性能 & 磁盘相关指标在诊断区间的最高值、最高值发生时间以及最高值所处的水位级别。并对 TPS/QPS、CPU/内存利用率、会话连接数和 IOPS 等 4 个指标给出趋势图。

**3. 巡检评分**

巡检评分可以根据巡检结果，给出各项评分，并查看扣分详情。

DBA 可以随时单击页面右上角的相应按钮，即时发起诊断或下载、订阅诊断报告，也可以根据需要查看指定时间段内的历史诊断报告如图 12-23 所示。

图 12-23 日报诊断分析页面

# 本章小结

本章主要介绍了数据库运维任务的基本概念以及主要内容。通过华为云数据库实例管理和云 DBA 智能运维的功能和具体操作，使读者对云数据库的数据库运维工作有一个全面了解和具体认识。

# 第四篇 综合案例

# 第13章 数据库应用开发综合实战案例

## 13.1 实战目标与准备

**【实战目标】**

本章目标是设计并完成一个数据库应用开发的综合实训项目——在线数据库实验平台 SQL-OJ。

**【实战准备】**

MySQL 8.0 云数据库、MySQL 8.0 客户端以及 Python 3.7 开发环境 PyCharm 等环境。

## 13.2 开发背景

在数据库系统相关课程的教学中，让学生掌握并熟练运用 SQL 语句往往是该类课程的重要教学目标之一。在传统教学中，学生提交的 SQL 作业不仅增大了教师的批阅工作量，同时由于 SQL 语句写法灵活多样导致批阅难度较大，作业批阅结果可能也无法及时反馈给学生。因此，面向 SQL 语言开发一个高效的 OJ(Online Judge)系统可以有效地提高数据库课程的教学效率和效果。

本章设计并实现一个在线数据库实验平台 SQL-OJ。教师可以在平台上方便地管理班级以及发布 SQL 练习题或者考试题。学生可以进行 SQL 练习或者考试，提交后平台自动批阅，学生能够及时得到结果反馈。此外，通过该平台的数据分析功能，教师还可以直观地掌握学生的答题情况，从而展开针对性的教学活动；学生也可以通过平台整理出自己的错题，便于针对错题进行强化训练。

## 13.3 系统需求分析

### 13.3.1 数据需求

数据需求指用户期望从数据库中获得信息的内容与性质。该应用系统中至少包括两类用户：教师和学生，其涉及的数据与操作主要包括：

(1) 用户信息：用户所属的学校、班级以及用户自身的姓名、学号等信息。

(2) 题库与题目信息：教师可以创建多个题库，每个题库可以由多个 SQL 题目组成。

(3) 试卷信息：教师抽取不同题目组成整套试卷，未发布之前学生不可见。

(4) 练习或考试信息：发布试卷，包括试卷模式(练习或考试)、起止时间、发布对象班级等信息。

(5) 答题信息：分为两种不同粒度的答题记录，包括每个学生的试卷(练习和考试)级别答题记录信息和每个学生每道题的答题历史记录。

根据以上分析，系统总体的数据流图如图 13-1 所示，图中 P 是数据处理，D 是数据存储。

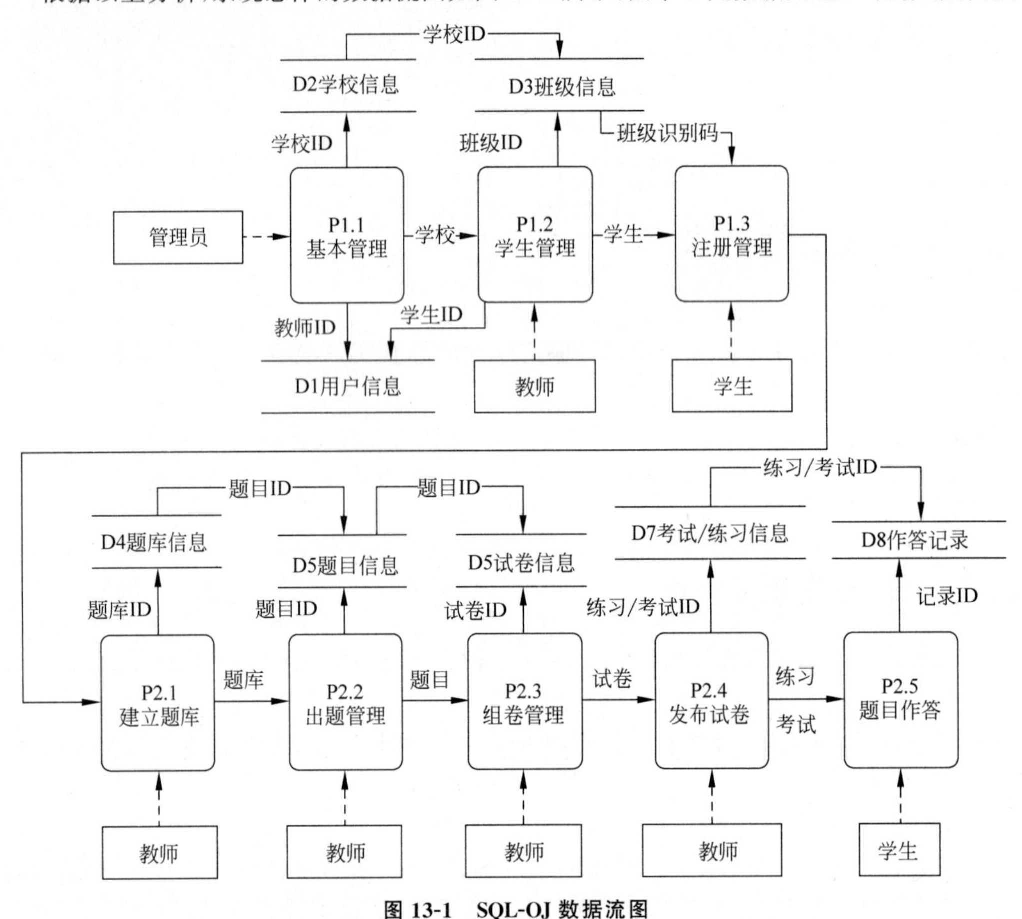


**图 13-1 SQL-OJ 数据流图**

下面列出了该数据流图中的部分主要数据字典(以服务 100 所学校，10 年为例)：

## 1. 主要数据处理

(1) P1.1：基本信息管理。

处理过程名：基本管理

说　　明：管理员对学校信息、教师用户信息的基本增删改查处理

输　　入：增删改查请求、学校基本信息、教师用户基本信息

输　　出：D1 用户信息中的教师信息和 D2 学校信息

(2) P1.2：学生信息管理。

处理过程名：学生管理

说　　明：教师对班级、学生信息的基本增删改查处理，支持学生名单导入导出

输　　　入：增删改查请求、D2 学校信息
输　　　出：D3 班级信息和 D1 用户信息中的学生信息
(3) P1.3：学生注册管理。
处理过程名：注册管理
说　　　明：学生使用教师告知的班级注册码进行注册，注册后会更新用户信息表
输　　　入：注册请求、D3 班级信息中的班级注册码和其他必要的注册基本信息
输　　　出：D1 用户信息中学生的状态信息以及其他字段
(4) P2.1：题库信息管理。
处理过程名：建立题库
说　　　明：教师创建题库(库表结构以及初始数据准备)或者修改删除题库信息
输　　　入：题库的增删改查请求、D4 题库信息
输　　　出：D4 题库信息
(5) P2.2：题目信息管理。
处理过程名：出题管理
说　　　明：教师对 SQL 题目的增删改查等操作，每个题目是基于某个题库创建
输　　　入：题目增删改查请求、D4 题库信息、以及 SQL 题目的题干、答案等
输　　　出：D5 题目信息
(6) P2.3：试卷组卷管理。
处理过程名：组卷管理
说　　　明：教师基于已有 SQL 题目组成新的试卷
输　　　入：试卷增删改查请求、D6 试卷信息、D5 题目信息
输　　　出：D6 试卷信息
(7) P2.4：以考试模式或者练习模式发布试卷。
处理过程名：发布试卷
说　　　明：教师以考试模式或者练习模式发布试卷
输　　　入：发布练习/考试请求、试卷模式、试卷起始时间等信息
输　　　出：D7 考试信息或者练习信息
(8) P2.5：练习与考试的 SQL 题目作答。
处理过程名：练习考试
说　　　明：学生开始选择发布给所在班级的练习或者考试进行答题
输　　　入：作答题目请求、作答试卷等
输　　　出：D8 练习或者考试以及题目两种粒度的答题历史记录

### 2. 数据流(此处仅列出 2 个重点数据流作为示例，其余类似)

(1) 题目数据流。
数据流名：题目
说　　明：教师通过选择题目完成组卷
来源去向：P2.2 → P2.3
数据存储：D5 题目信息记录、D6 试卷信息记录

(2) 试卷数据流。

数据流名：试卷

说　　明：教师将试卷发布为一次考试或者练习

来源去向：P2.3 → P2.4

数据存储：D6 试卷信息记录、D7 考试信息或者练习信息

### 3. 主要数据存储

(1) D1：用户信息。

数据存储名：用户信息

说　　明：记录每一个用户信息，码是用户 email

数据描述：邮箱、密码、角色、学校、姓名、学工号、学院、班级、加入状态

数 据 量：数据量约 500000 条(平均每校每年 500 人规模，100 校，10 年)

存取频度：平均每天 1000 次

(2) D2：学校信息。

数据存储名：学校信息

说　　明：记录每一个学校信息，码是学校 ID

数据描述：学校 ID、学校全称、校名英文、缩码、所在省市

数 据 量：数据量约 100 条

存取频度：平均每天 50 次，最大 300 次

(3) D3：班级信息。

数据存储名：班级信息

说　　明：记录每一个班级信息，码是班级 ID

数据描述：班级 ID、学校 ID、班级名称、负责教师、备注信息、学生名单

数 据 量：数据量约 10000 条(假设每校每年 10 个班)

存取频度：平均每天 200 次

(4) D4：题库信息。

数据存储名：题库信息

说　　明：记录每一个题库信息，码是题库 ID

数据描述：题库 ID、题库名称、题库描述、创建 SQL 语句

数 据 量：数据量约 100 条

存取频度：平均每天 50 次

(5) D5：题目信息。

数据存储名：题目信息

说　　明：记录每一道题目信息，码是题目 ID

数据描述：题目 ID、题目名、题库 ID、题目难度、题目描述、标准答案

数 据 量：数据量约 10000 条(每个题库 100 道题)

存取频度：平均每天 1000 次

(6) D6：试卷信息。

数据存储名：试卷信息

说　　明：记录每一份试卷信息，码是试卷 ID

数据描述：试卷 ID、试卷名称、试卷类型、发布时间、开始时间、结束时间等

数　据　量：数据量约 1000 条

存取频度：平均每天 100 次

(7) D7：考试信息或练习信息。

数据存储名：考试信息或者练习信息（两个信息分别存储，结构基本相同）

说　　明：记录每一场考试或者练习的详细信息

数据描述：练习 ID/考试 ID、名称、试卷、开始时间、结束时间、发布时间、发布状态、分配班级，此外若是考试信息，还包括是否在解析中公布答案的设置项

数　据　量：数据量约 10000 条

存取频度：平均每天 1000 次

(8) D8：作答信息。

数据存储名：作答信息

说　　明：记录每一个用户信息针对考试或者练习的题目答题记录

数据描述：邮箱、题目 ID、答案正确性、作答次数

数　据　量：数据量约 50000000 条/每年（每天 5000 人，每人 20 题）

存取频度：平均每天 100000 次

## 13.3.2 功能需求

功能需求指用户期望利用该应用系统可以完成的操作，以下分为教师和学生角色分别说明该 SQL-OJ 在线实验平台的基本功能需求。

### 1. 教师

(1) 班级与班内成员管理：可对班级信息、班级成员信息进行增删改查等操作。可以按照指定格式导入学生成员名单，也可以导出系统中的学生名单。

(2) 题库管理：教师可以创建多个题库，题库可以私有或者公开。每个题库中可以添加若干道题目。

(3) 题目管理：教师可以自由增删改本人用户下的题目，可以查看其他教师公开的题目。每个题目需包括题干、答案等信息。

(4) 试卷管理：教师根据需要把题目自由组卷后，以班级为单位给学生发布。发布试卷时，可选择将其作为练习模式或考试模式。考试模式与练习模式的区别如下：考试模式下，学生在规定时间内（教师可自定义）可无限次作答，交卷后不能答题。练习模式下，长周期（数天或更长）内学生可无限次作答。考试和练习用学生正确完成题目的分数之和作为成绩。

(5) 统计信息查看：教师可以查看一些重要统计数据，主要是基于学生的答题记录，如作答次数、正确性、分数等进行分析和计算得出相应的图表信息。

### 2. 学生

(1) 用户管理：学生可以进行注册，查看自己的信息，修改自己的密码等。本系统为学生用户设计了“加入状态”的信息。该信息表示此学生账号注册选择的班级是否与此班级

的内置学生名单相匹配,共分为“已加入”“未加入”“名单之外”3 种状态。该状态便于教师进行数据分析,例如查看还未加入班级的学生等。

(2) 答题功能：学生可以进入教师发布的练习或者考试,逐题进行 SQL 答题。根据提交的 SQL 运行结果自动判题,给学生反馈。练习模式可以多次提交,考试模式仅能作答一次。不论考试还是练习,若系统设置答题时间已结束,则无法作答。

(3) 仪表盘：学生可以查看自己的答题统计数据,并且可以查阅自己的答题记录,便于错题整理和强化练习。

**3. 管理员**

(1) 学校班级管理：可对学校、班级等信息进行增删改查等管理。

(2) 教师用户管理：可对教师用户信息进行增删改查等管理。

### 13.3.3 非功能需求

本系统的非功能需求包括：

(1) 安全性需求：严格按照系统设计的权限,不同用户角色仅能进行权限内操作。

(2) 性能需求：本系统至少支持 1000 人同时进行考试操作并在 3s 内提交答案到系统。练习模式下,每道题提交后需在 5s 内给出批改反馈。

## 13.4 数据库设计

### 13.4.1 概念模型设计 E-R 图

基于前面的数据需求和功能需求分析,本小节主要展示该 SQL-OJ 系统的概念设计 E-R 图。

**1. 实体以及实体之间联系的语义描述**

用户相关实体：学校、班级、用户(管理员、教师、学生)。

考练相关实体：题库、题目、试卷、考练活动(考试、练习)。

根据现实世界与应用需求分析,实体之间语义描述如下：

(1) 一个学校拥有多个班级,一个班级只能属于某个学校；一个班级有多名学生,一个学生只能属于一个班级。

(2) 系统可以有多个管理员,任意一个管理员可以增删改所有学校、教师的基本信息；每位教师管理所负责班级的学生信息。

(3) 一位教师可以创建多个题库(题库指一个事先准备好的数据库,可包含多张表以及部分数据),每个题库只能被一位老师创建。基于一个题库可以出多道题目,每个题目只能属于某一个题库。每位教师可以出若干道题目。一套试卷可以由任意多道题目组成,相同题目可出现在多套试卷中,且相同题目在不同试卷中分值可以不同。每位教师可给所负责的一个或多个班级,将任意一套可访问的试卷发布为一次考练活动(考试模式：短时间周期限时提交；练习模式：长时间周期,可以多次答题)。学生可以作答发布给自己的考试或者练习。

### 2. 实体属性图

为了使系统 E-R 图的描述更加简洁清晰，此处先将 SQL-OJ 系统中所有实体的属性用图 13-2 所示的实体属性图描述，这样后续图 13-3、图 13-4 和图 13-5 的 E-R 图中仅重点描述实体之间的联系以及联系的属性。

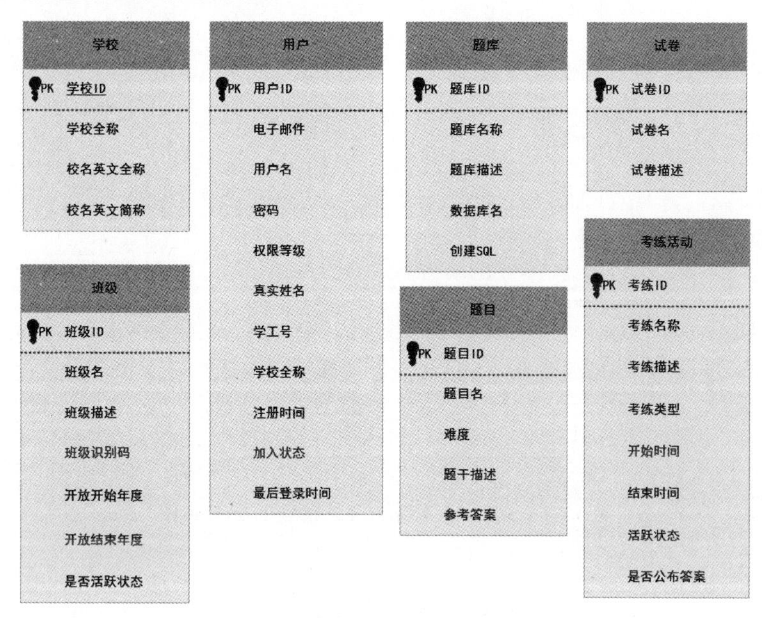


图 13-2 SQL-OJ 系统的实体属性图

### 3. 分 E-R 图

(1) 用户管理子 E-R 图。

图 13-3 为用户管理的子 E-R 图。经过分析可知，教师与学生的“管理 3”可通过教师与班级之间的“负责”联系和班级与学生之间的“包含”关系推理得到，故为冗余联系，可将其删除。

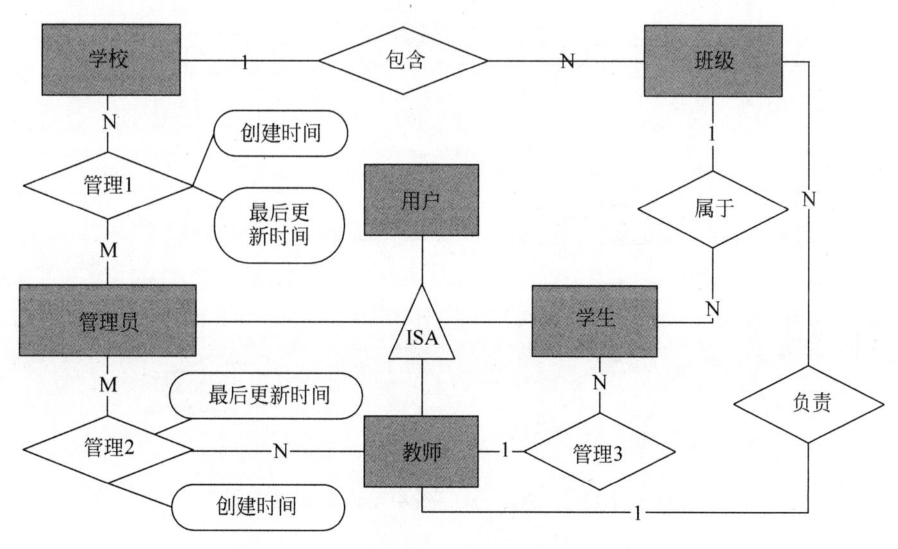


图 13-3 SQL-OJ 系统中用户管理的子 E-R 图

(2) 考试管理子 E-R 图。

图 13-4 为考试管理的子 E-R 图,班级、教师、学生之间的完整联系可参考图 13-3。

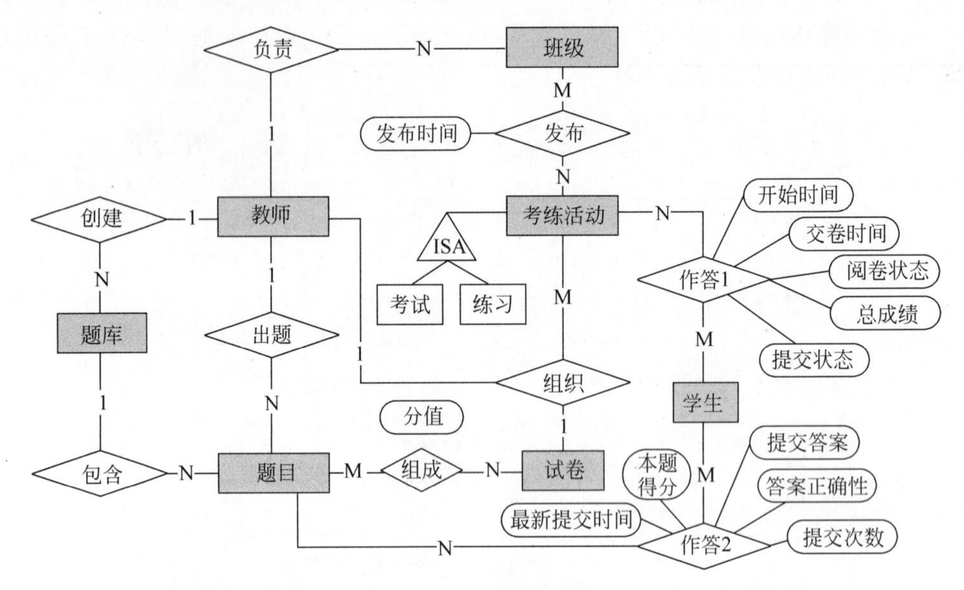


图 13-4 SQL-OJ 系统中考试管理的子 E-R 图

#### 4. 总 E-R 图

根据前述分析,合并以上的两个子 E-R 图得到图 13-5 所示的 SQL-OJ 系统中整体 E-R 图。

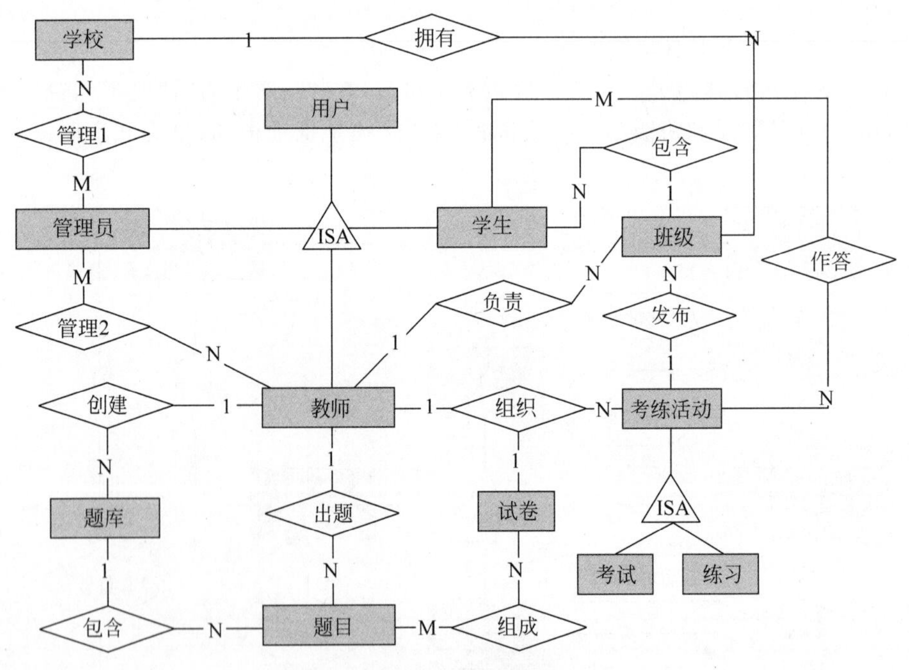


图 13-5 SQL-OJ 系统中整体 E-R 图

## 13.4.2 逻辑模型设计与模型优化

为了方便描述,在本节后续的数据模型中采用表 13-1 符号表示特定含义。

表 13-1　数据模型描述符号

| 编　号 | 符　号 | 含　义 |
|---|---|---|
| 1 | FK | 外键 (Foreign Key) |
| 2 | PRI | 主键约束,也可以用下画线表示 |
| 3 | UNI | 唯一约束 |

### 1. E-R 图转换成逻辑模型

基于分析得到的 E-R 图,按照 2.4 节讲述的方法将其转换成关系逻辑模型。

(1) 实体转换:表 13-2 展示了如何将每个实体单独转换成一个独立的关系。

表 13-2　实体转换表

| 编号 | 实体 | 实体转换说明与转换形成的关系 |
|---|---|---|
| 1 | 学校 | user_school (学校 ID, 校名全称, 校名英文全称, 校名英文简称) |
| 2 | 班级 | user_classroom (班级 ID, 班级名, 班级描述, 班级识别码, 开放开始年度,开放结束年度,是否活跃状态) |
| 3 | 用户 | 用户实体是一个父类,其子类包括管理员、教师、学生。可对父类创建一张表 User。用户中的权限等级用于区分三个子类。user_user(用户 ID, 电子邮件, 用户名, 密码, 权限等级, 真实姓名, 学工号, 学院名称, 注册时间, 加入状态, 最后登录时间)。 |
| 4 | 管理员 | 子类管理员用户并无特有属性,该步骤可不创建单独关系 |
| 5 | 教师 | 子类教师用户并无特有属性,该步骤可不创建单独关系 |
| 6 | 学生 | 子类学生用户并无特有属性,该步骤可不创建单独关系 |
| 7 | 题库 | coding_questionset(题库 ID, 题库名, 题库描述, 数据库名, 创建 SQL) |
| 8 | 题目 | coding_question(题目 ID, 题目名, 难度, 题干描述, 参考答案) |
| 9 | 试卷 | coding_paper(试卷 ID, 试卷名, 试卷描述) |
| 10 | 考练活动 | 该实体是一个父类,其子类包括考试和练习活动,此处期望考试和练习分别记录信息,故不创建父类关系,仅创建子类关系 |
| 11 | 考试活动 | coding_exam(考试 ID, 考试名称, 考试描述, 开始时间, 结束时间, 活跃状态, 是否在解析中公布答案) |
| 12 | 练习活动 | coding_exercise(练习 ID, 练习名称, 练习描述, 开始时间, 结束时间, 活跃状态) |

(2) 联系转换:表 13-3 展示了如何按照联系类型分别转换各个联系。有的联系需要创建新关系,有的则需要在已有关系中增加属性(灰色背景属性表示在已有关系中的新增部分)。

表 13-3　联系转换表

| 编号 | 联　系 | 联系转换说明与转换形成的关系 |
|---|---|---|
| 1 | 学校与班级:包含 (1:N) | 将两个 1:N 联系的 1 端,分别合并到 N 端的班级关系。user_classroom:班级 ID, 班级名, 班级描述,班级识别码, 是否活跃状态, 所属学校 ID(FK), 负责教师 ID(FK) |
| 2 | 教师与班级:负责(1:N) | |

续表

| 编号 | 联　　系 | 联系转换说明与转换形成的关系 |
|---|---|---|
| 3 | 班级与学生：包含(1:N) | 学生实体尚没有独立关系,但将该联系加入其父类用户表会导致非学生用户产生冗余信息,此处新建学生关系。user_student：学生的用户ID，班级ID(FK) |
| 4 | 学校与管理员：管理1(M:N) | 管理员可管理学校的基础信息,M:N联系新建关系：user_admin_school：管理员ID(FK)，学校ID(FK)，创建时间，最后更新时间 |
| 5 | 教师与管理员：管理2(M:N) | 管理员管理教师的基础信息,M:N联系新建关系：user_admin_teacher：管理员ID(FK)，教师ID(FK)，创建时间，最后更新时间 |
| 6 | 教师与题库：创建(1:N) | 将1:N联系中1端合并到N端的题库关系coding_questionset：题库ID，题库名称，题库描述，数据库名，创建SQL，创建教师ID(FK) |
| 7 | 教师与题目：出题 (1:N) | 将两个1:N联系的1端教师ID和题库ID,分别合并到N端的题目关系：coding_question：题目ID，题目名，难度，题干描述，参考答案，出题教师ID(FK)，题库ID(FK) |
| 8 | 题库与题目：包含 (1:N) | |
| 9 | 试卷与题目：组成(M:N) | M:N联系新建关系coding_paper_question：试卷ID(FK)，题目ID(FK),分数 |
| 10 | 考试活动与教师、试卷：组织考试 (N:1:1) | 将三个实体之间多对1中的1端合并到N端的考试coding_exam：考试ID，考试名，考试描述，开始时间，结束时间，活跃状态，是否公布答案，教师ID(FK)，试卷ID(FK) |
| 11 | 练习活动与教师、试卷：组织练习 (N:1:1) | 将三个实体之间的多对1中的1端合并到N端的练习coding_exercise：练习ID，练习名，练习描述，开始时间，结束时间，活跃状态，教师ID(FK)，试卷ID(FK) |
| 12 | 班级与考试活动：发布考试(M:N) | M:N联系新建关系coding_exam_class：考试ID(FK)，班级ID(FK)，发布时间 |
| 13 | 班级与练习活动：发布练习(M:N) | M:N联系新建关系coding_exercise_class：练习ID(FK)，班级ID(FK)，发布时间 |
| 14 | 学生与考试作答记录：作答1(M:N) | M:N联系新建关系coding_exam_answer_rec：考试记录ID,学生ID(FK)，考试ID(FK)，开始时间，交卷时间，提交状态，阅卷状态，总成绩 |
| 15 | 学生与练习作答记录：作答1(M:N) | M:N联系新建关系coding_exer_answer_rec：练习记录ID，学生ID(FK)，练习ID(FK)，开始时间，交卷时间，提交状态，阅卷状态，总成绩 |
| 16 | 学生与考试题目作答记录：作答2(M:N) | M:N联系新建关系(记录考试中每道题的答题情况)coding_exam_ques_answer_rec：考试题目记录ID,学生ID(FK)，题目ID(FK)，考试ID(FK)，提交答案，答案正确性，最新提交时间，提交次数，本题得分 |
| 17 | 学生与练习题目作答记录：作答2(M:N) | M:N联系新建关系(记录练习中每道题的答题情况)coding_exer_ques_answer_rec：练习题目记录ID，学生ID(FK)，题目ID(FK)，练习ID(FK)，提交答案，答案正确性，最新提交时间，提交次数，本题得分 |

### 2. 关系模式的优化

如前所示 SQL-OJ 系统中所有的实体与联系经过初步转换和合并之后，共计 20 个关系。针对这些关系，需进行规范化理论分析与优化。本处选择其中较为复杂的关系如 Exam、Exam_class 以及 PaperQuestion 为例分析详细分析。其他关系均满足 BCNF，读者可自行分析。

① Exam（考试 ID，考试名，考试描述，开始时间，结束时间，活跃状态，是否公布答案，教师 ID，试卷 ID）：该关系的码是考试 ID，不存在非主属性和主属性（考试 ID）对码的部分函数依赖和传递函数依赖，因此满足 BCNF。

② Exam_class（考试 ID(FK)，班级 ID(FK)，发布时间）：假设允许把某个考试给某个班级发布多次，则码中需要加入发布时间。由此该关系为全码，无非主属性，满足 BCNF。

③ PaperQuestion（试卷 ID，题目 ID，分数）：该关系的码是试卷 ID+题目 ID，非主属性是分数，不存在非主属性和主属性对码的部分函数依赖和传递函数依赖，因此满足 BCNF。

关于应用程序特定需求下的反范式化设计、分解或合并等也需仔细分析。本例中的示例分析如下：该系统中教师身份登录时，以班级为单位进行作答统计信息，在访问题目的作答记录表时，会频繁使用题目名称，因此在该表中设计如下的冗余题目名。

coding_exam_ques_answer_rec：考试题目记录 ID，学生 ID，题目 ID，考试 ID，提交答案，答案正确性，最新提交时间，提交次数，本题得分，题目名。

### 3. 外模式设计

本例的设计中，用户中的教师信息并没有使用独立关系存储，但实际中经常会用到所有教师的列表信息。根据该需求，创建一个教师信息视图：Teacher，仅包含教师 ID 和教师姓名即可。后续根据业务情况，可以根据需要增加视图。

## 13.4.3 安全性与完整性设计

本系统中的安全性设计主要涉及权限管理、数据加密存储、防止 SQL 注入等方面。关于权限管理，该系统中主要涉及了管理员、教师与学生三种角色，各种角色在系统中的权限有所不同，具体角色可以访问的不同功能，见表 13-4。数据加密主要考虑用户的密码信息使用 MD5 加密后存储。由于 Django 框架本身具有 SQL 防注入的功能，开发时不用特别考虑。

数据完整性设计根据系统的实际需要考虑实完整性约束和触发器。下面举例说明本系统中的完整性约束和触发器的设计。

### 1. 完整性约束设计示例

(1) 实体完整性：User_Student 表的 student_id 为主键。

(2) 参照完整性：User_Student 表的 class_id 为外键(User_classroom 表的 class_id)。

(3) 用户自定义完整性：User_User 表的 priority 取值：0:学生，1:教师，2:管理员。

### 2. 触发器设计示例

本例中，为了避免统计功能中的实时统计给系统带来过大压力，设计了触发器

Trigger1。该触发器在完成某个学生的判卷后更新 Coding_ExamAnswerRec 表的成绩字段时,会自动更新单独设计的统计信息表 Coding_Stat 中相关信息。

### 13.4.4 物理模型设计

物理结构设计主要考虑数据存储与数据存取。本例中,在数据存储方面,为了提高系统的高可用性,在云数据库实例创建时,选择了主备架构,该架构可以定期备份主库的数据,防止数据丢失。在数据存取方面,重点考虑按照索引设计的启发式规则,精心设计索引。

首先按照系统功能需求,列出系统中可能相对频繁执行的查询需求,然后逐一考虑索引设计。注意该步骤必须结合应用系统的功能设计深入思考,才能得到较好的设计。因此,推荐该步的索引设计在应用系统功能设计完成之后进行。示例设计如下:

(1) 系统中每个人仅能看到自己或者自己关联班级的相关信息,学生 ID、教师 ID、班级 ID 经常出现在连接条件中。答题功能中,频繁使用考试 ID、试卷 ID、题目 ID 等属性,但因为这些字段都有主键索引,所以无须额外创建索引。

(2) 学生仪表盘的统计功能中,需统计该学生所有练习中的总提交次数。该功能将对 coding_exer_ques_answer_rec 表的提交次数做求和计算,该表数据量较大,因此按照索引设计的启发式规则,对频繁使用聚集函数的字段设计复合索引(学生 ID,提交次数)。

(3) 教师身份的统计功能中,需统计每次考试中每道题目的作答详细信息,该功能将对 coding_exam_ques_answer_rec 表进行题目 ID 相关的聚集查询,该表数据量较大,因此设计索引(题目 ID,学生 ID)。

其他更多关于索引的设计,请读者结合系统需求自行思考。物理模型设计完毕之后,形成了完整的数据表设计。详细关系表参考附录 A 中相关内容。

根据最终完成的关系模式设计,将每个关系写成建表语句,执行建库 oj 和建表操作。注意在本实例中,实际是通过在 Django 框架中对每张表构建 Model 时自动创建的表,最终创建完成的表如下(表名以 auth_和 django_开头的部分是 Django 框架创建)。

```
> MariaDB [oj]> show tables;
+--------------------------+
| Tables_in_oj             |
+--------------------------+
| auth_group               |
| auth_group_permissions   |
| auth_permission          |
| coding_exam              |
| coding_exam_answer_rec   |
| coding_exam_class        |
| coding_exam_ques_answer_rec |
| coding_exer_answer_rec   |
| coding_exer_ques_answer_rec |
| coding_exercise          |
| coding_exercise_class    |
| coding_paper             |
| coding_paper_question    |
| coding_question          |
```

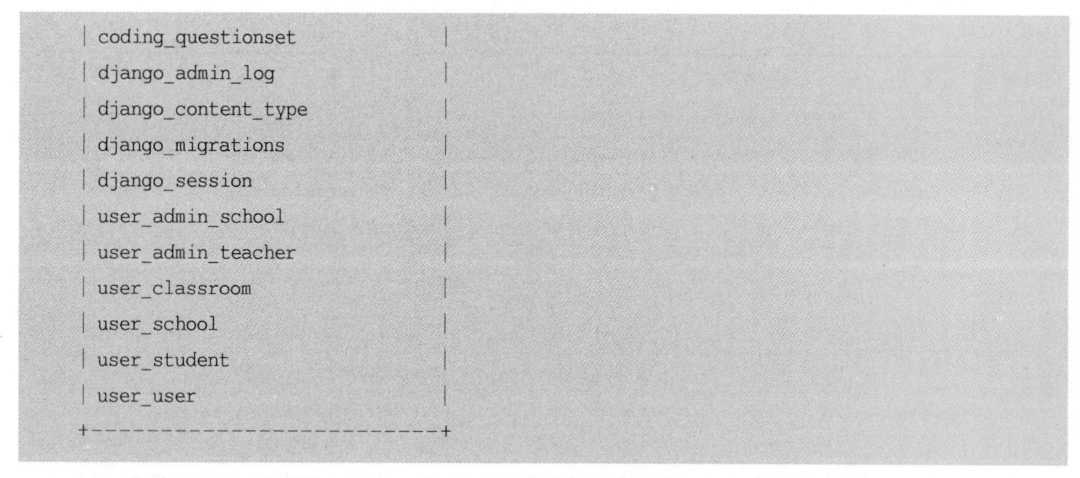

```
| coding_questionset          |
| django_admin_log            |
| django_content_type         |
| django_migrations           |
| django_session              |
| user_admin_school           |
| user_admin_teacher          |
| user_classroom              |
| user_school                 |
| user_student                |
| user_user                   |
+-----------------------------+
```

待数据库表创建完成之后，首先手动生成少量测试数据，包括用户管理部分和考试管理各个表中的必要数据，用于测试系统的基础功能。

其次，借助华为云工具或者自编脚本程序等生成大量数据，特别是题库、题目、学生信息，数据至少支撑模拟随机1000名学生并发答题的场景，重点确认系统的稳定性、性能等。模拟数据量规划参考：100所学校，每所学校5个班级，每个班100名学生，共计学生50000名，题库50个，其中使用最频繁的5个题库共计包含题目1000道(平均每个题库200道)，10名教师发布至少10套考试和10套练习，1000名学生同时随机答题并提交试卷。数据模拟阶段的难点在于题库中题目的创建与答案，提示可以借助MySQL官方的mysqltest等工具，批量执行SQL语句，获取执行的结果，然后将其插入数据库中。

# 13.5 应用系统功能设计

## 13.5.1 系统功能模块图

本系统采用Python语言的Django框架实现。遵循软件设计中"高内聚，低耦合"的设计思想，本SQL-OJ在线实验平台分为2个子系统(即2个Django App)：用户管理和考试管理。整体的系统模块图如图13-6所示，各个模块的详细功能说明如表13-4所示。

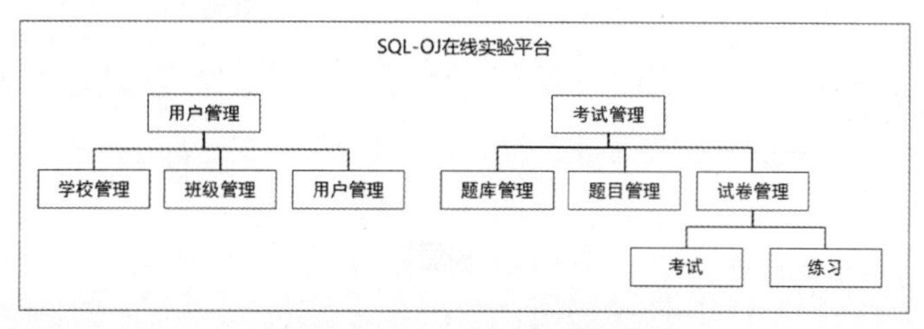


图13-6　SQL-OJ系统模块图

(1) 用户基本管理模块(User App)：用于学校信息、班级信息的管理，以及学生用户、教师用户、管理员用户的注册、登录等功能。

(2) 考试管理模块(Coding App)：该模块包括本系统的核心功能，如题库、题目、试卷、考试以及练习等信息进行管理和分析。

表 13-4 详细功能模块列表

| 编号 | 应用 | 子模块 | 功能简介 | 对应页面 | 权限 |
|---|---|---|---|---|---|
| 1 | 用户管理 | 注册 | 用户注册 | auth-register. html | 所有人 |
| 2 | | 登录 | 用户登录 | auth-login. html | 所有人 |
| 3 | | 重置密码 | 忘记密码时重置 | auth-resetpw. html | 所有人 |
| 4 | | 用户资料 | 详细个人资料 | user-info. html | 所有人 |
| 5 | | 班级管理 | 创建或查看班级 | class-manage. html | 教师 |
| 6 | | 班级详情 | 修改班级详细信息 | class-details. html | 教师 |
| 7 | 考试管理 | 仪表盘 | 重要统计数据 | index. html | 所有人 |
| 8 | | 考试管理 | 发起考试或练习 | exams-manage. html | 教师 |
| 9 | | 题目管理 | 添加题目 | questions-manage. html | 教师 |
| 10 | | 答题列表 | 查看考试/练习 | exams-manage. html | 学生 |
| 11 | | 答题详情 | 学生答题页面 | coding-editor. html | 学生 |
| 12 | | 统计信息 | 展示全部统计数据 | teacher-statistics. html | 教师 |

由于篇幅有限，本章将选择部分核心功能模块(考练作答、统计信息)详细展开介绍。其他模块的分析、设计与实现与之类似，读者可自行练习。

此外考虑到系统的性能需求，本系统将使用 Redis 和 Celery 等技术。Redis 内存型数据库主要用来存储判卷任务的队列信息。Celery 是 Django 中的开源库，用于在 Django 中连接 Redis，以完成任务队列等操作。由于这些内容不是重点，本章不详细展开介绍相关内容。

## 13.5.2 考练列表

当以学生身份登录时，图 13-7 的答题列表页面显示当前已发布并分配给该学生所在班级的考试或练习。考试或者练习的状态是：进行中(蓝紫色)、已完成(绿色)、已结束(红色)共 3 种状态，其中显示为“已结束”的考试或练习将无法进入作答页面。

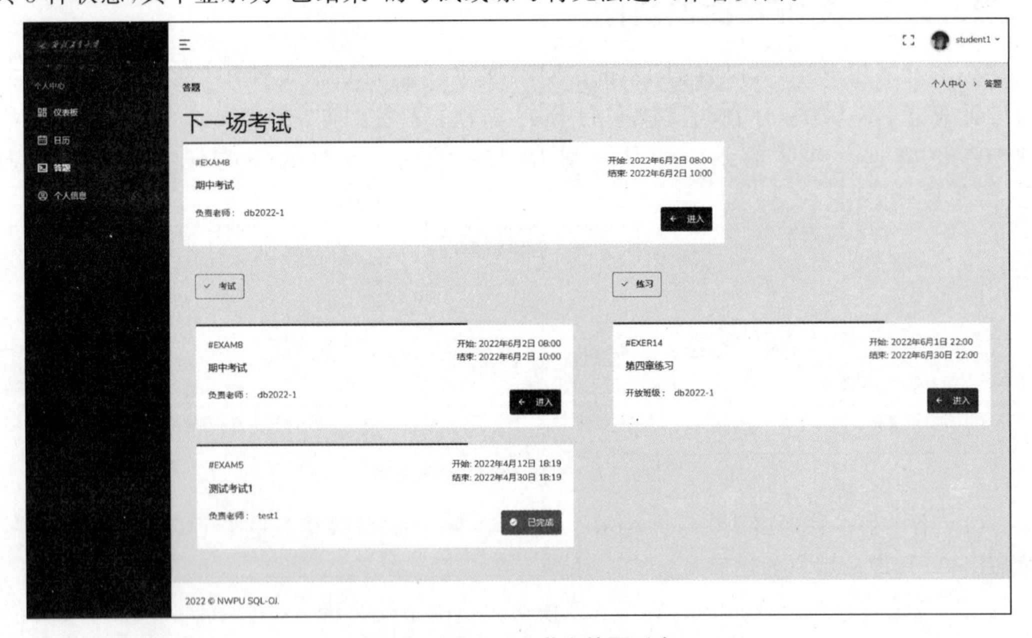


图 13-7 SQL-OJ 学生答题列表

## 13.5.3　考练作答

学生选择某考试或者练习进入后，逐个题目进行作答。每道题完成后，单击“提交运行”，则进入下一道题。作答时，学生也可以直接跳过某道题，直接单击“下一题”或“上一题”，最后一道题完成后，在该画面单击“交卷”，不论是考试还是练习交卷后都不能继续作答。当多人同时答题的情况下，系统会使用任务队列进行判卷处理。图 13-8 为 SQL-OJ 学生答题列表。

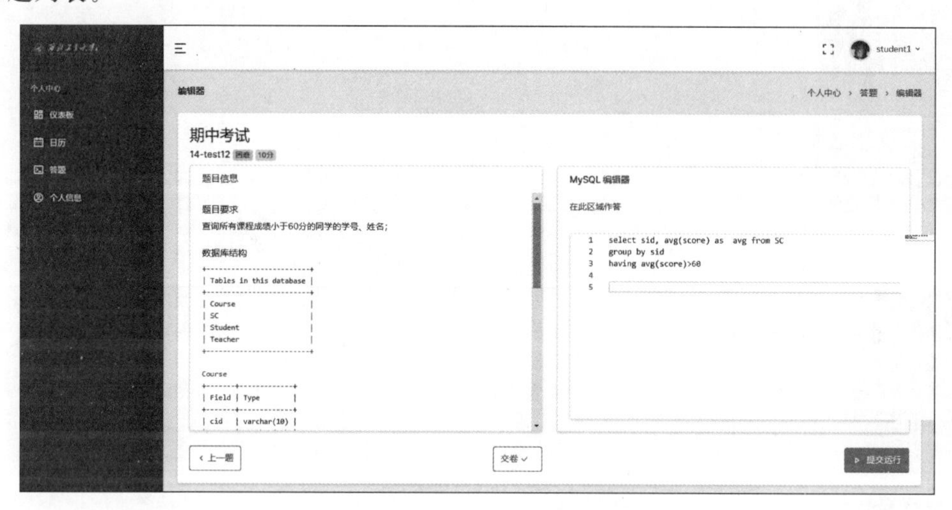


图 13-8　SQL-OJ 学生答题列表

## 13.5.4　统计信息

学生身份登录后，在首页如图 13-9 所示的“仪表盘”页面，列出了该学生的考试练习汇总信息以及作答历史数据，如提交次数、作答题目难度分布、考试成绩分析等。以教师身份登录时，图 13-10 的班级数据中展示了该教师所负责班级的各种统计数据，具体包括题目数量、提交次数、平均完成率、平均正确率等。单击每条考试或者练习记录的详情，显示如图 13-11 的每道题目的答题状况，便于教师在教学中挑选重点题目进行讲练。

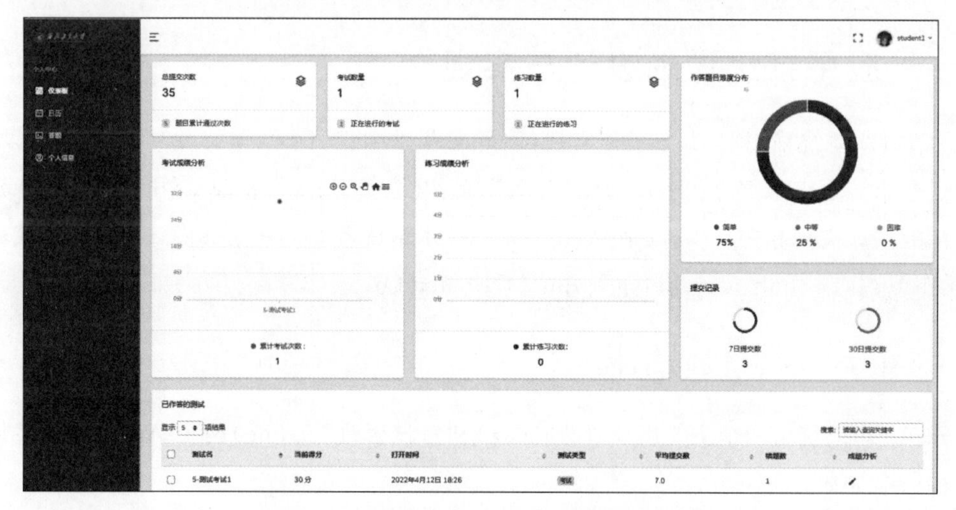


图 13-9　SQL-OJ 统计信息——仪表盘(学生)

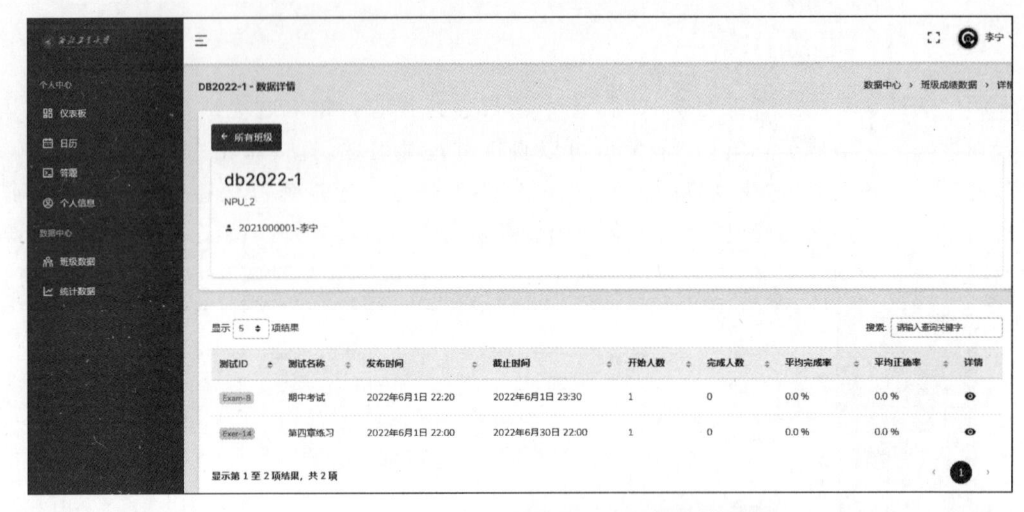


图 13-10 SQL-OJ 统计班级数据——考练详情(教师)

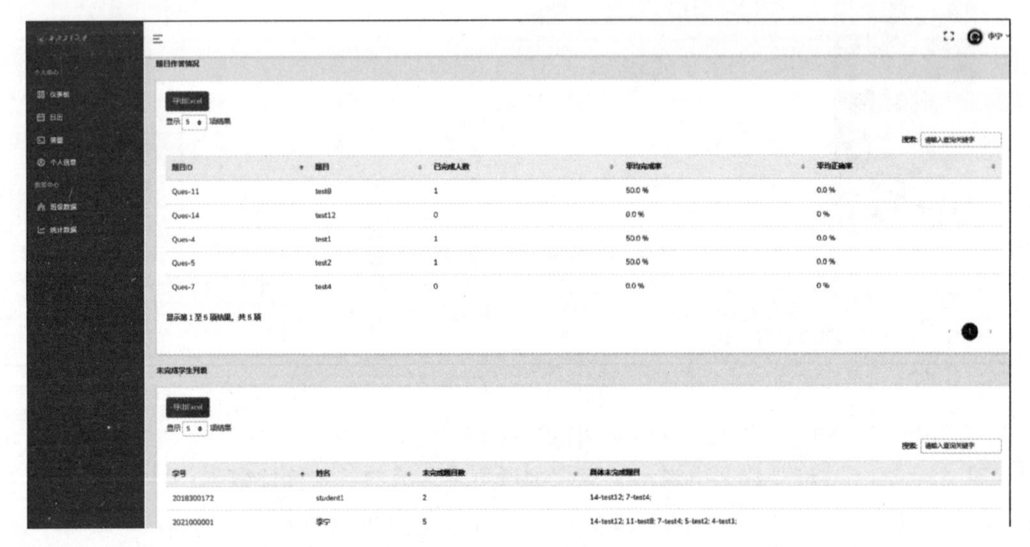

图 13-11 SQL-OJ 统计班级数据——题目详情(教师)

## 13.6 应用系统详细设计与实现

SQL-OJ 系统采用 Django 框架实现，该框架基础知识可参考 8.8 节。限于篇幅，本节仅重点介绍该系统中部分代表性功能(考练列表、考练作答、统计信息)的相关实现，特别是其中的数据库实现相关技术，其他 Web 等相关技术请读者参考其他书籍。项目完整代码可参考：https://github.com/lining-nwpu/SQL_memOJi。

### 13.6.1 项目代码结构

SQL-OJ 系统由两个主要用户管理(user)和考试管理(coding)两个 App 构成，整体代码结构的描述如表 13-5。

表 13-5 SQL-OJ 代码结构

| 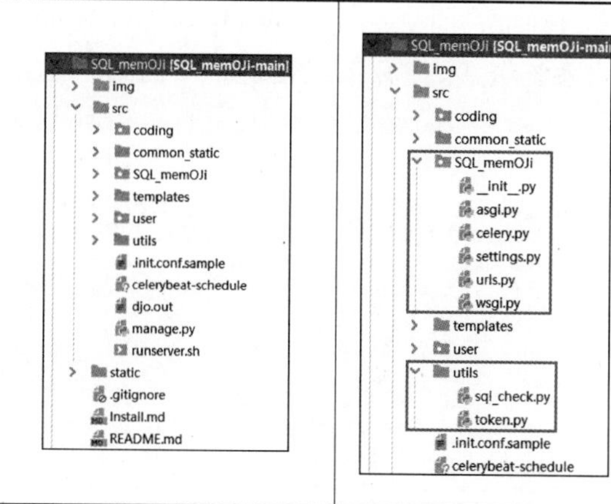 | | 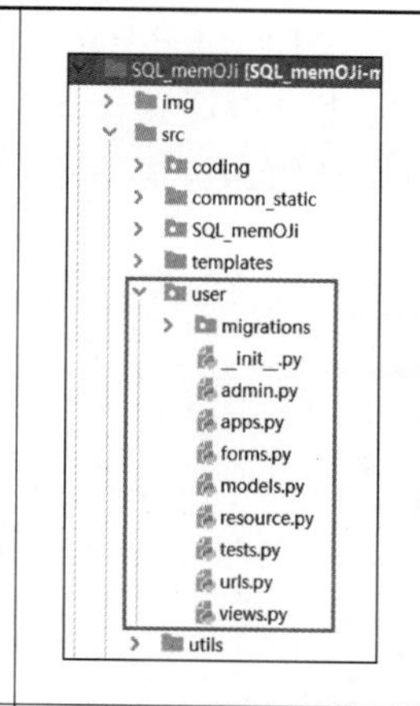 | 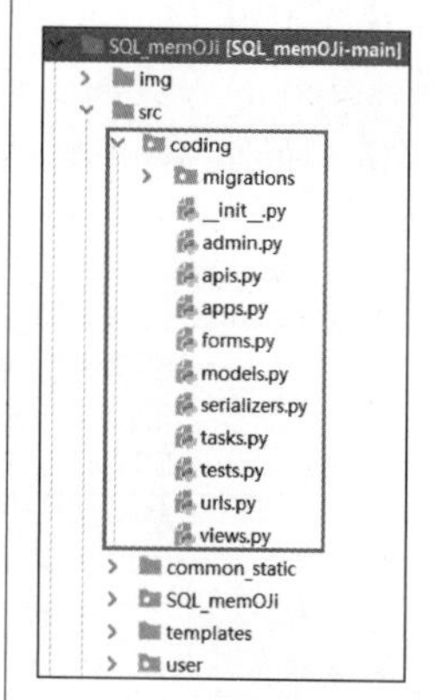 |
|---|---|---|---|
| SQL_memOJ：项目整体<br>user：用户管理 app<br>coding：考试管理 app<br>common_static：前端共通<br>utils：公共处理模块<br>templates：Web 前端模板 | SQL_memOJ：包括项目整体设置、路由、队列处理等<br>utils：负责 SQL 答案判定，配置文件解析等公共处理 | 用户管理 app：包括数据库处理模块 model，业务处理模块 view，界面数据校验模块 forms，后端管理模块 admin 等 | 考试管理 app：除了与 user app 类似的功能模块外，增加了用于处理 SQL 阅卷任务的 tasks 模块 |

## 13.6.2 系统类图

Django 框架中，数据库每个表或视图都对应一个类，图 13-12 展示了本系统中的类图。

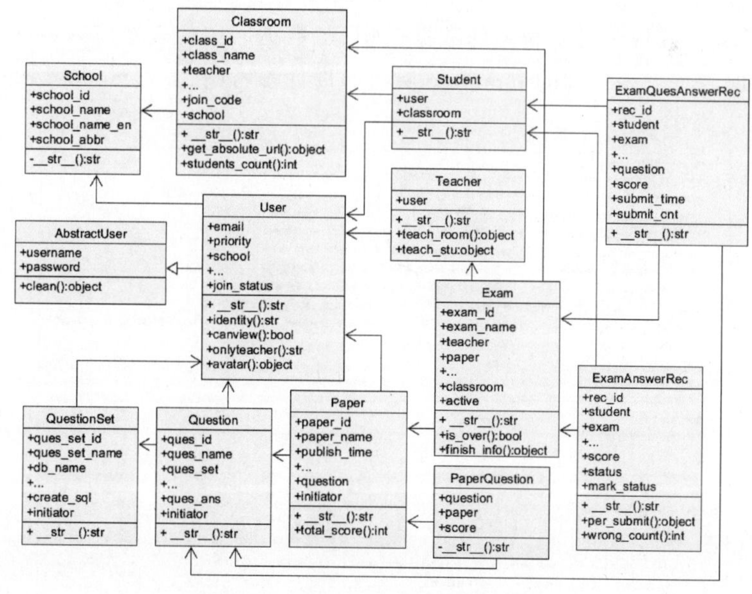


图 13-12 SQL-OJ 系统的 Model 类图

## 13.6.3 数据库连接

在应用程序中需要采用合适的方式进行数据库连接，连接技术的选择可能会影响应用程序性能等。选择时通常需要考虑数据库连接技术(JDBC、ODBC、pymysql 等),以及连接池技术(如 Java 的 C3P0、HikariCP、Druid 等,Python 的 django_mysqlpool.backends.mysqlpool)等方面。连接池技术可以有效节约系统资源,提升系统性能。本例中若使用 Django 的 mysqlpool 时,配置如下:

```
DATABASES = {
    'default': {
        'ENGINE': 'django_mysqlpool.backends.mysqlpool',
        'NAME': 'SQLOJ',
        'HOST': '127.0.0.1',
        'PORT': 3306,
        'USER': 'user1',
        'PASSWORD': '123456'
    }
}
```

若使用普通的非连接池,则把上述'ENGINE'修改成:django.db.backends.mysql。这种配置下,需要在 project 同名目录下面的__init__.py 文件中,添加如下代码,Django 后台使用的 pymysql 进行数据库连接。

```
import pymysql
pymysql.install_as_MySQLdb()
```

### 13.6.4 考练列表管理

Django 中的各个功能都包括 model、view、template 三个主要部分,template 层负责 Web 页面显示,model 层定义了相关的数据模型(与数据库中的表对应),view 层进行业务处理。学生答题考练列表管理的 template 层页面设计参考图 13-7,model 层的考试表主要实现见图 13-13。

```
class Exam(models.Model):
    exam_id = models.AutoField(verbose_name=_('考试ID'), primary_key=True)
    exam_name = models.CharField(verbose_name=_('考试名称'), max_length=100, default=_('未命名'))
    desc = models.TextField(verbose_name=_('考试描述'), null=True, blank=True)
    start_time = models.DateTimeField(verbose_name=_('开始时间'), default=None)
    end_time = models.DateTimeField(verbose_name=_('结束时间'), default=None)
    active = models.BooleanField(verbose_name=_('发布状态'), default=False)
    show_answer = models.BooleanField(verbose_name=_('在解析中公布答案'),default=False)
    paper = models.ForeignKey(verbose_name=_('试卷'), to=Paper, on_delete=models.CASCADE)
    teacher = models.ForeignKey(verbose_name=_('组织者'), to='user.Teacher', on_delete=models.SET_NULL, null=True)

    def __str__(self):
        return str(self.exam_id) + str('-') + str(self.exam_name)

    @property
    def is_over(self):
        return timezone.now() > self.end_time

    @property
    def finish_info(self):
        query_result = ExamAnswerRec.objects.filter(exam=self, status=True)
        have_finished = query_result.count()
        all_students =  Student.objects.filter(classroom__in=self.classroom.all()).count()
        unfinished = all_students - have_finished
        total_score = self.paper.total_score()
        excellent = query_result.filter(score__gte=total_score * 0.85).count()
        good = query_result.filter(score__gte=total_score * 0.70).count() - excellent
        fair = query_result.filter(score__gte=total_score * 0.6).count() - excellent - good
        fail = query_result.filter(score__lt=total_score * 0.6).count()
        average_score = query_result.aggregate(average_score=Avg('score'))
        return have_finished,unfinished,excellent,good,fair,fail,all_students,average_score['average_score']
```

图 13-13 考练信息列表的 model 层考试表的实现

Django 的各种操作都是基于 ORM 对象实现，以下是显示考练列表信息的主要处理逻辑，在 view 层实现（图 13-14）。此外，template 层的部分实现示例如图 13-15。

（1）获得所有符合查询要求（登录学生所在班级的考练 ID，且状态为进行中的考试或练习）的考练 ID 列表 1，并按照发布时间降序排列。

（2）查询已完成（登录学生所在班级，且提交状态为 TRUE 的考试）的考练 ID 列表 2。

（3）获得进行中的考练 ID 列表＝（考练 ID 列表 1）EXCEPT（已完成考练 ID 列表 2）。

（4）根据考练 ID 列表 2 的获得已完成的考练详细信息列表，并按发布时间降序排列。

（5）获得下一场考试详细信息＝进行中考练详细信息列表中的第一条记录。

（6）给 template 页面返回需要的 content 信息。

```python
def coding(request):
    '''Render coding template'''
    conditions = {
        'classroom' : request.user.student.classroom,
        'active' : True
    }
    exams_list = models.Exam.objects.order_by('publish_time').filter(**conditions)
    exer_list = models.Exercise.objects.order_by('publish_time').filter(**conditions)
    have_finished = models.ExamAnswerRec.objects.filter(student=request.user.student,status = True)
    have_finished_exam_id = []
    for element in have_finished:
        have_finished_exam_id.append(element.exam.exam_id)
    unfinished = exams_list.exclude(exam_id__in=have_finished_exam_id)
    have_finished = models.Exam.objects.order_by('publish_time').filter(exam_id__in=have_finished_exam_id)
    next_exam = unfinished.first()
    content = {
        'exams_list': unfinished,
        'finished' : have_finished,
        'exer_list': exer_list,
        'next_exam': next_exam,
    }
    return render(request, 'coding/coding.html', context=content)
```

图 13-14　考练信息列表 view 层主要处理

```html
<div id="todo-task" class="task-list">
    {% for exam in exams_list %}
        <div class="card task-box">
            <div class="progress progress-sm animated-progess" style="height: 3px;">
                <div class="progress-bar" role="progressbar" style="width: 72%" aria-valuenow="72" aria-valuemin="0" aria-valuemax=
                "100"></div>
            </div>
            <div class="card-body">
                <div class="float-right ml-2"> <div> 开始: {{ exam.start_time }} <br> 结束: {{ exam.end_time }} </div> </div>
                <div class="mb-3"> <a href="javascript: void(0);"class="">#EXAM{{ exam.exam_id }}</a> </div>
                <div>
                    <h5 class="font-size-16"><a href="javascript: void(0);" class="text-dark">{{ exam.exam_name }}</a></h5>
                    <p class="mb-4">{{ exam.desc }}</p>
                </div>
                <div class="d-inline-flex team mb-0">
                    <div class="mr-3 align-self-center"> 负责老师 : </div>
                    <div class="team-member">
                        {% for class in exam.classroom.all %}
                            <a href="javascript: void(0);" class="team-member d-inline-block" data-toggle="tooltip" data-placement="top"
                              title="{{class.teacher.user.full_name}}"> {{class}} </a>
                        {% endfor %}
                    </div>
                </div>
            {% if exam.is_over %}
                <div class="float-right">
                    <a href="{% url 'coding:coding' %}" class="btn btn-danger mt-1 waves-effect waves-light">
                        <i class="mdi mdi-alert-octagon mr-3"></i>已结束 </a> </div>
            {% else %}
                <div class="float-right">
                    <a href="{% url 'coding:coding-editor' 'exam' exam.exam_id exam.first_ques %}" class="btn btn-primary mt-1
                    waves-effect waves-light"> <i class="mdi mdi-arrow-left mr-3"></i>进入 </a> </div>
            {% endif %}
            </div>
        </div>
        <!-- end task card -->
    {% endfor %}
```

图 13-15　考练信息列表 template 层部分处理

### 13.6.5 考练作答详情

考试或者练习的答题功能同样需要 template、view、model 共同协作完成。该功能的 template(coding-editor. html)设计界面参考 13.6.3 小节,model 类同图 13-13。

在考练作答处理的 view 层,除了常规基于 ORM 对象的数据创建、更新、删除等,如何实现 SQL 题目正确性地判定是该阶段最重要的问题。本例中使用数据库表复制验证的方式实现(sql_check. py)。整个过程如图 13-16 所示:首先,创建临时数据库。其次,在临时数据库中复制与已有表结构相同的表。最后,在临时数据库中分别执行标准答案 SQL 和学生提交 SQL 语句,并对两种执行结果进行比对,完成后将临时数据库删除。图 13-17 展示了 SQL 正确性判断的实现,为了简化表达,该图代码中仅展示了其核心逻辑部分。

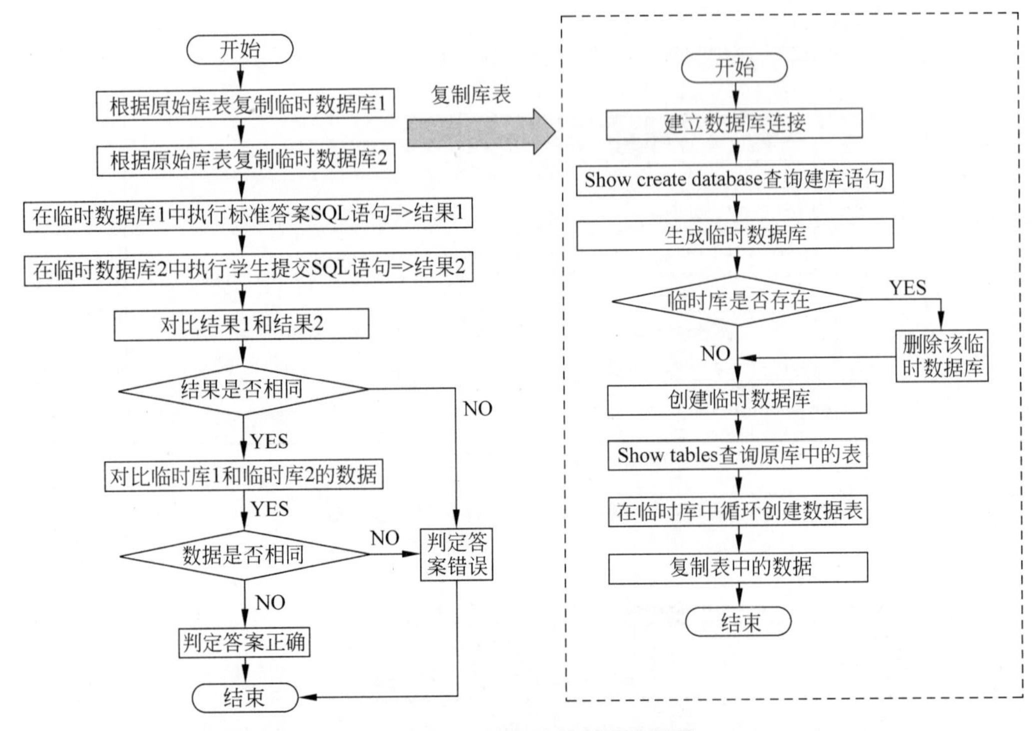


图 13-16 SQL 正确性判断流程图

### 13.6.6 统计信息

统计信息可向教师或者学生直观地展示一些重要的统计数据,该部分主要是利用了学生考试练习和具体每道题目的作答记录,如作答次数、正确性、分数等数据,在此之上加以分析和运算的结果绘制的图表,包括未完成学生列表、有错题学生列表、考试或者练习完成率等。各种统计数据计算都在 coding\view. py 或者 model. py 中实现,显示页面的各种图表都在 templates\coding\ teacher-analysis. html 或者 analysis. html 中实现(如图 13-18 所示),其中用到的 exam. finish_info 是图 13-13 的 model. py 的 finish_info 函数计算得到。

```
def ans_check(db_nm: str, ans_sql: str, stud_sql: str) -> bool:
    '''
    Check the correctness of SQL from students
    Parameters::
        ans_sql: str - standard answer
        stud_sql: str - SQL from students
    Returns::
        res: bool - if the SQL is correct
    '''
    new_db_nm = db_nm+'_copy'
    new_db_name_1 = new_db_nm+'1'
    new_db_name_2 = new_db_nm+'2'

    cur_1 = deepcopy_db(db_name=db_nm, new_db_name=new_db_name_1)
    cur_2 = deepcopy_db(db_name=db_nm, new_db_name=new_db_name_2)

    cur_1.execute(ans_sql)
    cur_2.execute(stud_sql)
    res_1 = cur_1.fetchall()
    res_2 = cur_2.fetchall()
    exe_diff = res_1 == res_2
    data_diff = diff(cur_1=cur_1,cur_2=cur_2)

    res = (exe_diff) and data_diff
    clear_db(cur=cur_1, db_name=new_db_name_1)
    clear_db(cur=cur_2, db_name=new_db_name_2)
    cur_1.close()
    cur_2.close()

    return res
```

图 13-17 SQL 正确性判定核心部分的示例代码

```
{% for exam in exam_objects %}
<div class="col-lg-6">
    <div class="card">
        <div class="card-body">
            <h4 class="card-title mb-4">考试{{exam.exam_id}} - {{exam.exam_name}} 完成情况
            <h6 class="text-muted text-truncate text-center"> {{exam.start_time}} - {{exam.end_time}} </h6>
            <a href="{% url 'coding:teacher-analysis' 'exam' exam.exam_id %}" class="mr-3 text-primary"
               data-toggle="tooltip" data-placement="top" title="" data-original-title="查看解析" style="float: right;">
                <i class="mdi mdi-eye font-size-18"></i> 详细数据
            </a>
            </h4>
            <div class="row text-center">
                <div class="col-4">
                    <h5 class="mb-0">{{exam.finish_info.0}}</h5>
                    <p class="text-muted text-truncate">已完成</p>
                </div>
                <div class="col-4">
                    <h5 class="mb-0">{{exam.finish_info.1}}</h5>
                    <p class="text-muted text-truncate">未完成</p>
                </div>
                <div class="col-4">
                    <h5 class="mb-0">{{exam.finish_info.6}}</h5>
                    <p class="text-muted text-truncate">总人数</p>
                </div>
            </div>
            <canvas id="pie-exam-{{exam.exam_id}}" height="260"></canvas>
        </div>
    </div>
</div>
{% endfor %}
```

图 13-18 统计信息实现的 templates 层示例代码

# 本章小结

本章用一个完整的数据库应用系统 SQL-OJ——数据库在线 SQL 实验平台为例,详细展示了数据库应用系统的设计与实现过程,包括需求分析、数据库设计(概念结构 E-R 图设计、逻辑模型设计、物理模型设计)、数据库实施、应用系统设计与实现等各个阶段。在每个阶段重点描述了该阶段的设计或实现的思想、方法与设计结果。本章完整代码可以从 https://github.com/lining-nwpu/SQL_memOJi 地址下载。

# 附　录　A

## A.1　TPC-C 数据库各表的具体描述

### 1. Bmsql_Warehouse(仓库表)

| 字　段　名 | 所需的数据类型 | 说　　明 |
|---|---|---|
| w_id | integer,not null | PK |
| w_ytd | decimal(12,2) | |
| w_tax | decimal(4,4) | |
| w_name | varchar(10) | |
| w_street_1 | varchar(20) | |
| w_street_2 | varchar(20) | |
| w_city | varchar(20) | |
| w_state | char(2) | |
| w_zip | char(9) | |
| PK:(w_id) | | |

### 2. Bmsql_District(街区表)

| 字　段　名 | 所需的数据类型 | 说　　明 |
|---|---|---|
| d_w_id | integer,not null | PK,FK |
| d_id | integer,not null | PK |
| d_ytd | decimal(12,2) | |
| d_tax | decimal(4,4) | |
| d_next_o_id | integer | |
| d_name | varchar(10) | |
| d_street_1 | varchar(20) | |
| d_street_2 | varchar(20) | |
| d_city | varchar(20) | |
| d_state | char(2) | |
| d_zip | char(9) | |
| PK:(d_w_id,d_id)<br>FK:(d_w_id)　references bmsql_warehouse (w_id); | | |

### 3. Bmsql_Customer(顾客表)

| 字　段　名 | 所需的数据类型 | 说　　明 |
|---|---|---|
| c_w_id | integer,not null | PK,FK |
| c_d_id | integer,not null | PK,FK |

续表

| 字 段 名 | 所需的数据类型 | 说 明 |
| --- | --- | --- |
| c_id | integer,not null | PK |
| c_discount | decimal(4,4) | |
| c_credit | char(2) | |
| c_last | varchar(16) | |
| c_first | varchar(16) | |
| c_credit_lim | decimal(12,2) | |
| c_balance | decimal(12,2) | |
| c_ytd_payment | decimal(12,2) | |
| c_payment_cnt | integer | |
| c_delivery_cnt | integer | |
| c_street_1 | varchar(20) | |
| c_street_2 | varchar(20) | |
| c_city | varchar(20) | |
| c_state | char(2) | |
| c_zip | char(9) | |
| c_phone | char(16) | |
| c_since | timestamp | |
| c_middle | char(2) | |
| c_data | varchar(500) | |

PK：(c_w_id,c_d_id,c_id)
Index：bmsql_customer_idx1：(c_w_id,c_d_id,c_last,c_first)
FK (c_w_id,c_d_id) references bmsql_district (d_w_id,d_id)；

## 4. Bmsql_History(历史表)

| 字 段 名 | 所需的数据类型 | 说 明 |
| --- | --- | --- |
| hist_id | integer | |
| h_c_id | integer | FK1 |
| h_c_d_id | integer | FK1 |
| h_c_w_id | integer | FK1 |
| h_d_id | integer | FK2 |
| h_w_id | integer | FK2 |
| h_date | timestamp | |
| h_amount | decimal(6,2) | |
| h_data | varchar(24) | |

PK：无
FK1：(h_c_w_id,h_c_d_id,h_c_id) references bmsql_customer (c_w_id,c_d_id,c_id)
FK2：(h_w_id,h_d_id) references bmsql_district (d_w_id,d_id)

## 5. Bmsql_New_Order(新订单表)

| 字 段 名 | 所需的数据类型 | 说 明 |
| --- | --- | --- |
| no_w_id | integer,not null | PK,FK |
| no_d_id | integer,not null | PK,FK |

续表

| 字 段 名 | 所需的数据类型 | 说 明 |
| --- | --- | --- |
| no_o_id | integer,not null | PK,FK |

PK:(no_w_id,no_d_id,no_o_id)
FK:(no_w_id,no_d_id,no_o_id) references bmsql_oorder (o_w_id,o_d_id,o_id);

### 6. Bmsql_Order(新订单详细信息表)

| 字 段 名 | 所需的数据类型 | 说 明 |
| --- | --- | --- |
| o_w_id | integer,not null | PK,FK |
| o_d_id | integer,not null | PK,FK |
| o_id | integer,not null | PK,FK |
| o_c_id | integer | |
| o_carrier_id | integer | |
| o_ol_cnt | integer | |
| o_all_local | integer | |
| o_entry_d | timestamp | |

PK:(o_w_id,o_d_id,o_id)
Unique index bmsql_oorder_idx1:(o_w_id,o_d_id,o_carrier_id,o_id)
FK:(o_w_id,o_d_id,o_c_id) references bmsql_customer (c_w_id,c_d_id,c_id)

### 7. Bmsql_Order_Line(订单流水表)

| 字 段 名 | 所需的数据类型 | 说 明 |
| --- | --- | --- |
| ol_w_id | integer,not null | PK,FK1 |
| ol_d_id | integer,not null | PK,FK1 |
| ol_o_id | integer,not null | PK,FK1 |
| ol_number | integer,not null | PK |
| ol_i_id | integer,not null | FK2 |
| ol_delivery_d | timestamp | |
| ol_amount | decimal(6,2) | |
| ol_supply_w_id | integer | FK2 |
| ol_quantity | integer | |
| ol_dist_info | char(24) | |

PK:(ol_w_id,ol_d_id,ol_o_id,ol_number)
FK1:(ol_w_id,ol_d_id,ol_o_id) references bmsql_oorder (o_w_id,o_d_id,o_id);
FK2:(ol_supply_w_id,ol_i_id) references bmsql_stock (s_w_id,s_i_id);

### 8. Bmsql_Item(货物项目表)

| 字 段 名 | 所需的数据类型 | 说 明 |
| --- | --- | --- |
| i_id | integer,not null | PK |
| i_name | varchar(24) | |
| i_price | decimal(5,2) | |
| i_data | varchar(50) | |

续表

| 字　段　名 | 所需的数据类型 | 说　　明 |
|---|---|---|
| i_im_id | integer | |
| PK:(i_id) | | |

### 9. Bmsql_Stock(库存表)

| 字　段　名 | 所需的数据类型 | 说　　明 |
|---|---|---|
| s_w_id | integer,not null | PK,FK1 |
| s_i_id | integer,not null | PK,FK2 |
| s_quantity | integer | |
| s_ytd | integer | |
| s_order_cnt | integer | |
| s_remote_cnt | integer | |
| s_data | varchar(50) | |
| s_dist_01 | char(24) | |
| s_dist_02 | char(24) | |
| s_dist_03 | char(24) | |
| s_dist_04 | char(24) | |
| s_dist_05 | char(24) | |
| s_dist_06 | char(24) | |
| s_dist_07 | char(24) | |
| s_dist_08 | char(24) | |
| s_dist_09 | char(24) | |
| s_dist_10 | char(24) | |
| PK: (s_w_id,s_i_id)<br>FK1: (s_w_id) references bmsql_warehouse (w_id);<br>FK:(s_i_id) references bmsql_item (i_id); | | |

## A.2　TPC-H 数据库各表的具体描述

### 1. Part(零件表)

| 字　段　名 | 所需的数据类型 | 说　　明 |
|---|---|---|
| P_PARTKEY | identifier | SF * 200,000 are populated |
| P_NAME | variable text,size 55 | |
| P_MFGR | fixed text,size 25 | |
| P_BRAND | fixed text,size 10 | |
| P_TYPE | variable text,size 25 | |
| P_SIZE | integer | |
| P_CONTAINER | fixed text,size 10 | |
| P_RETAILPRICE | decimal | |
| P_COMMENT | variable text,size 23 | |
| PK: P_PARTKEY | | |

### 2. Supplier(供应商表)

| 字 段 名 | 所需的数据类型 | 说 明 |
|---|---|---|
| S_SUPPKEY | identifier | SF * 10,000 are populated |
| S_NAME | fixed text,size 25 | |
| S_ADDRESS | variable text,size 40 | |
| S_NATIONKEY | Identifier | FK to N_NATIONKEY |
| S_PHONE | fixed text,size 15 | |
| S_ACCTBAL | decimal | |
| S_COMMENT | variable text,size 101 | |
| PK: S_SUPPKEY | | |

### 3. Partsupp(零件-供应商表)

| 字 段 名 | 所需的数据类型 | 说 明 |
|---|---|---|
| PS_PARTKEY | Identifier | FK to P_PARTKEY |
| PS_SUPPKEY | Identifier | FK to S_SUPPKEY |
| PS_AVAILQTY | integer | |
| PS_SUPPLYCOST | Decimal | |
| PS_COMMENT | variable text,size 199 | |
| PK:<br>PS_PARTKEY,<br>PS_SUPPKEY | | |

### 4. Customer(顾客表)

| 字 段 名 | 所需的数据类型 | 说 明 |
|---|---|---|
| C_CUSTKEY | Identifier | SF * 150,000 are populated |
| C_NAME | variable text,size 25 | |
| C_ADDRESS | variable text,size 40 | |
| C_NATIONKEY | Identifier | FK to N_NATIONKEY |
| C_PHONE | fixed text,size 15 | |
| C_ACCTBAL | Decimal | |
| C_MKTSEGMENT | fixed text,size 10 | |
| C_COMMENT | variable text,size 117 | |
| PK: C_CUSTKEY | | |

### 5. Orders(订单表)

| 字 段 名 | 所需的数据类型 | 说 明 |
|---|---|---|
| O_ORDERKEY | Identifier | SF * 1,500,000 are sparsely populated |
| O_CUSTKEY | Identifier | FK to C_CUSTKEY |
| O_ORDERSTATUS | fixed text,size 1 | |
| O_TOTALPRICE | Decimal | |

续表

| 字　段　名 | 所需的数据类型 | 说　　明 |
|---|---|---|
| O_ORDERDATE | Date | |
| O_ORDERPRIORITY | fixed text, size 15 | |
| O_CLERK | fixed text, size 15 | |
| O_SHIPPRIORITY | Integer | |
| O_COMMENT | variable text, size 79 | |
| PK：O_ORDERKEY | | |

### 6. Nation(国籍表)

| 字　段　名 | 所需的数据类型 | 说　　明 |
|---|---|---|
| N_NATIONKEY | identifier | 25 nations are populated |
| N_NAME | fixed text, size 25 | |
| N_REGIONKEY | identifier | FK to R_REGIONKEY |
| N_COMMENT | variable text, size 152 | |
| PK：N_NATIONKEY | | |

### 7. Region(地区表)

| 字　段　名 | 所需的数据类型 | 说　　明 |
|---|---|---|
| R_REGIONKEY | identifier | 5 regions are populated |
| R_NAME | fixed text, size 25 | |
| R_COMMENT | variable text, size 152 | |
| PK：R_REGIONKEY | | |

### 8. Lineitem(订单详细信息表)

| 字　段　名 | 所需的数据类型 | 说　　明 |
|---|---|---|
| L_ORDERKEY | identifier | FK to O_ORDERKEY |
| L_PARTKEY | identifier | FK to P_PARTKEY, first part of the compound FK to (PS_PARTKEY, PS_SUPPKEY) with L_SUPPKEY |
| L_SUPPKEY | Identifier | FK to S_SUPPKEY, second part of the compound FK to (PS_PARTKEY, PS_SUPPKEY) with L_PARTKEY |
| L_LINENUMBER | integer | |
| L_QUANTITY | decimal | |
| L_EXTENDEDPRICE | decimal | |
| L_DISCOUNT | decimal | |
| L_TAX | decimal | |
| L_RETURNFLAG | fixed text, size 1 | |
| L_LINESTATUS | fixed text, size 1 | |
| L_SHIPDATE | date | |
| L_COMMITDATE | date | |

续表

| 字　段　名 | 所需的数据类型 | 说　　明 |
|---|---|---|
| L_RECEIPTDATE | date | |
| L_SHIPINSTRUCT | fixed text, size 25 | |
| L_SHIPMODE | fixed text, size 10 | |
| L_COMMENT | variable text size 44 | |
| PK: L_ORDERKEY, L_LINENUMBER | | |

## A.3　在线数据库实验平台 SQL-OJ 各表具体描述

由于考试和练习是水平分解，结构相同，因此仅列出了考试相关的表。

### 1. User_School（学校表）

| 字段名 | 数据类型 | 长度 | 允许空 | Key/索引 | 默认值 | 含义 |
|---|---|---|---|---|---|---|
| school_id | int | - | NO | PK | | 学校 ID，自增 |
| school_name | varchar | 150 | NO | UNI | | 校名全称 |
| school_name_en | varchar | 150 | | UNI | | 校名英文全称 |
| school_abbr | varchar | 30 | | UNI | | 校名英文简称 |

### 2. User_Class（班级表）

| 字段名 | 数据类型 | 长度 | 允许空 | Key/索引 | 默认值 | 含义 |
|---|---|---|---|---|---|---|
| class_id | int | - | NO | PK | | 班级 ID，自增 |
| class_name | varchar | 150 | NO | | | 班级名 |
| class_desc | varchar | 300 | | | | 班级描述 |
| start_year | datetime | - | NO | | | 开放开始年度 |
| end_year | datetime | - | NO | | | 开放结束年度 |
| join_code | varchar | 150 | NO | | | 班级识别码 |
| active | varchar | 30 | NO | | 是/否 | 是否活跃状态 |
| school_id | int | - | NO | FK | | 所属学校 ID |
| teacher_id | int | - | | FK | | 负责教师 ID |

### 3. User_User（用户表）

| 字段名 | 数据类型 | 长度 | 允许空 | Key/索引 | 默认值 | 含义 |
|---|---|---|---|---|---|---|
| user_id | int | - | NO | PK | | 用户 ID，自增 |
| email | varchar | 100 | NO | UNI | | 电子邮件 |
| username | varchar | 100 | NO | | | 用户名 |
| password | varchar | 100 | NO | | | 密码 |
| priority | int | - | NO | | 0 | 权限等级 |
| full_name | varchar | 150 | NO | | | 真实姓名 |
| internal_id | varchar | 30 | | UNI | | 学工号 |
| college_name | varchar | 150 | | | 计算机学院 | 学院名称 |
| register_time | datetime | - | | | | 注册时间 |

续表

| 字段名 | 数据类型 | 长度 | 允许空 | Key/索引 | 默认值 | 含义 |
|---|---|---|---|---|---|---|
| join_status | varchar | 30 | | | 0 | 加入状态 |
| login_time | datetime | - | | | | 最后登录时间 |
| school_id | int | - | | FK | | 所属学校 ID |

注：priority 为枚举类型：0：学生，1：教师，2：管理员。

join_status 为枚举类型：0：名单外，1：未加入，2：已加入，3：管理员或教师。

### 4. User_Student（学生表）

| 字段名 | 数据类型 | 长度 | 允许空 | Key/索引 | 默认值 | 含义 |
|---|---|---|---|---|---|---|
| student_id | int | - | NO | FK/UNI | | 学生的用户 ID |
| class_id | int | - | NO | FK | | 班级 ID |

### 5. User_Teacher（教师视图）

| 字段名 | 数据类型 | 长度 | 允许空 | Key/索引 | 默认值 | 含义 |
|---|---|---|---|---|---|---|
| teacher_id | int | - | NO | 用户表 user_id | | 教师 ID |
| username | varchar | 100 | | 用户表 username | 教师名 | |

### 6. Coding_Questionset（题库表）

| 字段名 | 数据类型 | 长度 | 允许空 | Key/索引 | 默认值 | 含义 |
|---|---|---|---|---|---|---|
| ques_set_id | int | - | NO | PK | | 题库 ID，自增 |
| ques_set_name | varchar | 150 | NO | | | 题库名称 |
| ques_set_desc | varchar | 300 | | | | 题库描述 |
| db_name | varchar | 100 | NO | | | 数据库名 |
| create_sql | varchar | 1024 | NO | | | 创建 SQL |
| initiator | int | - | | FK | | 创建者 ID |
| share | bool | - | NO | | 是 | 是否共享 |

### 7. Coding_Question（题目表）

| 字段名 | 数据类型 | 长度 | 允许空 | Key/索引 | 默认值 | 含义 |
|---|---|---|---|---|---|---|
| ques_id | int | - | NO | PK | | 题目 ID |
| ques_name | varchar | 150 | NO | | | 题目名称 |
| ques_difficulty | varchar | 20 | NO | | 0 | 难度 |
| ques_desc | varchar | 500 | NO | | | 题干描述 |
| ques_ans | varchar | 1024 | NO | | | 参考答案 |
| initiator | int | - | NO | FK | | 出题者用户 ID |
| ques_set_id | int | - | NO | FK | | 所属题库 ID |

注：ques_difficulty 为枚举类型：−1：未知，0：简单，1：中等，2：困难。

### 8. Coding_Paper（试卷表）

| 字段名 | 数据类型 | 长度 | 允许空 | Key/索引 | 默认值 | 含义 |
|---|---|---|---|---|---|---|
| paper_id | int | - | NO | PK | | 试卷 ID |
| paper_name | varchar | 150 | NO | | | 试卷名 |
| paper_desc | varchar | 300 | | | | 试卷描述 |
| initiator | int | - | NO | FK | | 创建者用户 ID |
| share | bool | - | NO | | 是 | 是否共享 |

### 9. Coding_Paper_Question（试卷与题目表）

| 字段名 | 数据类型 | 长度 | 允许空 | Key/索引 | 默认值 | 含义 |
|---|---|---|---|---|---|---|
| paper_id | int | - | NO | PK | | 试卷 ID |
| question_id | int | - | NO | PK | | 题目 ID |
| score | int | - | | | | 分数 |

### 10. Coding_Exam(考试活动表)

| 字段名 | 数据类型 | 长度 | 允许空 | Key/索引 | 默认值 | 含义 |
|---|---|---|---|---|---|---|
| exam_id | int | - | NO | PK | | 考试 ID |
| exam_name | varchar | 100 | | | | 名称 |
| exam_desc | varchar | 300 | | | | 描述 |
| start_time | datetime | - | NO | | | 开始时间 |
| end_time | datetime | - | NO | | | 结束时间 |
| active | bool | - | NO | | 否 | 发布状态 |
| show_answer | bool | - | NO | | 否 | 是否公布答案 |
| teacher_id | int | - | NO | FK | | 教师 ID |
| paper_id | int | - | NO | FK | | 试卷 ID |

### 11. Coding_Exam_Class(班级与考试表)

| 字段名 | 数据类型 | 长度 | 允许空 | Key/索引 | 默认值 | 含义 |
|---|---|---|---|---|---|---|
| exam_id | int | - | NO | PK | | 考试 ID |
| class_id | int | - | NO | PK | | 班级 ID |
| publish_time | datetime | - | NO | PK | | 发布时间 |

### 12. Coding_ExamAnswerRec(考试作答记录表)

| 字段名 | 数据类型 | 长度 | 允许空 | Key/索引 | 默认值 | 含义 |
|---|---|---|---|---|---|---|
| id | int | | NO | PK | | 记录 ID,自增 |
| student_id | int | - | NO | FK | | 学生用户 ID |
| exam_id | int | - | NO | FK | | 考试 ID |
| start_time | datetime | - | | | | 开始时间 |
| end_time | datetime | - | | | | 交卷时间 |
| status | bool | | NO | | False | 提交状态 |

续表

| 字段名 | 数据类型 | 长度 | 允许空 | Key/索引 | 默认值 | 含义 |
| --- | --- | --- | --- | --- | --- | --- |
| mark_status | bool | | NO | | False | 阅卷状态 |
| score | int | - | | | | 总成绩 |

### 13. Coding_ExamQuesAnswerRec(题目作答记录表)

| 字段名 | 数据类型 | 长度 | 允许空 | Key/索引 | 默认值 | 含义 |
| --- | --- | --- | --- | --- | --- | --- |
| id | int | - | NO | PK | | 记录 ID,自增 |
| student_id | int | - | NO | FK | | 学生用户 ID |
| exam_id | int | - | NO | FK | | 考试 ID |
| ques_id | int | - | NO | FK | | 题目 ID |
| ans | varchar | 300 | | | | 最新提交答案 |
| ans_status | int | - | NO | | −1 | 答案正确性 |
| score | int | - | | | 0 | 本题得分 |
| submit_time | datetime | - | | | | 最新提交时间 |
| submit_cnt | int | - | | | 0 | 提交次数 |
| ques_name | varchar | 300 | | FK | | 题目名 |

注：ans_status 为枚举类型：−1：未知，0：答案正确，1：答案错误，2：运行异常，3：正在运行。

### 14. Coding_Stat(统计信息表)

| 字段名 | 数据类型 | 长度 | 允许空 | Key/索引 | 默认值 | 含义 |
| --- | --- | --- | --- | --- | --- | --- |
| submit_time | datetime | - | | | | 最新提交时间 |
| exam_id | int | - | NO | FK | | 考试 ID |
| cnt_submitted | int | - | | | 0 | 已提交人数 |
| cnt_total | int | - | | | 0 | 总人数 |
| cnt_ques_diff_0 | int | - | | | 0 | 简单题目数量 |
| cnt_ques_diff_1 | int | - | | | 0 | 中等题目数量 |
| cnt_ques_diff_2 | int | - | | | 0 | 困难题目数量 |

# 参考文献


[1] Depoutovitch A,Chen C,Chen J,et al. Taurus Database: How to be Fast,Available,and Frugal in the Cloud[C]//In Proceedings of the 2020 ACM SIGMOD International Conference on Management of Data (SIGMOD '20). New York,USA,1463-1478.

[2] 王珊,萨师煊. 数据库系统概论[M]. 5 版. 北京:高等教育出版社,2014.

[3] 王珊,张俊. 数据库系统概论(第 5 版)习题解析与实验指导[M]. 北京:高等教育出版社,2015.

[4] Abraham Silberschatz,Henry F. Korth,S. Sudarshan. Database System Concepts(Seventh Edition)[M]. 北京:机械工业出版社,2021.

[5] 姜承尧. MySQL 技术内幕 InnoDB 存储引擎[M]. 2 版. 北京:机械工业出版社,2020.

[6] 黑马程序员. MySQL 数据库原理、设计与应用[M]. 北京:清华大学出版社,2019.

[7] 李飞飞,周烜,蔡鹏,等. 云原生数据库原理与实践[M]. 北京:电子工业出版社,2022.

[8] 刘刚,苑超影. MySQL 数据库应用实战教程:慕课版[M]. 北京:人民邮电出版社,2019.

[9] 朱明,李森,许文科,等. 云数据库架构[M]. 北京:电子工业出版社,2021.